STATIC-DYNAMIC DRAINAGE CONSOLIDATION
THEORY AND ENGINEERING TECHNOLOGY
FOR SOFT GROUND

软土地基
静动力排水固结法
理论与工程技术

李彰明 著

中国电力出版社
CHINA ELECTRIC POWER PRESS

内 容 提 要

　　本书阐述了作者创建的静动力排水固结法理论与技术体系及工程应用：冲击力下水性转化效应、土体残余力效应、水柱效应及三者协同作用机理，揭示该法加固原理；软土微观量与宏观力学量关系，提供结构性本构理论建立基础，为结构性本构理论提供了依据；与土性关联荷载施加原理及控制方式，建立了覆盖静力、夯击动力与排水体系三方面设计参数及相互适应关系计算公式与加固深度预测公式，使设计、施工质量得到可靠保障及运用规范化；动力测试新技术与土性参数关系，实现了动力响应及变形模量与承载力测试技术，为相关理论研究与工程质量检验提供了新手段；国家特大工程应用等工程实例。该法可显著改善软土性质，具有质量、造价与工期等显著综合优势，已在多地区重大工程中成功应用，具有重要科学意义与工程实用价值。

　　本书适合土木建筑行业设计、施工、检测与管理人员，土建类专业研究人员、高校教师及其学生参考使用。

图书在版编目（CIP）数据

软土地基静动力排水固结法理论与工程技术/李彰明著. —北京：中国电力出版社，2019.10
ISBN 978-7-5198-3580-4

Ⅰ．①软…　Ⅱ．①李…　Ⅲ. ①软土地基–地基处理　Ⅳ．①TU471.8

中国版本图书馆 CIP 数据核字（2019）第 182561 号

出版发行：	中国电力出版社
地　　址：	北京市东城区北京站西街 19 号（邮政编码 100005）
网　　址：	http://www.cepp.sgcc.com.cn
责任编辑：	未翠霞（010-63412611）
责任校对：	黄　蓓　李　楠
装帧设计：	王红柳
责任印制：	杨晓东
印　　刷：	三河市万龙印装有限公司
版　　次：	2019 年 10 月第一版
印　　次：	2019 年 10 月北京第一次印刷
开　　本：	710 毫米×980 毫米　16 开本
印　　张：	16.5
字　　数：	298 千字
定　　价：	58.00 元

前　言

　　地基处理要达到减少地基工后沉降尤其是差异沉降、提高其承载力及稳定性目的，有些工程兼有改善渗透性的要求，其中地基处理工后沉降即变形控制通常最为关键。严格讲，地基土体变形压缩量的组成共由四个方面构成：固体颗粒的压缩、土中水的压缩、空气的排出和水的排出。在土建工程中，其中前两项占总压缩量不足 1/400，可忽略不计；其中第三项压缩对于饱和土从理论上讲几乎不存在。也就是说，饱和土地基处理就是要尽可能将地基土体中的水排出。静动力排水固结法（static-dynamic drainage consolidation method）就是科学利用静力、冲击力与设置的排水体及三者相互合理配置及协同作用，将地基土体中的水排出及改善软弱地基自身特性的一种地基处理方法及技术。该方法形成经历了相当长时间的理论发展与工程实践过程，历经预压排水固结、动力固结、动力排水固结等认知、运用及历史发展阶段，在加固机理、设计计算、加固能力与加固深度及工程质量控制等方面也都不同于有关规范所涉及的动力排水固结法。其在概念、原理、设计与施工技术等方面有其独特内涵，已形成独立完整的技术体系，受到许多实际工程的成功应用检验。鉴于业界不断增长的需要及出版社相邀，作者基于长期研究与工程实践积累及总结，就静动力排水固结法理论与技术体系及工程应用加以系统介绍，形成本书。

　　全书分为六个部分：概述、静动力排水固结法机理、静动力排水固结法设计理论及工法、土体测试技术研发及力学参数关系、重大工程应用及主要结论与技术指标比较。

　　上述内容所含成果是作者长期在此领域研究与工程实践所得，具有自主知识产权。其公开出版希望能对相关学者、专家和具有一定专业知识及判断能力的在校专业人员，以及设计、施工、监测、监理、检测、建设单位业主等人员有所帮助。

本书撰写得到宝钢湛江钢铁工程指挥部副总指挥、总工教授级高工陈炯大力支持，得到国家自然科学基金项目（批准号：51178122）、广东省自然科学基金项目（编号：2016A030313692）与"沿海复杂地质气候条件下工程建设关键技术研究与应用"项目资助；中国电力出版社梁瑶女士及其同事一如既往高度负责任的态度为本书出版及质量保障提供了基础；一并致以十分诚挚的感谢！同时，也谨向本书所有参考文献的作者表示诚挚敬意与谢意！

本书难免有欠妥与错误之处，敬请读者指正。期望静动力排水固结法更广泛推广应用，更多造福于社会。

联系 Email：ukzmli@163.com。

李彰明

2019 年 9 月 2 日 于广州

目　录

概　　述

1.1　问题的提出与意义

由于土地有限性与不断扩张建设中选址的日益困难，地基处理问题从来没有像现在这样突出地摆在我们面前，复杂场地的地基处理通常成为工程建设中的技术及经济关键，成为学术界与工程界面临而必须解决的重大问题。

地基处理要达到减少地基处理工后沉降（尤其是差异沉降）、提高其承载力及稳定性目的，有些工程兼有改善渗透性的要求。其中，地基处理工后沉降即变形控制通常最为关键。严格来讲，地基土体变形压缩量的组成由四个方面构成：固体颗粒的压缩、土中水的压缩、空气的排出和水的排出。在土建工程中，前两项占总压缩量不足 1/400，可忽略不计[1-4]；第三项压缩从理论上讲对于饱和土几乎不存在。也就是说，饱和土地基处理就是要尽可能将地基土体中的水排出。

排水固结法是软土地基处理最为常用的基本方法[1,2]。该法是在地基中设置排水体，并施加载荷预压，使土体中的孔隙水排出，逐渐固结，地基发生沉降，强度逐步提高，从而提高地基承载力和稳定性的一种方法。该方法是由排水体系和加压系统两个基本要素组成，其加压方法有多种选择。工程上广泛使用的传统加压法（增加固结压力）是堆载法，此外还有真空法、电渗法和各类联合法等。而逐渐发展起来的静动力排水固结法（复合力排水固结法）由于其技术经济及工期的显著综合优势也在不断推广应用。

静动力排水固结法（static-dynamic drainage consolidation method）是科学利用静力（通常为软基之上覆盖土层重力）、冲击力（夯击）与设置的排水体及三者相互合理配置及协同作用、改善软弱地基自身特性的一种地基处理方法及技术[1,3-6]。对于任何给定的软基处理目标，该方法的三个要素及其相互适配性都须得到重视及合理控制。该方法在针对高含水量的软黏土地基进行处理时突显其高质量、快速与投资省的显著综合优势。对于淤泥、淤泥质土等高含水量软黏土地基之上可进行动力冲击的先决条件或关键之处为[3-5,7,8]：

（1）软土层之上有一定厚度的覆盖土层。

（2）施加的夯击最大冲击能不会导致地基土整体破坏失稳及软土结构完整破坏发生。

（3）有适应于荷载（主要是冲击荷载）作用下超静孔压及时消散的排水能力。

（4）地基位移速率受控。

此外，通过控制地基的沉降速率，以保证超软土地基的稳定性。

从定性角度来讲，上述条件符合软基性质改善所遵循的基本条件；但遗憾的是，这些条件的定量控制在业界存在如下问题：

对于上述（1），目前相关规范及工程设计要求该厚度为3～4m[9]。

对于上述（2），如何给出及掌握该合适的冲击能大小目前并无可操作的方法，而早期普遍的做法是沿用动力固结法中要求的最大加固深度来确定，许多工程因此失败；正确的做法则必须摒弃传统动力固结法使地基土体整体破坏的加固方法，而采用"少击多遍"渐大方法[1,2,5,6]，但对于如何确定"少击"与"渐大"却没有定量理论或关系式，而多凭借经验。

对于上述（3），业界还没有关于适应于冲击荷载的确定办法。

对于上述（4），针对地基处理的预压法，各种规范的要求有些不同，一般要求设置竖向排水体地基位移速率不超过 15～20mm/d[9,10]；而其他方法由于无规定而通常参照此控制要求。

上述问题反映了设计与施工质量控制尤其是其定量控制上缺少科学依据，表明其加固机理的掌握与科学设计理论建立还远远不够[3,4,11]。例如，覆盖层厚度为什么要采用3～4m，而不能是1～2m？地基位移速率为什么每天不能超过15～20mm，而对于超软土地基不能是30～40mm甚至更多？

此外，淤泥类高含水率超软地基加固适用性的微细观机制、软地基中设置的人工排水体问题、冲击间隔时间以及如何达到设计要求及质量预测与判别等问题都还有待于明确。

因此，为满足理论发展与工程实际应用的重大需要，须解决包括上述4个条件问题在内的机理、设计理论及关键参数定量分析确定、施工质量控制及判断相关问题，即解答以下系列问题：

淤泥类高含水率超软黏土地基加固微细观响应及机制是什么？

哪些因素如何影响与决定软黏土地基在整体稳定前提下固结的快慢及大小？

静力——软土之上静力覆盖层有无必要以及厚度如何控制？

冲击荷载施加原则是什么以及如何确定及实际操作掌握？

冲击荷载施加的合理间隙时间如何判断及实际掌握？

人工排水体应如何科学设置及其与冲击荷载、地层条件具有何种关系？

上覆静力与冲击力复合作用下设置了人工排水体的软黏土快速固结机理是什么？

能否提供实际有效的设计方法及定量表达式以方便一线工程师使用？

如何进行相应沉降预测？

本书著者项目组针对上述问题开展研究，试图解决以上困惑，并结合宝钢湛江基地建设等大规模软基处理加以工程应用及验证。

与此同时，对于结构性土地基（如宝钢湛江基地地基中湛江黏土与海相淤泥有程度不同的结构性），静动力排水固结法如何处理，有何加固机理及特点，工程实践检验情况如何也是须弄清与处理好的问题。

1.2　国内外发展状况

正如前面所述，静动力排水固结法是由三要素（静力、动力、排水体）及其相互合理配置的一种处理软黏土地基的方法，是多年来逐渐发展起来的技术[1,3-5]。该法发展大致经历了三个阶段。其最早是在传统的动力固结（强夯）法和堆载预压法及预压排水基础上发展起来的，利用动力固结（强夯）法的夯击机具与排水固结法中排水体系进行软黏土地基处理。早在 20 世纪 80 年代后期至 90 年代初期，李彰明、冯遗兴等最早在深圳、惠州、珠海、海南等沿海沿江地区针对不同的建构筑物的软土地基进行了大量动力加固工程实践及监测测试，取得了成功。由于技术保密及行业竞争原因，该阶段公开发表的成果较为少见，但该阶段已较好地认识到如何在一定的人工及自然渗透条件下进行动力加固，并开始形成了动力排水固结工法概念以及多遍夯击、能量由小至大、逐渐提高的夯击原则。第二阶段可从 20 世纪 90 年代中期算起，一些学者与工程师陆续加入并应用该法，包括重点工程如上海空军机场淤泥质土地基处理工程等的推广应用。该阶段对动力排水固结工法的掌握更趋于稳定。第三阶段大致从 21 世纪第一个年代中期开始，在对软黏土地基处理工程进行深入研究与应用基础上，逐渐形成静动力排水固结法系统理论与技术[1,3-5,24-40]；2006 年出版了相关首部专著《软土地基加固的理论、设计与施工》，此后，相关增强版专著《地基处理理论与工程技术》获得国际著名出版商 Elsevier 青睐，经评审获得版权输出资格，这在岩土工程领域较为罕见。该阶段可谓形成静动力排水固结法阶段。一是认识到静力、动力、排水体三者作用缺一不可，且在三者共同作用下地基残余后效力不可或缺的存在；二是弄清了加固机理，包括有关加固深度的水柱效应、冲击力作用下促进排水固结的结合水转化自由水效应、持续的残余力作用效应及其三者共同作用机理，并指出了所谓"触变"式加固对于饱和软黏土尤其是结构性软黏土的完全不适用性；三是形成关键参数的科学定量设计、施工控制技术与施工机具改进，例如，组合式高效减振锤、电磁冲击锤等的发明，以及部分特色测试技术。该阶段形成了静动力排水固结法的理论及机理、设计与施工系统完整的科学技术。在加固机理、设计计算、加固能力与加固深度及工程质量控制等方面也都不同于有关规范所涉及的动力固结排水结法。这主要以本书著者及项目组的 4 件发明专利、1 件实用新型专利、2 件软件著作权与 20 多篇期刊论文、工程试验与应用成果报告等所体现。该阶段的工程实践包括广州南沙泰山石化仓储区大面积（约 67.2 万 m^2）淤泥（仅淤泥层平均厚度超过 11m）软基处理、宝钢湛江基地建设软基处理（海相淤泥地基约 5.25km^2，海相淤泥层平均厚度约 12m）等。

在国际上，一些学者进行了大量有关软黏土性质的各种试验研究，为软基处理提供了非常宝贵的依据及基础[41-48]。而国际上目前常用的软基处理方法还主要是静力排水固结法（含堆载预压、真空预压、真空堆载联合预压）、强夯法（按相关 Code，该法一般不许可用于处理饱和软黏土地基）和强夯置换法、振冲法、深层搅拌法、高压喷射注浆法、灌浆法、化学处理法、水泥粉煤灰碎石桩法（CFG 桩）、石灰桩、土桩或灰土桩法等[49-55]。

总之，静动力排水固结法在国际上尚未查询到相关文献（除了本书著者项目组相关知识产权与论文等成果外），该法是我们所有的独具自主知识产权的一种软基加固方法及技术。

1.3 研究内容与目标

系统研究静动力排水固结法的加固机理、设计理论、施工技术与检测手段，创建该法理论体系，形成一般技术人员可掌握的有效工法及工程质量控制技术等工程应用体系，满足包括大面积深厚淤泥类软基等各类工程建设实际需要，更加凸显工程质量、投资与工期显著综合优势，促进此方法的推广应用。

静动力排水固结法机理

　　针对前述 1.1 节提出的问题，本节主要论述本项目开展的工程条件或模拟工程条件下软基（或软土）响应规律与快速加固机理研究，包括：

　　（1）典型荷载水平及速率下淤泥类软土中水性变化——结合水可转化为自由水的条件及规律。

　　（2）冲击作用下淤泥孔压与固结响应特征等快速加固机理。

　　（3）典型静动荷载条件下淤泥孔径分布特征及规律。

　　（4）静动力排水固结法中冲击能量如何向地基下部传递及传递深度的规律，以及如何控制地基处理深度的机理。

　　（5）不同冲击荷载频率与埋深条件以及水平非对称下地层条件下变形固结规律。

　　（6）静动力排水固结法处理软基中残余力存在验证及其效应。

　　（7）饱和软黏土孔隙微观结构变化与宏观力学响应关系。

　　（8）其他有关原理或机理或规律（如冲击振动影响）的研究。

2.1　水性变化——结合水转化为自由水的荷载条件

　　淤泥与淤泥质土地基的静动力排水固结机理研究的重要发现及验证之一为：典型冲击荷载水平及速率下淤泥类软黏土中的结合水可转化为自由水。

1. 引言

　　近年来，核磁共振（Nuclear Magnetic Resonance，NMR）作为一个跨学科的测试技术方法用于研究不同砂岩岩石、催化剂、胶体和生物组织[56]，并且越来越多地应用于包括岩土介质在内的各种材料物理及几何特征测试与估算，如用于水泥在水渐进析出变化状态下各类凝胶孔隙水特征[57]；岩体含水层范围测试及其岩石孔隙度、渗透率、导水系数估算[58]，以及在石油及其开采领域所涉及介质的分析应用[59]等。由此，有理由相信该技术方法亦可推广应用于软土的相关分析研究。大规模建设中面临越来越多的淤泥与淤泥质土等超软土地基需要处理，处理的一个重要目的是尽可能排出超软土体中的水而使土体固结，以改善其物理力学性能。然而，在通常的工程静态荷载下，所排出的水只是土体中的自由水或其中的一部分，而无法排出其结合水。在一定覆盖静压力下又作用冲击荷载，设置了多向人工排水体系的静动力排水固结法[1]试图解决这一问题；该加固法中试图利用高能量冲击而将部分结合水转换为自由水，进而实现更多水的排出。从理论上来讲，静动力排水固结法软基加固时，纵波在不同的介质中振动传播的频率、速度、能量是不同的，有着不同的动力效应，当颗粒固体与水两者之间动力差大于颗粒对水的吸附能力时，自由水、毛细水、弱结合水甚至部分强结合水（部分结合水成为自由水）将从颗粒间隙析出，然后通过排水而固结[3]。然而，在实际问题中，造成水相变化的这种水平的动力及差异究竟应是多少还鲜见揭示，对于淤泥这种超软土尤其如此。

本项目在取之于实际工程的淤泥土的不同类型荷载水平及速率试验基础上，进行核磁共振水相测试，以探索何种荷载水平和速率下饱和超软土（淤泥）中结合水（主要为弱结合水）可转化为自由水及与转化量的可能对应关系，从而为地基工程设计提供基础。

2. 试验部分

（1）样品信息

淤泥土样取自某地基处理工地，平均含水量为 63.6%，孔隙比为 1.87，重度为 17.6kN/m³，液限和塑限分别是 47.1% 和 28.3%。取样及蜡封均按土工试验要求在原位进行，此后在室内进行相关力学试验。淤泥土样共 15 个，所受荷载水平及速率见表 2–1。

表 2–1   样 品 信 息 表

试验方法及土样类别	土样编号	荷载水平及速率条件
试验前试样	SQ1、SQ2、SQ3	取样后的原始状态下（未施加荷载），即荷载水平 0kPa，加载速率 0.0MPa/s
真三轴[①]试样 1	Z1-1、Z1-2	试样饱和度为 0.93，围压为 100kPa，竖向冲击荷载水平为 100kPa，加载速率为 0.8MPa/s（冲击 3 次，间隔时间为 10min）
真三轴试样 2	Z2-1、Z2-2	试样饱和度为 0.93，围压为 100kPa，竖向冲击荷载水平为 100kPa，加载速率为 1.6MPa/s（冲击 3 次，间隔时间为 10min）
高速冲击[②]试样 1	C1-1、C1-2	无刚性侧限、围压为 0kPa；每次[③]竖向荷载水平为 3787kPa，加载速率为 631.2MPa/s（竖向冲击 1 遍，8 击/遍）

试验方法及 土样类别	土样编号	荷载水平及速率条件
高速冲击 试样 2	C2-1、C2-2	无刚性侧限、围压为 0kPa；每击竖向荷载水平为 3787kPa，加载速率为 631.2MPa/s（冲击 3 遍，遍间隔为 24h；3 击/遍）
高速冲击 试样 3	C3-1、C3-2	无刚性侧限、围压为 0kPa；每击竖向荷载水平为 3787kPa，加载速率为 631.2MPa/s（冲击 5 遍，遍间隔为 24h；3 击/遍）
高速冲击 试样 4	C4-1、C4-2	置于刚性容器（ϕ17cm×8cm）内，有刚性侧限；每击竖向荷载水平为 3787kPa，加载速率为 631.2MPa/s（冲击 1 遍，3 击/遍）

① 美国 GCTS 生产的 SPAX-2000（改进型）静动真三轴试验系统；

② 自研发的多向高能高速电磁力冲击智能控制试验系统；

③ 竖向冲击接触面为圆形，ϕ8.2cm。

（2）试验仪器

采用上海纽迈电子科技有限公司生产 MiniMR60，共振频率为 23.309MHz，磁体强度为 0.55T，线圈直径为 60mm，磁体温度为 32℃。

（3）样品制备

1）标样制备：称取不同质量的氯化锰水溶液。

2）准备待测样品：称取质量并记录后，直接测试。

（4）试验参数

P90（μs）=19，P180（μs）=34.00，TD=266 424，SW（kHz）=200，D3（μs）=80，TR（ms）=1000，RG1=20，RG2=3，NS=4，EchoTime（μs）=260，EchoCount=4000。

上述各参数的物理意义：P90（μs）——90 度脉宽，P180（μs）——180 度脉宽，TD——采样点数，SW（kHz）——采样频率，D3（μs）——射频延时，TR（ms）——重复采样等待时间，RG1——模拟增益，RG2——数字增益，NS——重复采样次数，EchoTime（μs）——回波时间，EchoCount——回波个数。

（5）试验方法

运用核磁共振测量分析软件和 CPMG 序列采集样品 T_2 衰减曲线，并以.pea 格式保存，运用反演软件反演该文件。

3. 结果与讨论

（1）各样品含水率测试结果与分析

自然界中水为氢质子最多的一种物质，又由于核磁共振的信号来源主要为氢质子，氢质子越多，说明含水率越多，反之则越低。因此，通过信号量定标的方法，核磁共振技术可以被用来测量物质中水的质量。磁共振技术通过测定水的质量，可计算出待测淤泥样品中水的含量，从而得到其含水率。

测定 5 个标准样品，可得到表 2-2 中图示的水质量与幅度的相关线性关系。其中图中横坐标为水的质量，纵坐标为信号幅度。

表 2-2   标 样 测 量 结 果

标样	质量/g	幅度	水信号幅度与水质量的关系
0	0	84.270 1	
1	1.924 3	2262.532	
2	3.861 9	4332.292	
3	5.554 1	6324.392	
4	7.093 6	8053.15	

含水率测试标准曲线
$y=1122x+74.69$
$R^2=0.999$

测试各样品水峰面积，同时利用水峰面积与水质量的线性关系，得到样品中的含水量，进而得到各样品的含水率见表 2-3。根据土样实际情况及对比核磁法结果表明：核磁法测试的含水率在 25%～35%之间，而该种土样用常规方法测试会大于 50%。因此，此种核磁法可能没有测到全部的水分。此外，可以观察到，试验前的 3 个平行土样含水率相差较大，分析原因可能是均一性不是很好；同时真三轴试样 2 的两个平行样测得的含水率相差也较大。

那么核磁共振测得的是哪种水呢？我们对 SQ2 号样品进行了加水测试。测试结果发现，如图 2-1 所示，滴入水后核磁共振测试到的两类水均有变化（信号幅度增加，即水量增加）。这也说明此种核磁共振方法肯定测试到自由水，目前淤泥这种高含水量超软土中弱结合水是否能全部测试到还有待研究。改进的方法诸如采用短脉宽的变温核磁共振仪进行测试，通过采集短弛豫的氢，因而可能采集到诸如强结合水的信号。

表 2-3   样 品 测 量 结 果

试验方法及土样	样品编号	幅度	样品质量/g	含水量/g	含水率（%）	平均含水率（%）
试验前	SQ1	12 845.42	33.51	11.38	33.97	
	SQ2	10 462.42	39.31	9.26	23.55	28.12
	SQ3	4709.05	15.40	4.13	26.83	

续表

试验方法及土样	样品编号	幅度	样品质量/g	含水量/g	含水率（%）	平均含水率（%）
真三轴试样 1	Z1-1	5102.58	15.89	4.48	28.20	29.22
	Z1-2	10 335.30	30.23	9.14	30.25	
真三轴试样 2	Z2-1	10 607.55	36.84	9.39	25.48	29.21
	Z2-2	4721.05	12.58	4.14	32.93	
高速冲击试样 1	C1-1	10 583.48	34.91	9.37	26.83	26.85
	C1-2	12 290.45	40.53	10.89	26.86	
高速冲击试样 2	C2-1	10 590.91	38.68	9.37	24.23	22.18
	C2-2	8532.52	37.47	7.54	20.12	
高速冲击试样 3	C3-1	11 785.94	39.33	10.44	26.54	26.10
	C3-2	3866.41	13.17	3.38	25.66	
高速冲击试样 4	C4-1	11 451.41	37.25	10.14	27.22	26.91
	C4-2	10 739.87	35.75	9.51	26.59	

（2）T_2 谱图/水分分布情况

1）不同试验条件各样品 T_2 图谱。

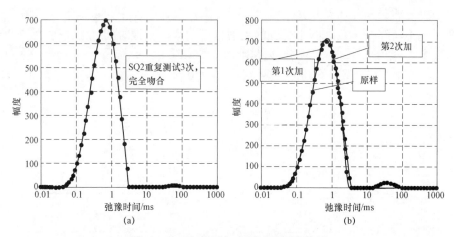

图 2-1　SQ2 样品加水测试的幅度信号

（a）SQ2 重复测试三次，完成吻合；（b）SQ2 原样，第一次加水，第二次加水测试谱图

使用迭代寻优的方法将采集到的 T_2 衰减曲线代入弛豫模型中拟合并反演

可以得到样品的 T_2 弛豫信息，包括弛豫时间及其对应的弛豫信号幅度分量，如图 2-2（b）所示横坐标为范围从 10^{-2}ms 到 10^4ms 对数分布的 100 个横向弛豫时间分量 T_2，纵坐标为各弛豫时间对应的信号幅度分量 A_i（为便于定量分析，该信号分量经质量及累加次数的归一化处理），已知信号幅度与其组分含量成正比关系，积分面积 A 即为样品的信号幅度。且该淤泥样品水分分为两种状态的水分，T_{21} 及 T_{22}。

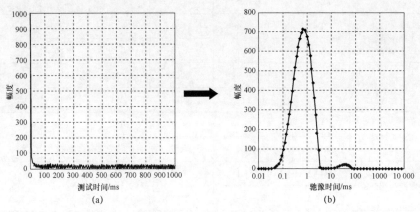

图 2-2　典型 T_2 弛豫图谱

T_2 弛豫时间反映了样品内部氢质子所处的化学环境,与氢质子所受的束缚力及其自由度（水分状态）有关，而氢质子的束缚程度又与样品的内部结构有密不可分的关系。在多孔介质中，孔径越大，存在于孔中的水弛豫时间越长；孔径越小，存在于孔中的水受到的束缚程度越大，弛豫时间越短。图 2-3 所示为 15 个淤泥土样品的 T_2 弛豫谱图。

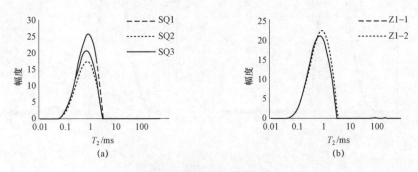

图 2-3　各样品 T_2 谱图（一）

（a）试验前样品 T_2 谱图；（b）真三轴试样 1 样品 T_2 谱图

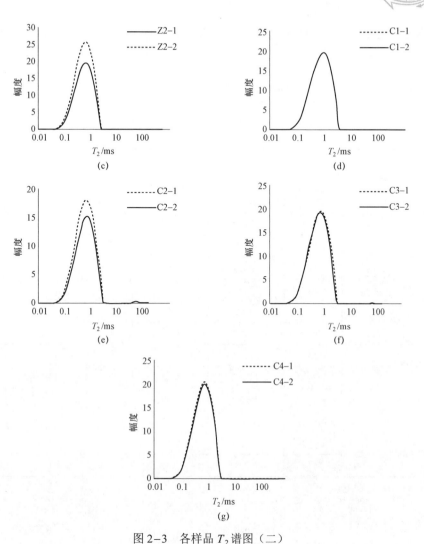

图 2-3　各样品 T_2 谱图（二）

（c）真三轴试样 2 样品 T_2 谱图；（d）高速冲击试样 1 样品 T_2 谱图；（e）高速冲击试样 2 样品 T_2 谱图；
（f）高速冲击试样 3 样品 T_2 谱图；（g）高速冲击试样 4 样品 T_2 谱图

2）不同试验条件样品两种水分状态变化规律。

各样品的 T_2 谱图具体信息见表 2-4。表中分别对比了不同工艺，观察发现，第一种状态的水分还是有一定的规律存在，而第二种状态的水分没有规律性变化。由图 2-4 可清楚地观察到，相对于测试前，真三轴（围压为 100kPa，竖向冲击荷载水平为 100kPa，加载速率为 1.6MPa/s 及以下）不同频率试验样品的第一个峰值基本无变化，表明该种荷载频率及水平下非自由水基本不会转化为自由水；相对于测试前，高速冲击荷载下非自由水可转化为自由水，而且

冲击总能量越大，就越易析出自由水。此外，由图 2-4（c）可见，样品所受
到侧限约束刚度对非自由水转化为自由水的影响可忽略。

表 2-4 不同试验条件水分状态分布对比

试验方法及土样	样品编号	A21 （第一个峰幅度）	A22 （第二个峰幅度）	A21 （第一个峰平均幅度）	A22 （第二个峰平均幅度）
试验前	SQ1	383.14	0.21	318.04	0.40
	SQ2	265.36	0.78		
	SQ3	305.63	0.22		
真三轴试样 1	Z1-1	320.48	0.48	330.94	0.45
	Z1-2	341.41	0.43		
真三轴试样 2	Z2-1	287.87	0.04	331.68	0.02
	Z2-2	375.49	0.00		
高速冲击试样 1	C1-1	301.83	0.81	302.10	0.84
	C1-2	302.37	0.88		
高速冲击试样 2	C2-1	272.73	1.06	250.05	0.71
	C2-2	227.37	0.35		
高速冲击试样 3	C3-1	313.90	0.68	206.77	0.50
	C3-2	99.63	0.32		
高速冲击试样 4	C4-1	307.00	0.43	303.49	0.44
	C4-2	299.98	0.45		

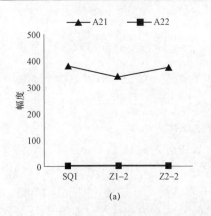
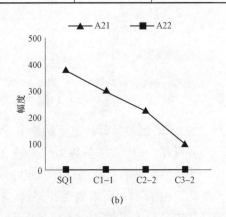

图 2-4 不同荷载水平及速率下两种状态水分变化对比（一）

（a）试验前、真三轴试样 1 与真三轴试样 2 两种状态水分变化对比；（b）试验前、高速冲击试样 1、
高速冲击试样 2 与高速冲击试样 3 两种状态水分变化对比

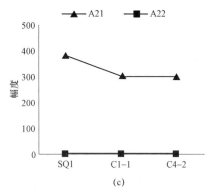

图 2-4 不同荷载水平及速率下两种状态水分变化对比（二）

（c）试验前、高速冲击试样 1 与高速冲击试样 4 两种状态水分变化对比

4. 结论

（1）对应于通常工程荷载的较低能量真三轴试验荷载速率与荷载水平（1.6MPa/s 与 100kPa）及以下，淤泥类超软土中非自由水不能转化为自由水。

（2）对应于静动力排水固结法工况的高速冲击荷载下（每击荷载水平为 3787kPa，速率为 631.2MPa/s），非自由水可转化为自由水；而且冲击总能量越大（遍数及击数越多），就越易析出自由水。

（3）约束样品的侧限刚度对非自由水转化为自由水的效应可忽略。

上述结论为科学地进行地基处理工程设计提供了指导，其中②为静动力固结法快速有效加固提供了明确的试验证明及依据。

此外，通过真三轴试验，研究冲击荷载作用下海积软土的孔隙水压力、轴向变形等动力响应特征。利用热失重法和理论计算法，分析试验前后软土中结合水含量。研究表明：

（1）冲击荷载作用前后含水率变幅为 15.6%～23.5%，结合水含量变幅为 17.6%～29.4%，体积增大系数为 2.1%～9.5%，冲击荷载作用下饱和软土的排水固结作用明显。

（2）试验前后软土中结合水含量变化较大，冲击荷载作用下软土的动力释水与静力作用下的释水规律有相同点，更有不同之处：相同点是释水量都与初始孔隙比和含水率相关，不同之处是静压条件下存在临界压力，而软土动力释水相对较容易，达到同等排水量所需动荷载小于静荷载，且作用时间缩短；动力释水量大小和速度还与动荷载的大小、级次、频率和排水井设置、周围压力等因素有关。在动荷载作用下，对于不破坏土体结构而能有效地加固，存在最佳冲击能，此时激发土中结合水转化为自由水并快速释放出来，排水固结效果好。

（3）影响软土动力释水的主要因素有初始含水率、结合水含量、孔隙比、土的状态、动荷载大小和加载方式等。

（4）设置合理的排水体系，确定合适的静动力荷载大小、动力参数、间隔时间，处理好静力、动力相互关系，以便达到静动力排水固结法的处理效果。

在此，还可结合湛江东海岛黏土与淤泥地基处理实际问题进行讨论。如前述，湛江软黏土结构性的一个宏观表现是其土颗粒间胶结性强且渗透系数很低，这给表现地基处理效果的核心问题——土体中水的排出造成更大的困难，导致常规工程静压下或真空吸力下地基处理效果受到更多不利影响。然而，静动力排水固结法的冲击力则较有效，一是众所周知的夯击冲击能作用下地基土体渗透性有所改善，二是由上述试验表明的原因，即静动力排水固结法工况的冲击荷载下，非自由水可转化为自由水。

很有趣的是，我们最近关于湛江组黏土结构性与其灵敏度的关系研究显示：原状黏土的强度基本不受含水率影响，而此扰动重塑后的强度则明显受到原有含水率的影响，这表明了灵敏度是一个随含水率变化而明显变化的变量。由此，若按照目前灵敏度与结构性关系的理论及认识，此种黏土的结构性与含水率紧密相关，含水率越高，灵敏度越大，结构性也越强。这或许隐喻了仅用灵敏度或相关指标来描述此类黏土的结构性存在问题；另一方面，表明了静动力排水固结法由于能更多地降低土的含水率，而具有更能降低其灵敏度甚至减弱结构性的土性改善处理的优势。

2.2 孔压与固结响应特征

淤泥与淤泥质土地基的静动力排水固结机理研究重要发现及验证的另一点为：淤泥类软基静动力排水固结处理中，夯击间隔期间残应力作用机制存在，且其对沉降起主要作用。

1. 引言

近些年来，国内外一些学者一直努力研究动力排水固结法或进一步发展的静动力排水固结法[3,4]中软土在冲击荷载作用下的响应规律及加固机理，包括实际工程中的监测及分析[4,12]，数值模拟与室内模型试验[38,39,60-65]。李彰明等[12]在淤泥软基处理原位监测中得到在不同夯击能作用下孔压变化的一些基本规律，观察并发现了淤泥软基原位夯击瞬间先出现孔压负增长现象。孟庆山等[60]利用改装的三轴剪力仪进行淤泥质原状土样（含水率为46.57%，$\phi = 6.18cm$，$h \approx 12cm$）冲击试验（最大冲击能 5×36N·cm），得到孔压和冲击击数之间呈双曲线关系、高围压下冲击荷载激发的孔压随击数增长速率快等规律。白冰[61]利用由常规三轴仪改造的试验装置，对人工制备土样（含水率为37.1%，$\phi=3.91$cm，$h=8$cm）进行冲击试验（冲击力大小不详），考虑不同围压、不同固结状态下土体的动力响应特征，得到了有关不同冲击次数 N 作用下孔压变化规律及结论。曾庆军等[62]利用圆形钢桶（$\phi=26$cm，$h=34$cm）进行一维固结模型试验，观察到质量5kg夯锤由0.5m高度自由下落连续夯击重塑饱和黏土（平均液限为44.2%，平均塑限为24.7%）超过5次，由0.6m高度自由下落连续夯击超过6次后均出现孔压变化成明显的双峰型现象。王安明等[63]通过设计模型箱（68cm×96cm×40cm），夯锤由最大高度为60cm处自由下落夯击淤泥土，得到及验证了文献[4]所示的夯击时孔压变化规律。王珊珊[64]利用大尺寸（96cm×96cm×120cm）固结模型试验装置，120N夯锤从落距为1.2m高度自由下落夯击软土（含水率为50.7%，液限为44.7%），得到夯击瞬间孔压出现负增长，后上升到峰值，最后逐渐消散为一定值，孔压消散为单峰型结论。

然而，上述室内试验，由于土样尺寸小或一维固结条件或冲击能量小，与模拟的工程条件相差大；尤其是冲击能量过小而难以保证能够激发软土在工程条件下的力学响应，有相当的局限性。因此，须寻求一种新的试验方法，使得能在实验室条件下进行较大尺寸土样的高能量夯击试验。

本项目利用多向高能高速电磁力冲击智能控制试验装置[65,66]，针对广泛存在的淤泥这类超软土进行静动力排水固结室内模型试验，寻求高能量冲击作用下淤泥孔压变化特征等规律，期望能够对静动力排水固结法的加固机理有更深入的了解和认识，以为该法的优化设计及施工提供指导及依据。

2. 模型试验设计（图2-5）

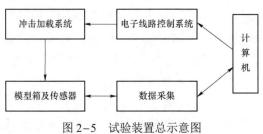

图2-5 试验装置总示意图

（1）试验装置及方法

采用多向高能高速电磁力冲击智能控制试验装置[65]，通过设置多级可控电磁力激发使得冲击杆在短行程中加速（最大加速度为 10^4g）达到很高的速度并撞击初始自平衡夯锤，受撞击夯锤则以对应设置的高能量夯击土体，进而激发土体近似于工程状态的力学响应，即是利用电磁力作用下小质量试验锤施加的冲击能量可达工程中大质量工程锤所提供能量的功能特点，模拟工程量级的冲击荷载；同时通过基于 Labview 平台的二次开发数据采集系统[11,12]及埋设的传感器自动记录夯击过程中的孔压、土压的动态变化值，存储并显示在计算机上。通过该冲击试验系统、原状土样模型箱及各传感器模拟并监测静动力排水固结法处理淤泥地基过程中孔压与土压等力学响应。

（2）模型设计

1）模型箱土层铺设。以某工区淤泥软基静动力排水固结法处理工程为模拟对象。采用的模型箱为直径 360mm、高 440mm 的圆桶，冲击荷载作用于土体中心区域，以作为轴对称问题考虑。该模型边界效应主要来自桶壁径向约束和桶底部的轴向约束，为降低边界效应，土样放置前使桶壁四周光滑，减少模型土体与桶壁的摩擦力。模型试验土样取自于工程现场地下深度为 3m 处的原状淤泥土，土样物理参数见表 2-5。模型箱土层依照现场实际上部地层情况按相似比进行设计，各土层与原土层土质保持一致。按照相似理论（几何相似比为 1:30）各土层填筑厚度从上自下依次为：填土 2cm，填砂 3cm，淤泥 39cm。为尽量排除人为扰动影响而保持淤泥土的原状特性，在室内静置 3 个月，密封完好。

表 2-5　　　　　　　　　　土 样 物 理 参 数

土样类别	含水率 w（%）	重度 γ /（kN/m³）	孔隙比 e	液限 W_L（%）	塑限 W_P（%）
淤泥	69	17.9	1.92	47.1	28.3

2）传感器埋设。本试验采用微型 BWMK 系列的孔隙水压力传感器和 SJ-BW 系列的土压力传感器，其外形尺寸分别为：BWMK 系列 $\phi=13mm$，$h=12mm$；SJ-BW 系列 $\phi=12mm$；$h=5mm$；传感器系数通过流体压力标定。试验共埋设 7 个传感器，其中三个孔压传感器分别标识为孔上、孔中、孔下与孔中侧；3 个土压传感器分别标识为土上、土中与土下。各传感器埋设于土样内设定的位置并静置至孔压完全稳定后进行下一步测试，其中孔压计在埋设前抽气并用土工布袋包裹好。模型土层及传感器埋设位置如图 2-6 所示。

3）排水系统布置。静动力排水固结模型装置中设置水平和竖向排水体系。其中，水平排水系统由标准中粗砂垫层构成。竖向排水板原料为 4mm×10mm

的 SPB-A 型塑料排水板；在制作过程中将其剪切成 4mm 的小条后用土工布条（见图 2-7）包裹并严格缝合。依据设计，将排水板插至淤泥层底部，正方形布置，间距为 50mm；塑料排水板平面布如图 2-8 所示。塑料排水板插入过程中尽量避免对淤泥土的扰动，保证排水板插入过程中不扭曲，排水板间距、质量符合要求。插板时，软土中孔压会升高，此后静置一段时间，并

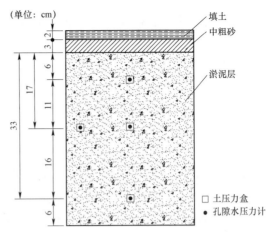

图 2-6 模型土层及传感器埋设位置图

观察孔压的数据变化。此后开始填入 30mm 的厚砂层与 20mm 的厚土层作为横向排水体与静荷载覆盖层，铺完砂土后使其表面平整。

图 2-7 土工布条和土工布袋

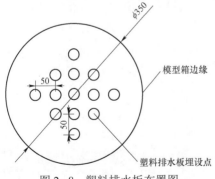

图 2-8 塑料排水板布置图

4）冲击加载。待插板引起的孔压消散后进行冲击试验。通过前述冲击加载系统使夯锤（钢制夯锤质量为 1.9kg，直径为 80mm）以高能量（可控的单击荷载最大可达夯锤自重 1000 倍以上）夯击超软土。每次夯击能不变，夯击点为土样中心。每遍夯击完成后，刮平表层土面；每遍夯击间隔时间以超静孔隙水压力消散达到 80% 及以上为准。具体夯击参数如下：夯点为土样中心，以土层沉降变化很小为

第一、二遍夯击：击数为 4 击，准（通过传感器反馈数据来确定）。

第三遍夯击：击数为 1 击，夯点为土样中心，以土层沉降变化很小为准（通过传感器反馈数据来确定）。在本试验过程中因第二遍夯击后出现较明显的趋向能量饱和现象，故第三遍夯击实际击数只有 1 击。

施加的冲击力大小：每遍第一击 1.8t，第二击及之后 2.2t。

5）数据采集。由传感器、BZ2210 动态电阻应变仪（最大采集频率为 20kHz）、数据采集卡和计算机采集控制软件构成数据采集系统。如前所述，数据采集软件为基于 Labview 平台的自研发软件，采样频率最高可达 500kHz，设置 16 个采样通道。采集数据能够实时显示在计算机显示器上，操作简单、直观性强，能够完全满足试验的需求。本试验主要对孔压和土压的动态变化进行实时采集。采集时间从埋入传感器，历经插板、填砂土、夯击开始持续到夯击结束后一段时间，直达孔压消散。夯沉量通过定位参考点结合游标卡尺测量土体的表面位移量来确定。

3. 试验结果及分析

（1）插板时孔压变化

由图 2-9 可见，处于土样上、中、下三个位置测点的孔隙水压力在插板瞬间均急剧增大，插设完成时孔隙水压力达到最大值，之后开始逐渐消散；表明在插板过程中出现了明显的挤土扰动效应，进而出现孔隙水压力的升高。上部孔隙水压力变化量明显大于中部和中侧部，插板时上部孔隙水压力增加得最快，最大孔压也最大，之后也消散得最快，消散后值也最小。这表明此种扰动效应随软土的埋深变化，埋深越大，扰动越小。

由图 2-9 还可对比中部孔压计和中部一侧孔压计测量结果，中部孔压变化幅度明显小于中侧部。可能的原因：一是插板对土体扰动后，中侧部土体受到模型箱侧壁的挤压，孔隙水压力比中部要大；二是中部排水条件比中侧部要

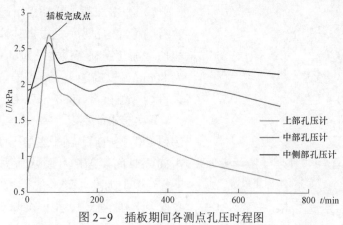

图 2-9   插板期间各测点孔压时程图

好，导致最终中部的孔隙水压力要比中侧部小。

（2）填砂土阶段孔压变化

由图 2-10 可知各测点孔压具有相同的变化趋势，即在填砂土（包括所填砂层与填土层）完成时孔压达到最大值，之后开始消散，初始消散速率较大，后来逐渐消散至一定值。从各测点孔压消散情况看，在峰值后 3h 内，孔压消散比较明显，3h 后孔压消散速率变得非常小，接近某一定值，该值略小于初始值。

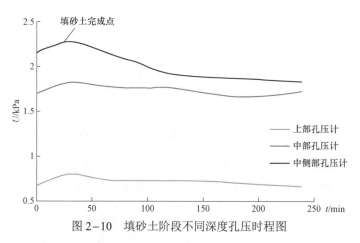

图 2-10　填砂土阶段不同深度孔压时程图

（3）夯击阶段孔压与土压变化规律

1）夯击瞬间孔压变化。因静动力排水固结法采用的是多遍夯击，不失一般性，在此主要讨论典型的第二遍夯击瞬间孔压变化值。

由图 2-11 可知，夯击瞬间孔压急剧增长到最大值的时间非常短（仅为 6ms），而且达到峰值后迅速下降，现象非常独特。在以前的工程监测与用其他试验系统进行的模拟试验中未见过，因为通常这种在淤泥中孔压的长消是需要较长时间的；后经多次试验均出现这种现象（见图 2-12）。鉴于此次试验较高精度（采样

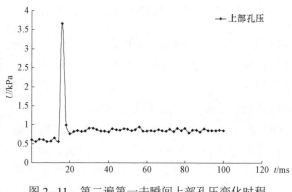

图 2-11　第二遍第一击瞬间上部孔压变化时程

频率高）及可控性，我们初步认为：一是监测仪器较好的捕捉性能所致，二是与传感器所处位置有关。其他的相关问题还有待于进一步研究。注意：各次冲击时，夯锤首次压缩土体的作用时间为8～13ms，各冲击振动全过程历时800～1400ms。

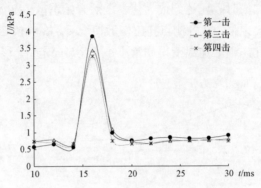

图2-12　第二遍各击瞬间上部孔压变化时程

由图2-13可知，夯击瞬间上部孔压增加显著，但是下部孔压增加相对明显减小，说明夯击瞬间能量向下传递随深度增加具有衰减性。

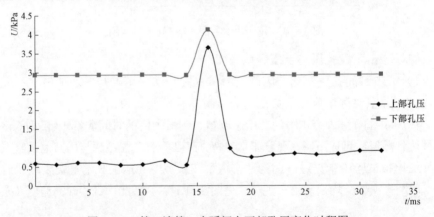

图2-13　第二遍第一击瞬间上下部孔压变化时程图

2）夯击全过程孔压与土压变化。由图2-14可知，每遍夯击瞬间，中部孔压都出现瞬间急剧增长，夯击完后孔隙水压力达到最大值，而且各夯击瞬间的孔压增长量依次呈递减趋势。在每遍夯击完后，孔压的最终消散值都小于初始的孔压，说明排水条件良好，加速了孔压的消散。

如图2-14（b）所示，试验还观察到一种现象：初始两遍夯击结束后孔压变化均呈双峰型；即孔隙水压力的变化规律是先增大，后减小，再增大，再减小。双峰之间的时间间隔随着夯击遍数的增加而逐渐变大，第一遍双峰间隔时间为44.66h，第二遍双峰间隔时间为60.03h，第三遍未出现双峰现象。第二个

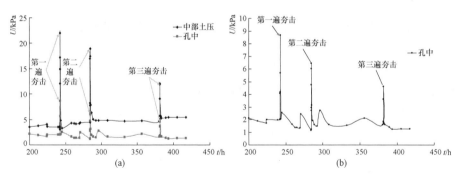

图2-14 试验夯击全过程中部孔压和土压时程图

(a) 土压时程图；(b) 孔压时程图

低峰值出现可能的原因是软土的结构性：冲击荷载作用后，动荷载卸载，孔隙水压力由于卸载及排水的原因，迅速减小，此时土体会产生压缩体变和剪切变形；卸载刚开始时，压缩体变很小，当土中残余应力积累到一定量之后，压缩体变突然增加，土体压缩，孔隙水压力出现增长，形成第二个峰值，此后孔压再消散。还有另一种可能是横向变形的约束反力效应：在高能量冲击荷载作用下，软土的横向变形大受到模型侧壁约束反作用力而产生第二个孔压峰值，而当土性改善而横向变形小后，这种约束效应就逐渐减小直至消失。期望后续多次试验对此现象做进一步研究及验证。

由图2-14还可知，与孔压变化类似的是，每遍夯击瞬时土压都出现急剧增长，增长幅度随夯击遍数增加呈减小趋势。然而，每遍夯击完后土压最终值都大于夯击前的土压值，这与孔压在夯前后的大小变化规律相反。另外，第一遍夯击完后土压出现先下降，后上升的现象。

（4）淤泥土层顶板沉降分析

淤泥土层顶板沉降主要来源于夯击产生孔压长消引起的固结沉降，图2-15给出了从填砂到夯击结束后超软土顶板沉降曲线，插板填砂阶段开始，淤泥即开始沉降，插板填砂后1天沉降变化较大，之后较快达到稳定，最后趋

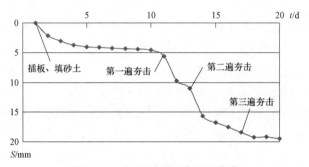

图2-15 淤泥顶板沉降时程曲线

于不变。第一遍夯击后 1d 淤泥沉降量大于插板填砂后 9d 沉降量,第二遍夯击后沉降,说明在冲击荷载作用后随着孔压的消散,淤泥固结速率增大,沉降量也增加。第三遍夯击完成后淤泥沉降不明显,说明淤泥在经过多次夯击之后随着孔隙水的排出,土体更加密实,强度越来越大,变形越来越小。

(5)孔压与沉降关系

由图 2-16 可知,每遍夯击时,孔压变化值大,沉降量也发生陡变,但该量与两遍夯击间的总沉降量相比还只占小部分(一般不到 1/3);夯击完后孔压迅速消散,之后数天沉降一直明显发展,其总量大大超过夯击期间的沉降量,表明夯击后续作用十分重要。由此再次说明,这种夯击后续残应力作用机制的存在以及进一步研究是十分必要的[2]。插板与填砂土(相当于施加静力荷载)时也有瞬间孔压及沉降的陡变,但其量值相对夯击小,然后较快地趋于稳定。这也表明相对于静力,冲击力具有明显的残余力效应。

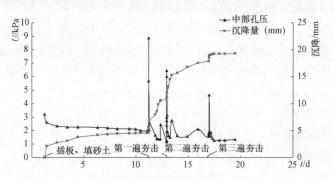

图 2-16 中部孔压与沉降量随时间变化曲线图

(6)误差分析

1)由于试验比较复杂,试验周期较长,传感器埋在高含水量的淤泥土中且受冲击作用,其防水与防腐蚀性及耐久性要求高,而部分这种小型传感器还难以达到要求,导致试验过程中特别是后期传感器出现故障,失去部分可资比较数据。

2)因本模型截面几何形状为圆形,冲击荷载作用于土体中心,可作为轴对称问题考虑。但受径向尺寸(直径为 36cm)限制,不排除其边界效应对试验现象及数据的精确性仍有一定的影响;诸如夯击后孔压双峰现象的出现是由径向边界约束引起的还是其他原因导致的还需进一步探讨。另外,文献 [8] 所述的此类现象是在利用更小直径(26cm)圆桶一维固结模型试验中出现的。

3)如前面所述,模型箱土层依照现场实际上部地层情况按相似比进行设计,没有模拟淤泥层下部土层,这对排水的双向性模拟会产生影响。

然而，就上述 1）、2）而言，在目前的试验技术水平下，由于试验装置与数据采集系统本身可靠性强，通过剔除传感器损坏相关数据，再由夯锤上安装的动态压力传感器所测冲击力的对比核准，数据保持了足够的可靠性与必要的精度。此外，尽管试验还存在模型尺寸效应问题，但本试验依然较目前不少前沿性试验研究进了一步。就上述 3）而言，对试验条件下的本身结果没有影响。

4. 结论

（1）通过高频率数据采集获得夯击瞬间上部孔压急剧增长到最大值时间非常短（仅为 6ms），而且达到峰值后迅速下降至某一定值；其重复性好、规律性强，是模型试验测试条件下记录的独特现象。

（2）与孔压相类似，每遍夯击瞬时中部土压均出现急剧增长与快速减小，增长幅度随夯击遍数增加呈减小趋势；但每遍夯击完后数天内土压值都大于夯前值，与孔压在夯击前后的大小变化规律相反。

（3）第一遍和第二遍夯击后沉降量较大，第三遍夯击后沉降量较小。在每遍夯击完后孔压的最终消散值都小于初始的孔压，说明在一定的排水条件下，淤泥这类超软土地基确实是可以夯击的。

（4）夯击后残应力作用机制存在，且其对沉降起主要作用；而一定静力荷载的这种机制不明显，静荷载作用下在相对很短的时间内完成孔压消散及沉降。

（5）插设排水板的扰动效应不可忽视，但该扰动效应随软土埋深而变化，埋深越大，扰动越小。

（6）力学响应特征与深度位置关系较密切。

上述结论证实了"夯击后残余应力作用机制存在，且其对沉降起主要作用，而一定静力荷载的这种机制不明显""在一定排水条件下，淤泥这类超软土地基确实可夯击"等论点，为更深入地认识与掌握静动力排水固结法的加固机制提供了基础，为该法优化设计及施工提供了参考借鉴。其中残应力作用机制揭示了该法与强夯法加固机理的又一区别。

2.3 静动荷载下淤泥孔径分布特征及规律

1. 引言

土及各类软土的组成成分是决定其物理力学特性的基本因素，而矿物种类、各种矿物含量、吸附阳离子种类、孔隙水成分和颗粒及孔隙的形状和尺寸分布等五方面能够反映该成分特点[4,45]。其中第一个至第四个成分特点与化学性质相关，而第五个成分特点则与化学性质无直接关系并相对较为直观，尤其是，在软土地基的力学方法加固中，第五个成分特点的变化基本反映了其加固效果，诸如相对大尺度的孔隙减少。因此，对反映土的颗粒和微细观孔隙结构特征的第五个成分特点的确定就显得十分重要。目前，观察土样的微细观孔隙结构特征主要有压汞试验法、吸附法、X 射线衍射法、光学显微镜法、扫描电子显微镜法、计算机断层成像扫描法、等温吸附法以及核磁共振（NMR）法等方法[67,68]，其中扫描电子显微镜法还可应用于淤泥质土（注意不是淤泥）动力排水固结前后软土微观结构的分析[69]。近些年来，NMR 试验方法逐步得到了越来越广泛的应用。该方法是测定原子核磁矩、研究物质微结构的直接而又准确的方法，已在物理学、化学、材料科学、生命科学和医学等领域中得到广泛的应用，如骨皮质成像及评价[70]、分子间双量子相干性[71]、量子态及尺度上超级芝诺效应（super-Zeno effect）[72]、液态同核两个量子比特的相关量子动力学问题[73]、通过间接耦合测量研究低场 NMR 的信号强度[74]、铁基超导体的超导特性和自旋波动[75]。作为一个跨学科的测试技术方法其也逐渐地应用于包括岩土介质在内的各种材料的物理及内部结构特征测试和估算，诸如用于研究一般黏土、不同砂岩岩石、催化剂、胶体和生物组织[27,59]。石油及其开采领域所涉及介质的分析[59]等微观和细观量级问题也可应用 NMR 方法。特别是，淤泥这类超软土水相变化的试验研究[15]揭示了不同荷载下该类土中结合水可转化为自由水的条件及规律，这具有重要的工程实用价值。然而，关于淤泥这种超软土相应的孔隙结构分布及其变化规律的文献较少。研究此类问题对于揭示超软土宏观力学行为的机理及评价软基工程加固效果十分必要且有重要意义。

鉴于 NMR 法具有对试样本身无扰动、空间三维测试等特点，现利用该方法，在文献［15］的基础上，一是进行不同应力水平和加载速率下的动力真三轴（以下简称"动三轴"）试验，以便更好地与实际工程问题对应，二是着重从孔隙结构分布及其如何变化来考虑在典型荷载、应力水平和速率下的淤泥特性响应，寻求在这些条件下淤泥内部结构及其分布规律，从而可为软基工程设计理论发展提供进一步依据。

2. 试验方法

（1）试验土样

研究的淤泥土样均来自广东沿海某地基处理工地，第一批土样（除动三轴试样 3、4 外的所有其他土样）平均含水率为 63.6%，平均孔隙比约为 1.87，液限和塑限分别为 47.1% 和 28.3%[13]；第二批补充试验土样（动三轴试样 3、4）

平均含水率为 54.4%，平均孔隙比为 1.73，液限和塑限分别为 46.2% 和 27.8%。各批次取样及蜡封均按土工试验要求在原位且同条件同时进行，此后在室内进行相关力学试验。淤泥土样共 23 个，各土样受到与典型工况对应的荷载水平及速率，其中第一批土样所受荷载情况见文献 [15]，第二批土样所受荷载列于表 2-6。NMR 测试土样包括两步，第一步是标样制备，称取不同质量的氯化锰水溶液；第二步是准备表 2-6 中列出的待测淤泥土样，称取质量并记录后直接进行 NMR 测试。

表 2-6　　　　　　　　　　第二批样品所受荷载情况表

试验方法及土样类别	土样编号	荷载水平及速率条件
动三轴试样 3	Z3-1，Z3-2 Z3-3，Z3-4	试样饱和度为 0.93，围压为 600kPa，竖向冲击荷载水平为 680kPa，加载速率为 0.001MPa/s
动三轴试样 4	Z4-1，Z4-2 Z4-3，Z4-4	试样饱和度为 0.93，围压为 600kPa，竖向冲击荷载水平为 680kPa，加载速率为 0.68MPa/s

注：采用前述 SPAX-2000（改进型）静动真三轴仪的动三轴试验，方法同表 2-1 所示真三轴试样试验。

在标样制备中，需注意磁性物质的影响。当质子系统中存在磁性物质（如顺磁性金属离子，如锰等）时，质子的弛豫将发生变化。这是因为当有磁性物质存在时，除了质子间以外，自旋—自旋相互作用还同时可以在质子偶极与电子偶极间发生，而这一相互作用极大地加快了质子系统自旋—自旋弛豫（T_2 弛豫）。除此之外在自旋质子体系中的顺磁性物质会产生一定的磁场，氢质子与顺磁性离子距离不同而使磁矩对各质子的作用不同，即质子所在位置的磁场强度会因质子与离子距离不同而各不相同，这将导致质子间的拉莫尔进动频率出现差异。因此当射频脉冲关闭后，原本在相同相位上的横向分磁矩会以更快的速度频散，在宏观上表现为质子的横向弛豫时间减小。加入弛豫剂后质子的弛豫时间 T_2 与顺磁性物质浓度符合式（2-1）[16]。

$$\frac{1}{T_2} = \frac{1}{T_{20}} + CR \qquad (2-1)$$

其中，T_{20} 为纯水的质子横向弛豫时间；C 是弛豫剂的浓度；R 为弛豫剂的弛豫率，单位为 $s^{-1} \cdot mmol^{-1} \cdot L$，其定义为单位浓度的弛豫剂所增加的质子 T_2 弛豫速率。弛豫率一定时，氯化锰溶液的 T_2 值与弛豫剂浓度成反比。本试验黏土样品的弛豫时间 T_1 和 T_2 的加权平均值分别为 12.3ms 和 3.5ms，T_{20} 为 2.63s，R 为 23.950s^{-1} · mmol^{-1} · L，由式（2-1）确定所选用的氯化锰溶液浓度为 1.5g/L，即 11.91mmol/L。

（2）试验方法

NMR 是指具有磁矩的原子核在恒定的磁场中由电磁波引起的共振跃迁现象。水分子中的氢原子核可以产生 NMR 现象，NMR 就是利用氢核在磁场中对电磁波的共振吸收来检测样品中氢原子核（液体中的氢原子核）的丰度。其基本原理如下：在无外磁场作用时，氢原子核自旋的方向是杂乱无章的，自旋系统的宏观磁矩为零。当外加静磁场后，核自旋空间取向从无序向有序过渡，自旋系统的磁化矢量从零逐渐增长，当系统到达热平衡状态时，磁化强度达到稳定值 M_0，该磁化强度方向与静磁场方向相同。此时，再给核自旋系统施加一个射频场，磁化矢量会偏离平衡位置，这时磁化强度 $M \neq M_0$，当射频磁场作用停止后，自旋系统这种不平衡状态不能维持下去，而是自动地向平衡状态恢复，这种恢复过程也需要一定时间。我们将自旋系统从不平衡状态向平衡状态恢复的过程称为弛豫过程。NMR 仪器提供一个静磁场，且同时也会提供一个射频磁场，其采集样品的弛豫过程信号衰减曲线（CPMG 采样曲线），并按下式[17]对 CPMG 数据进行一个多指数计算，从而得到 T_2 谱图（如参考文献 [15] 和参考文献 [17] 中的相关弛豫谱图）。

$$M_{\perp(t)} = \sum_i P_i \mathrm{e}^{\frac{-t}{T_{2i}}} \qquad (2-2)$$

式中　　$M_{\perp(t)}$——横向弛豫信号；

T_{2i}——第 i 个弛豫单元的横向弛豫时间；

P_i——第 i 个弛豫单元对总横向弛豫信号的贡献。

由式（2-2）可求解出 P_i 随 T_{2i} 的变化，从而得到 T_2 分布。孔隙中所含氢原子的流体弛豫时间 T_2 与孔隙大小之间存在一定的关系，可由 NMR 测出孔隙分布。

对两批土样的测试采用相同的试验仪器及参数。试验仪器采用上海纽迈电子科技有限公司生产的 MiniMR60 型 NMR 仪，其共振频率为 23.309MHz，磁场强度为 0.55T，线圈直径为 60mm，磁体温度为 32℃。试验参数为 90°脉宽为 19μs，180°脉宽为 34.00μs，采样点数为 266 424，采样频率 200kHz，射频延时为 80μs，重复采样等待时间 1000ms，模拟增益为 20，数字增益为 3，采样累加次数为 4，回波时间 260μs，回波个数为 4000。

图 2-17 所示为动三轴试样 3 和试样 4 的样品 T_2 谱图，第一批土样的 T_2 谱图详见李彰明等工作参考文献 [27]。

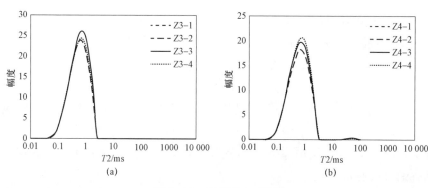

图 2-17　各样品 T_2 谱图

（a）动三轴试样 3 样品 T_2 谱图；（b）动三轴试样 4 样品 T_2 谱图

3. 试验结果及分析

（1）各样品孔径分布

对于孔隙材料，孔隙中流体弛豫时间 T_2 与孔隙大小的关系为

$$\frac{1}{T_2} = \frac{1}{T_{2B}} + \rho_2\left(\frac{S}{V}\right) + \frac{D(\gamma G T_E)^2}{12} \tag{2-3}$$

式中　T_{2B}——流体的体积（自由）弛豫时间，ms；

D——扩散系数，μm/ms；

G——磁场梯度，$10^{-4}T/$μm；

T_E——回波间隔，ms；

V——孔隙体积，μm³；

S——孔隙表面积，μm²；

γ——磁旋比，$(T \cdot ms)^{-1}$；

ρ_2——横向表面磁豫强度，μm/ms，取决于孔隙表面性质、矿物组成和流体性质。

由于 T_{2B} 值为 2000～3000ms，T_{2B} 远远大于 T_2，因此，式（2-3）右边第一项可忽略；当磁场很均匀，且 T_E 足够小时，式（2-3）右边第三项也可忽略，可简化为[59,76]

$$1/T_2 = \rho\ (S/V) \tag{2-4}$$

式中　V——孔隙体积；

S——孔隙表面积；

ρ——表面弛豫率，其值因样品不同而不同。

由于淤泥的 ρ 未见公开报道，故可参考近似土类的 ρ 取值，或通过同种土的电镜或压汞等测试结果进行参照对比再结合实测弛豫时间 T_2 取值。在此，尝试按后一方式取值，即参照对比我们所做淤泥电镜测试结果，结合所测 T_2 取值，即取该淤泥 $\rho=0.7\mu m/ms$。此外，假设淤泥样品孔隙为理想柱体，圆形截面半径为 r，则 $V/S=2/r$，得到

$$1/T_2=2\rho/r \tag{2-5}$$

即样品的 T_2 弛豫时间分布可以转化为孔径分布，再将孔径大小绘制成分布图，就可以直观地看到各样品的孔径分布。典型的不同试验样品孔径分布及对比如图 2-18 所示，图中横坐标为孔隙半径 r，单位为 μm；纵坐标为该类孔径所占总体孔径的比例。

为便于阐述比较，不妨将此种淤泥中孔隙分为以下四类（这不是严格物理意义上的划分，而是依据试验结果的划分）：半径在 $0.1\mu m$ 以下的孔隙称为小孔隙，半径为 $0.1\sim2.5\mu m$ 的孔隙为中孔隙，半径为 $2.5\sim100\mu m$ 的孔隙称为大孔隙，而半径大于 $100\mu m$ 的孔隙为最大孔隙。按四类孔径划分的淤泥孔隙分布见表 2-7。

表 2-7　按四类孔径划分的淤泥孔隙分布（按电镜结果确定的表面弛豫率计算）

孔隙半径 $r/\mu m$	各平行试样中各类孔隙占总孔隙的平均比例（%）								
	未受压试样 E68	动三轴试样 1 S470	动三轴试样 2 E88	动三轴试样 3 E81	动三轴试样 4 E80	冲击试样 1 E20	冲击试样 2 S264	冲击试样 3 E62	冲击试样 4 S330
$r<0.1$	0.44	0.40	0.55	0.53	0.45	0.38	0.46	0.46	0.46
$0.1\leqslant r\leqslant2.5$	92.99	90.66	96.49	96.01	90.46	88.63	93.17	92.20	93.24
$2.5<r\leqslant100$	6.52	8.81	2.96	3.42	8.79	10.85	6.21	7.23	6.15
$100<r\leqslant2000$	0.05	0.13	0.00	0.04	0.29	0.14	0.16	0.11	0.15
$0.001<r\leqslant2000$	100	100	100	100	100	100	100	100	100

从表 2-7 和图 2-18 可知，该淤泥试样测试结果存在如下规律：

1）所有淤泥试样的孔隙半径均集中分布在 0.1～2.5μm 之间，占总孔隙比例均超过 88.63%，最大达 96.49%，平均为 92.65%。动三轴试样、冲击试样 $r<0.1$ 的孔隙占总孔隙比例的平均值分别为 0.4925%、0.4400%；动三轴试样、冲击试样 $2.5<r\leqslant100$ 的孔隙占总孔隙比例的平均值分别为 5.995%、7.610%；动三轴试样、冲击试样 $r>100$ 的孔隙占总孔隙比例的平均值分别为 0.115%、0.140%（前者离散性大，后者各试样数据一致性好）。

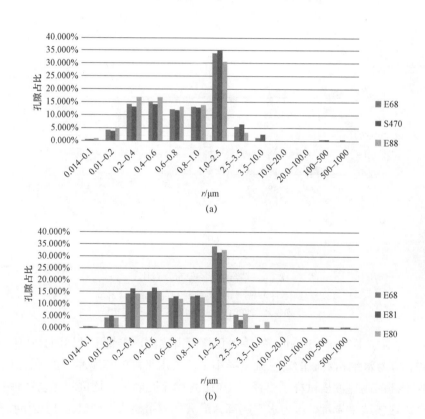

图 2-18　各试样的孔径分布及对比（一）

（a）实验前、动三轴 1 和动三轴 2 样品孔径分布对比；

（b）实验前、动三轴 3 和动三轴 4 样品孔径分布对比

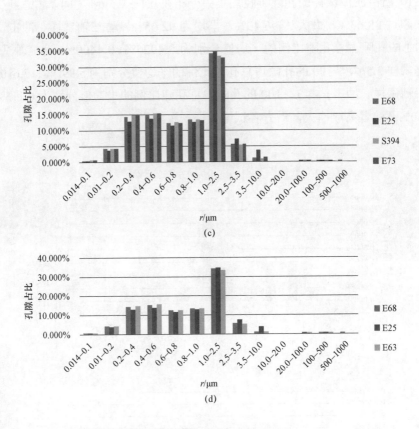

图 2-18　各试样的孔径分布及对比（二）
（c）实验前、冲击 1、冲击 2 和冲击 3 样品孔径分布对比；
（d）实验前、冲击 1、冲击 4 样品孔径分布对比

2）对于半径 $r>100\mu m$ 的最大孔隙所占比例，未受压试样明显小于受压试样，应力水平相对低的动三轴试样小于应力水平高的高速冲击试样；对于应力水平高的高速冲击试样，半径 $r<0.1\mu m$ 的小孔隙所占比例相对动三轴有所减少。这些结果显示，应力水平越高，最大孔隙量越大，同时，在应力水平达到本试验冲击荷载水平时，最小孔隙所占比例则减小。这表明给定的冲击载荷下，淤泥中孔隙及连通性将有一定程度的增大。

3）比较受压前试样与动三轴试样 1、2、3、4。动三轴试样 2 的最大孔隙比例明显较动三轴试样 1 的最大孔隙所占比例小，也较受压前试样的最大孔隙所占比例小，但动三轴试样 1 的最大孔隙所占比例却较受压前试样的最大孔隙所占比例大。这表明在较低荷载水平（围压为 100kPa，竖向冲击荷载水平为 100kPa）下，当施加较低荷载速率时（0.8MPa/s），相对最大孔隙所占比例不

会减少反而可能增多；而当荷载速率达到一定值（1.6MPa/s）时，淤泥中的相对最大孔隙部分则较易消失，效果明显。从上述 5 种试样的比较还可以看出，即使荷载达到较高水平（围压为 600kPa，破坏时轴向应力为 680kPa）后，某一加载速率（0.68MPa/s）下，相对最大孔隙所占比例也不会减少反而可能增多。这表明，当荷载水平低于 680kPa 时，加载速率是决定相对最大孔隙所占比例的关键因素，速率较小会使得该比例增大，速率较大则会使得该比例减小，其界限值在大于 0.8MPa/s 和小于或等于 1.6MPa/s 之间。该结论对于在淤泥地基处理时如何设计及实施冲击荷载具有非常重要的意义。

4）比较无刚性侧限约束的高速冲击试样 1、2、3。一定的冲击荷载和速率水平下（围压为 0kPa，每击竖向荷载水平为 3787kPa，加载速率为 631.2MPa/s），随着作用次数即总能量的提高，淤泥中的相对大孔隙和最大孔隙部分（$r>2.5\mu m$）明显减少（比较试样 1、2），而当作用次数再提高（每次的间隔时间为 24h），上述效应就会降低（比较试样 2、3）。这表明对于有效减小较大孔隙而言，淤泥受冲击的次数存在某个合适的量值。

5）比较有刚性侧限约束试样和无刚性侧限约束的高速冲击试样，对于大孔隙部分和最大孔隙部分（所有 $r>2.5\mu m$）而言，有刚性侧限约束的试样 4 相对有所减少。这表明刚性侧限约束会增加淤泥土的总受力水平。

6）总体来看，在 $0.1\mu m \leqslant r \leqslant 2.5\mu m$ 区间中，在各种荷载条件下的孔隙较未受压条件下的孔隙变化不明显，且看不出与荷载水平及速率有何关系。这表明在不同荷载下，淤泥的基本结构将大致保持不变。

（2）试验误差分析

1）表面弛豫率 ρ 取值的影响。

公式（2-5）所示，孔隙半径 r 与表面弛豫率 ρ 存在一种线性关系，可见 ρ 的不同取值将对结果产生直接影响，因而客观确定性质参数 ρ 值很重要；但无论 ρ 如何取值，即使会影响孔隙半径 r 的绝对值，但都不会改变上述试样几类不同孔隙分布的相对关系。为此，我们也做了测试对比分析，即分别取两个方向可能的极端值 $\rho=0.3$，$30\mu m/ms$ 进行测试分析，结果如图 2-19 所示，这与图 2-18（c）（注意孔径分类不同）所示的典型情况相对应。更能直接说明问题的如孔径分布曲线图 2-20（a）～（c）各分图所示，其分布曲线形态相同。这些测试对比分析结果也证实了几类不同孔隙分布的相互关系均未发生改变。

2）其他误差分析。

根据本试验的方法和条件，除了与常规试验相同不可避免地存在仪器误差和人为操作误差外，相关可能的主要误差来自以下两方面。

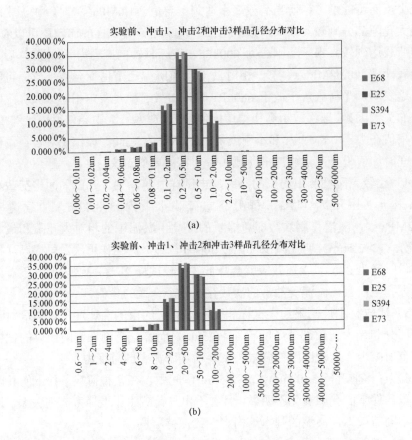

图 2-19　两种 ρ 值典型试样孔径分布及对比
（a）$\rho=0.3\mu m/ms$ 时典型试样孔径分布及对比；（b）$\rho=30\mu m/ms$ 时典型试样孔径分布及对比

1）原始土样的非均质和各向异性以及两批土样含水率等物理参数差别（值得注意的是：取自与前批土样同一地点的第二批土样物理参数与前批土样物理参数的差别源于土的时间变异性——主要是其放置了相当一段时间后才进行表 2-6 所列的土力学试验；尽管对土样进行了蜡密，但不可避免地存在水分损失）；由于土体的空间变异性，尽管取自同一场地相近标高处，依然不可避免地存在各土样性状的（测试前的）初始差异。

2）在进行 NMR 试验前，各土样已受到几种给定的不同荷载水平及速率作用，而给定的同一荷载水平及速率作用的精度也有可能使土样性状产生差异。

尽管误差不可避免，但当表面弛豫率客观确定后，所进行分析的孔隙分布数据相对误差还是很小，足够满足土力学及工程实践分析的精度要求。

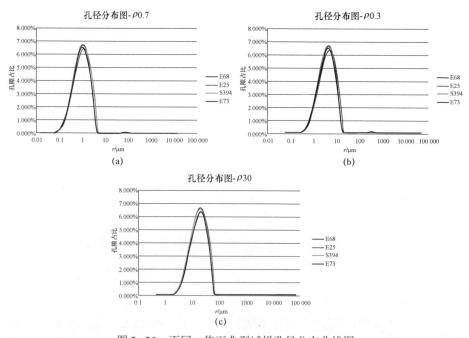

图 2-20 不同 ρ 值下典型试样孔径分布曲线图

(a) $\rho=0.7\mu m/ms$；(b) $\rho=0.3\mu m/ms$；；(b) $\rho=30\mu m/ms$

4. 结论

NMR 是研究物质微结构直接而又较准确的方法，可以用于淤泥等高含水量土的孔隙结构测试，我们利用核磁共振测试技术，对典型荷载工况下淤泥孔隙及其孔径分布的变化规律进行了研究，结果显示：取自广东沿海地区工地的淤泥孔隙大小分布较为集中，孔隙半径集中分布在 0.1~2.5μm 之间。研究结果表明：一定的冲击荷载和速率水平下，随着作用次数即能量的提高，淤泥中的相对大孔隙部分和最大孔隙部分会有所减少，而当间隔时间较短的作用次数再提高，上述效应就会降低，甚止出现相反现象；对于有效减小较大孔隙而言，淤泥受冲击的次数存在某个合适的量值；刚性的侧限约束将增加淤泥土的总受力水平，进而较易减小大孔隙所占比例。上述研究结果从微细观结构角度反映了不同荷载效应，与文献 [13] 中淤泥的水相变化的荷载效应具有一致性，但更为本质地揭示了各种静动力排水固结法处理淤泥类软基的微细观行为，为寻求该类超软土体宏观力学响应机理和评价软基工程加固效果提供了基础，也为淤泥地基的力学加固设计及施工优化提供了指引。

5. 微观结构变化

我们还利用 SPAX-2000 改进型静动真三轴测试系统进行了上述淤泥冲击试验，借助扫描电子显微镜观测技术获取了其微观结构图像；提取了孔隙个数、孔隙总面积、面积分级、孔隙总周长、平均孔径、圆度、形状系数和各向异性率共 8 个微观结构参数；对比了冲击荷载作用前后的微观结构参数变化。研究结果表明，冲击荷载作用下微观结构参数呈现一定的规律变化，包括：① 孔隙数目增多，垂直断面孔隙轮廓变得不规则，水平断面的趋于圆滑；垂直断面孔隙总面积减小，水平垂直断面趋于各向异性，垂直断面各向异性率更高；② 土的微结构连接变得更为紧密，颗粒分布由随机分布趋势转定向排列趋势，固结效果明显；土的抗剪强度提高、压缩性与渗透性减小。

以上研究成果为静动力排水固结法处理软土地基提供了微观理论依据。

2.4   冲击能量传递规律与地基处理深度

1. 引言

静动力排水固结法[3,4]越来越多地运用于加固超软黏土地基，其中冲击力与排水体系共同作用下的加固机理受到业界的十分关注。如前述，国内外一些学者通过实际工程中的监测及分析、各类试验与数值模拟，一直努力研究软土在冲击荷载作用下的响应规律及加固机理。李彰明等[12]在淤泥软基处理原位监测中得到夯击下孔压增长及消散规律，并发现夯击下初始瞬时负超静孔压现象以及作用力以区别于一般土体的、一定范围值的扩散角（即夯击时夯锤中心延线与夯击影响边界线之夹角）作用于高含水量软黏土体。韩选江等[77]在围海造地的吹填土地基上，应用真空动力固结法处理大面积吹填软土，针对地面加速度探讨了夯击能在加固场地上的传播规律，根据实测数据得到最大加速度随水平距离增加呈幂函数规律衰减的规律。

李彰明等[28]利用自行设计研制的多向高能高速电磁力冲击智能控制试验设备[65]，采用直径为 360mm、高为 440mm 的圆桶状模型箱，将冲击荷载作用于土体中心区域，得到夯击瞬间中部孔压与土压之间具有相类似的变化趋势、夯后孔压需一段时间消散并伴随主要沉降等规律，尤其是证实夯击后夯击能以残余应力作用机制存在及其效应；而通常静力荷载的这种机制不明显，静荷载作用下在相对很短的时间内完成孔压消散及沉降。然而，上述研究并未以能量的形式探讨其传递规律。其客观原因是试验所用模型箱限于尺寸较小，不足以埋设深层传感器以探讨沿深度的传递规律；加上仅设置一层沉降板，所采集数据不能满足探讨淤泥内部能量传递规律要求。实际上，无论是现场测试还是室内模型试验研究，目前均鲜见用实测土压力增量与位移增量为能量形式描述能量在地基处理过程中的传递规律。然而，从工程实践与理论来看，以该种能量形式探讨地基处理过程中能量传递及分布能较充分地考虑到有效应力增加和土体沉降总效应，更能清晰地描述与客观评价地基处理效果及加固深度，对于深入探讨其加固机理具有重要意义，对于工程设计与施工及效果判定具有重要的实用价值。

项目针对广东沿海及珠三角地区广泛分布的淤泥这类超软土，进行静动力排水固结室内模型试验（与上述模型箱试验[9]相比，采用更大的模型箱与不同的试验方案），寻求高能量冲击作用下淤泥土压与孔压变化特征，特别是力与位移作用能量传递及分布规律，以对淤泥类地基的静动力排水固结法加固机理有更深入的了解和认识，以为该法的优化设计及施工提供指导及依据，特别为客观评估其处理深度及效果提供借鉴，同时为理论发展提供基础。

2. 模型试验设计

（1）试验装置及方法

采用 HEIS-0510 型多向高能高速电磁力冲击智能控制试验系统，通过设置多级可控电磁力激发使得冲击杆在短行程中加速（最大加速度 10^4g），达到很高的速度并撞击初始自平衡夯锤（其质量与作用面积可选），受撞击夯锤则以对应设置的高能量夯击饱和淤泥土体，进而激发土体近似于工程状态的力学响应。该装置特点在于利用多级电磁力作用下较小质量试验锤施加的冲击能量可达工程中工程夯锤所提供能量，模拟近似工程量级的冲击荷载；通过 XH5861 型动态应变仪、CML-1H 型静态应变采集仪与位移测量系统及埋设的传感器自动记录夯击过程中的孔压、土压的动态变化值及沉降量，存储并显示在计算机上；同时通过千分表记录夯击过程中沉降量的变化。通过该冲击试验系统、原状土样模型箱及各传感器模拟并监测静动力排水固结法处理淤泥地基过程中孔压与孔压等力学响应及能量传递与分布。此外，利用 SR-VM1004（A）型振动监测仪及传感器测试土层表面振动。

（2）模型试验设计

1）模型箱及土层。采用的模型箱为上部直径 110cm、底部直径 94cm、高 84cm 的台式圆桶。该模型箱可能的边界效应主要来自桶壁径向约束和桶底部的轴向约束，为降低边界效应，一是将冲击荷载作用于土体中心区域；二是在土样放置前使桶壁四周光滑，减少模型土体与桶壁的摩擦力。模型试验土样取自珠江三角洲某工地现场原状淤泥土，土样参数见表 2-8。模型箱内两土层依照现场实际地层情况按相似比例进行设计，各层土与原层土质保持一致。按照相似理论（几何相似比为 1:30）各土层填筑厚度自上而下依次为：填砂土 6.5cm，淤泥 60cm。

为尽量排除人为扰动影响而保持淤泥土的原状特性，模型箱土体在室内静置超过 3 个月，密封完好。

表 2-8　　　　　　　　　　　土 样 物 理 参 数

土样类别	含水率 w（%）	重度 γ/（kN/m³）	孔隙比 e	液限 W_L（%）	塑限 W_P（%）
淤泥	70.48	15.4	1.96	63.1	35.9

2）传感器与沉降板安设。试验采用 LY-350 系列的孔隙水压力传感器和土压力传感器，其外形尺寸分别为：孔压传感器 $\phi=13\text{mm}$，$h=12\text{mm}$；土压传感器 $\phi=12\text{mm}$，$h=5\text{mm}$；试验共安设 16 个监测点，其中孔压传感器 11 个，土压传感器 5 个；传感器埋设前，再通过流体压力对出厂标定系数进行检验以保证标定系数的准确性。各传感器埋设于土样内设定的位置并静置至孔压完全稳定后进行下一步测试，其中孔压传感器在埋设前抽气并用土工布砂袋包裹好。模型土层及传感器等安设位置如图 2-21 所示。

为监测从铺设静力覆盖土层、插板、夯击过程及后期淤泥软土层的沉降变化过程，在土层中设置分层沉降板，如图 2-21 和图 2-22 所示。为着重考察淤泥层力学响应及能量传递，沉降板埋设深度分别为在淤泥顶面以下 7cm、20cm 与 40cm，对应于实际处理地基的浅层、中层（上部）、深层。以模型箱（桶）的顶面为相对高程进行沉降板沉降监测。

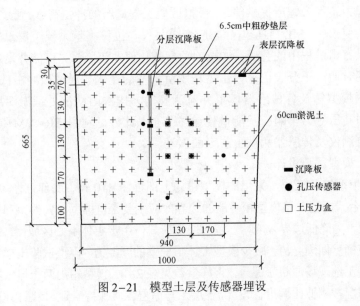

图 2-21　模型土层及传感器埋设

图 2-22　沉降板及其埋设

为方便后面讨论，按实际工程处理淤泥土层情况与设定几何相似比（1:30），将处理淤泥层分层见表 2-9；该表也给出了传感器或沉降板埋设深度，以便明了其所处分层及相对深度。

表 2-9　　　　　　　　　　　　淤 泥 层 分 层

淤泥层分层	浅层	中层	深层
实际工程/m	<5	5～10	>10
模型试验/cm	<16.7	16.7～33.3	>33.3
传感器或沉降板埋设深度/cm	7	20，33	40，50

此外，质点振动速度传感器安设于填砂土层表面，以模型箱中心夯点为起点，依次沿径向每隔 10cm 布置 1 个，共布置 4 个。

3）排水系统与冲击加载。试验模拟实际的静动力排水固结法淤泥地基处理工程，设置水平和竖向排水体系。淤泥顶面水平排水体由 3.5cm 厚中粗砂垫层构成，其上覆盖 3.0cm 山土（因便利原因，该山土也用中粗砂替代）；竖向排水体采用塑料排水板，水平向正方形布置，间距 40～50mm，插至淤泥层底部。塑料排水板原料为长 4mm×宽 10mm 的 SPB-A 型塑料排水板；在制作过程中将其剪切成 4mm 的小条后用土工布条包裹并严格缝合。塑料排水板插入过程中尽量避免对淤泥土的扰动，保证排水板插入过程中不扭曲。插板时软土中孔压会升高，需静置一段时间，并观察孔压的数据变化，然后在实施下一步工序。

待插板引起的孔压消散后进行冲击试验。利用前述冲击加载系统使夯锤（钢制夯锤质量为 19.5N，直径为 80mm）以高能量夯击超软土；5 个夯点布置于模型平面中心区，如图 2-23 所示。每遍夯击后，刮平表层土面。每遍夯击间隔时间以超静孔隙水压力消散达到 80%及以上为准。主要工法及数据采集如下：

第一遍夯击：夯点顺序为：1—2—3—4—5（各夯点见图 2-23），击数为 2 击，夯击时动态采样频率为 5kHz。

第二遍夯击：夯点顺序为：1—2—3—4—5，击数为 3 击，夯击时动态采样频率为 5kHz，两遍间静态采样频率为每小时采集一次。

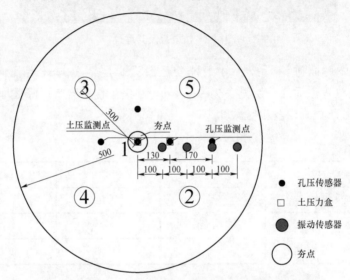

图 2-23 夯点、孔压、土压、振动传感器布置平面图

第三遍夯击：夯点顺序为：1—2—3—4—5，击数为 4 击，为防止夯击瞬间孔压土压的数据失真，中心点 1 夯击下采样频率为 150kHz，其余夯点夯击采样频率为 5kHz，静态采样频率与前遍相同。

第四遍夯击：同第三遍。

第五遍夯击：通过设置电磁力相关参数提高夯击能，击数为 4 击，采样频率同第二遍。

施加冲击力大小：第一遍 9kN，第二遍 11kN，第三遍 12kN，第四遍 13kN，第五遍 22kN。

3. 试验结果及分析

（1）夯击能量传递规律

1）夯击全过程土压与沉降沿深度变化。图 2-24 是夯击全过程中心点下土压变化时程图,为便于数据比较,由表 2-10 给出对应主要数据。由图 2-24 与表 2-10 可知:最后一遍除外,各遍夯击下浅层淤泥土压增量均为最大;随着夯击遍数增加,中层与深层淤泥土压增幅随之相对(浅层土压)增大;每遍夯击后土压均明显增加,此后大致保持稳定,多遍夯击后淤泥中层土压总增量更为明显。

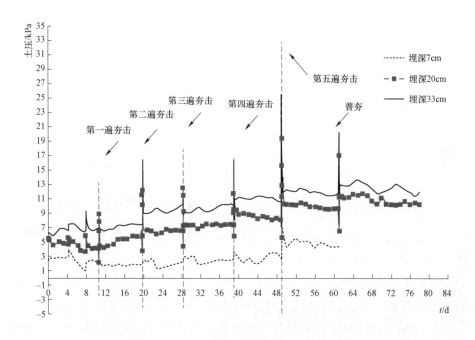

图 2-24 夯击全过程中心点下土压变化时程图

图 2-25 是该法全过程淤泥分层沉降增量变化图,其中主要数据也可见表 2-10。由图 2-25 与表 2-10 可知:第一遍夯击浅层土压缩量大于中层与深层土压缩量,而第二遍夯击之后中层与深层土压缩量大于浅层土之压缩量,且其比值随着夯击遍数增加而增大;这表明主要压缩区向下移动。该现象与上述最大冲击荷载始终分布于浅层的现象不同,由此表明需用可以综合反映总体效果的能量来统一描述这些现象。以下将土压增量与对应的沉降增量相乘,得到能量形式的增量可以说明夯击阶段能量传递规律。注意到该量反映的是作用于土体单位面积上的能量增量。

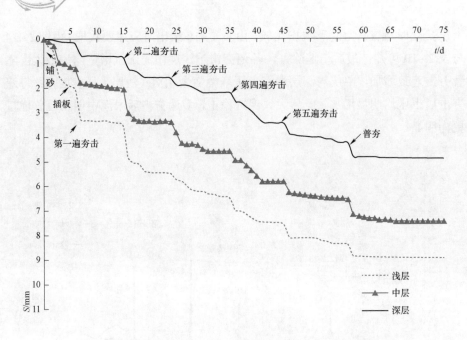

图 2-25 静动力排水固结法全过程淤泥分层沉降增量变化

2）夯击全过程能量沿深度变化。各沉降板间土层压缩量与孔压增量见表 2-10。需说明的是，其中埋深为 33cm 与 50cm 土层压缩量是由 20cm 与 40cm 处沉降板实测值按线性插值及外延得到。表 2-10 还给出了各相关能量的量值。图 2-26 描述了典型的第一、三、五遍夯击下不同深度能量增量变化；图 2-27 是各沉降板间淤泥土分层在夯击下土体能量增量所占同遍总能量增量百分比柱状图。

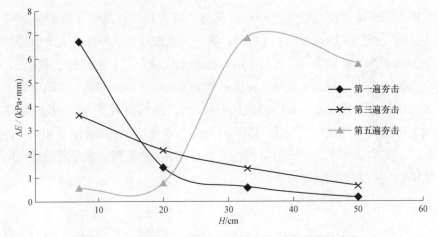

图 2-26 第一、三、五遍夯击下不同深度能量增量变化

表 2–10　　　　　　　　　　淤泥土体中各遍冲击下能量分布

淤泥顶面下深度/cm		孔压增量 Δu/kPa	土压增量 ΔP/kPa	有效应力增量 $\Delta P - \Delta u$/kPa	两沉降板间土层压缩量 ΔS/mm	$\Delta P \times \Delta S$/ (kPa·mm)	$(\Delta P - \Delta u) \times \Delta S$/ (kPa·mm)
第一遍夯击	7	0.779	10.772	9.993	0.622	6.700	6.215
	20	0.761	4.779	4.018	0.306	1.462	1.230
	33	0.901	1.389	0.488	0.453	0.628	0.221
	50	0.172	0.606	0.434	0.292	0.177	0.127
淤泥底部							
第二遍夯击	7	1.130	11.245	10.115	0.647	7.276	6.544
	20	1.029	6.412	5.383	0.478	3.065	2.573
	33	1.215	8.640	7.425	0.722	6.238	5.361
	50	0.480	6.817	6.337	0.604	4.117	3.828
淤泥底部							
第三遍夯击	7	1.029	15.952	14.923	0.229	3.653	3.417
	20	0.739	5.881	142	0.369	2.170	1.897
	33	0.234	2.616	2.382	0.534	1.397	1.272
	50	0.171	2.022	1.851	0.349	0.706	0.646
淤泥底部							
第四遍夯击	7	1.130	10.576	9.446	0.040	0.423	0.378
	20	0.533	4.364	3.831	0.109	0.476	0.418
	33	0.928	2.52	1.592	0.769	1.938	1.224
	50	0.173	1.907	1.734	0.875	1.669	1.517
淤泥底部							
第五遍夯击	7	0.961	28.617	27.656	0.020	0.572	0.553
	20	1.221	11.323	10.102	0.068	0.770	0.687
	33	0.350	14.268	13.918	0.484	6.906	6.736
	50	0.100	12.657	12.557	0.456	5.772	5.726
淤泥底部							

注：指对应于该遍夯击下相邻上下两沉降板间土层压缩量。

由图 2–26 可知，第一遍夯击中，曲线斜率绝对值（该坐标系下为负值）在一定深度内随着深度增加而急剧减少，此后趋于平缓；可见土体能量增量在一定深度内随着深度的增加而显著减小，说明了初始夯击中能量主要作用于浅层土体。

第三遍夯击中，曲线斜率绝对值亦随深度增加而减少，但其变化较缓；可知土体能量增量亦随着深度递增而减小，但其减少幅度相对初始夯击明显变小。

第五遍夯击中，曲线经历两次斜率正负的变化：第一次发生在浅层底部，斜率由负值变化为正值；第二次发生在深层上部，由正斜率变为负斜率；这些表明了加固土体的能量主体随夯击遍数增加而下移且可达到相当深度，即夯击能量有效地传递到深层土体。由此可知随着夯击的遍数增加夯击能量有效地传递到深部，土体加固效果明显。

由图 2-27（a）进一步可知：浅层土体能量增量比例总体上随着夯击遍数的增加而减少；中层上部土体能量增量比例总体上在第三遍夯击有明显上升，随后减小；中层下部与深层土体能量增量比例总体上呈上升趋势。定量来看，第一遍夯击中，浅层土体能量增量占总体能量增量的75%，而其下三层土层分别占四者总和的16%、7%与2%。这符合能量传递随深度增加而递减的规律。在第三遍夯击中，该下三层分别占27%、18%与9%，而浅层相对仅占46%，这说明了第一遍夯击加固了浅层土体，随后的第三遍夯击中，能量开始作用于中层与深层土体。

在第四遍与第五遍夯击中，中层下部土体的能量增量所占比例分别为43%与 49%，而深层土体的能量增量所占比例为 37%与 41%，均大于浅层土体的能量增量所占比例，表明经过几遍夯击以后，能量最主要作用于中层下部与深层土体。综上可知，淤泥中夯击能量传递并不是总是随深度增加而递减；高能量冲击下淤泥中夯击能初始主要作用于浅层，此后随着淤泥力学性质不断沿深度方向改善，能量逐渐向下传递，当遍数足够则完全可加固深层淤泥土体。

图 2-27（b）描述了有效应力增量与沉降增量的乘积的分布，此种能量传递规律与土体分层能量增量传递规律相似。

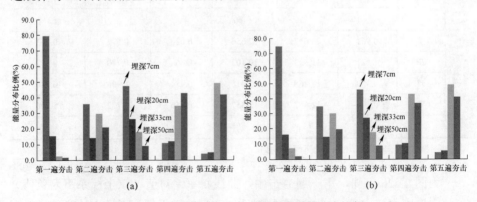

图 2-27　夯击全过程土体分层能量增量分布比例
（a）土体总应力对应能量增量分布；（b）土体有效应力增量与沉降增量的乘积的分布

值得指出的是，上述规律揭示出与强夯不同的一个加固特点：通常强夯要求先按加固深度要求，在夯击初始便施加最大夯击能，以防止多遍夯击后形成过硬的硬壳层阻碍能量向深部传递[2-3]；而静动力排水固结法则通过少击多遍、逐次加能以从上自下不断改善土性而逐渐提高加固深度的。

（2）夯击时填土层表面振动规律

工程测试[26,79-80]表明，由冲击引起的地面质点振动速度随距离增大而衰减。大多数研究集中于以黏土、残积土、碎石等为填方材料或吹填砂地基的强夯法处理振动问题，揭示出土层受到冲击荷载时其表面速度传递与距离的关系服从负幂函数衰减规律。本模型试验模拟条件与强夯法处理地基截然不同，薄层填土下为相当厚度的淤泥层，探讨其夯击时土层表面振动规律及水平方向能量传递有其特殊的实际意义。针对典型的第一、四、五遍夯击响应来分析土体表面振动规律。图 2-28 为第一次夯击过程离夯点 10cm 土体振速与加速度变化时程图。由图 2-28（a）可见，夯击时同一位置处，竖向质点振速最大（4.807cm/s），径向次之，环向最小（1.592cm/s），其他各击也出现类似现象；同时，质点振动加速度亦呈现相类似变化规律，如图 2-28（b）所示。这表明本土层条件下夯击能沿土体竖向振动传递能量最大。

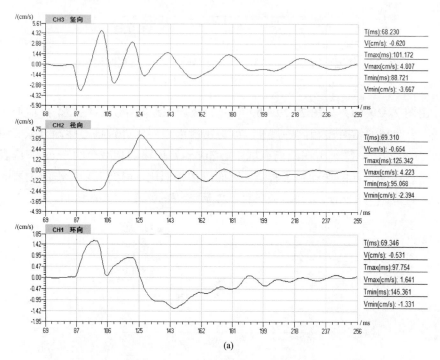

(a)

图 2-28　第五遍第 1 次夯击离夯点 10cm 处振速、加速度时程图（一）

（a）离夯点 10cm 处质点振速时程图；

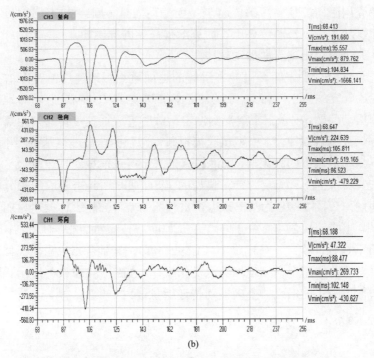

图 2-28   第五遍第 1 次夯击离夯点 10cm 处振速、加速度时程图（二）

（b）离夯点 10cm 处质点振动加速度时程图

由图 2-29（a）与图 2-29（b）可见，竖向振速随距夯点中心距离增加而递减，表明与通常夯击相同的规律，即夯击能沿表层向外传播时逐渐衰减。由图 2-29 还可知，每一击在距离夯坑中心 40cm 处振速均衰减至约 2cm/s，这表明夯击在该处引起的振动趋于稳定；因而可按相似比，得到现场夯击能主要影响的大致范围为 12m，这与对应条件的实际工程的结果[14]基本相同。

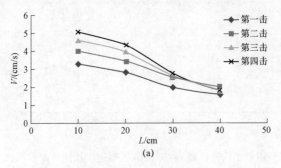

图 2-29   夯击时离中心夯点不同距离土体振速变化（一）

（a）第四遍夯击时离中心夯点不同距离 L 土体振速变化；

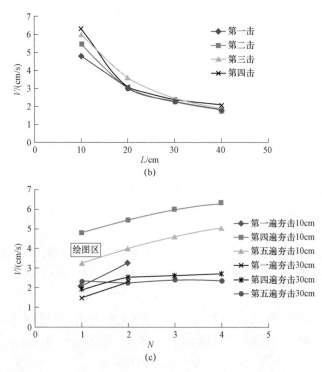

图 2-29 夯击时离中心夯点不同距离土体振速变化（二）

（b）第五遍夯击时离中心夯点不同距离 L 处振速；（c）夯击时离中心夯点相同距离不同击数 N 下振速

图 2-29（c）为每一遍夯击中距夯点中心相同距离不同击数之间的竖向振动速度变化。由图 2-29（c）可知，尽管单击能不变，但随着击数增加，距夯点中心相同距离的竖向振动速度均会递增。这表明单击能相同时，夯击总能量增大会提高振速。

图 2-30 是夯击过程中距离夯点中心 10cm 处夯击力大小与竖向振动速度

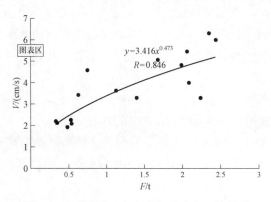

图 2-30 夯击力 F 与竖向振动速度 V 的关系

大小的关系图。由图 2–30 可知，竖向振速整体上随着夯击力的增大而增大。若以幂函数 $y=3.416x^{0.473}$ 拟合，相关系数 $R=0.864$，显示该种地基表面夯击下竖向振速与夯击力之间可用幂函数关系描述。

（3）误差分析

1）由于淤泥模型试验比较复杂，且周期较长，静态应变仪需要长时间在开机状态下采集数据，会出现一定量的数据漂移，但误差在允许范围内。

2）模型箱底部不排水及箱壁的约束，将导致反射波产生，有关数据可能受到该反射波的影响；但由于淤泥土的衰减作用，这种影响基本可忽略。

3）如前所述，埋深为 33cm 与 50cm 的土层压缩量是由 20cm 与 40cm 处沉降板实测值按线性插值及外延得到，由此产生一定的误差；但此误差并不对结论产生实质影响，是可以接受的。

总体而言，由于试验装置与数据采集系统本身可靠性强，模型箱也足够大，整体误差对上述所述的规律及结论不造成实质性影响。

4. 结论

（1）冲击荷载下，浅层土中相应土压增量始终最大，但随着夯击遍数增加，其下土层土压增幅随之相对（浅层土压）增大；表明了静动力排水固结法之冲击荷载作用能量逐遍向土层深度方向传递的规律。

（2）首遍夯击下浅层土压缩量最大，此后中层与深层土压缩量均大于浅层土之压缩量，且其比值随着夯击遍数增加而增大，表明了主要压缩区向下移动；该现象与上述土压增量最大值始终分布于浅层土的规律不同，反映了需采用综合反映总体效果的能量表示以更好地描述地基土体的整体响应。

（3）静动力排水固结法中，淤泥土体夯击能量并不是总是随深度增加而递减；高能量冲击下淤泥内部能量初始主要作用于浅层，此后随着淤泥力学性质不断沿深度方向改善，能量逐渐向下传递，主要用以加固下层及深层土体，故当夯击遍数足够时，则该工法完全可加固非常深厚的淤泥土层。

（4）夯击作用下，土层表面同一位置处竖向质点振动速度最大，径向次之，环向最小，且在一定的距离处趋向同一稳定值；振动加速度亦呈现相同的变化规律。

（5）该种地基表面竖向振速大小与夯击力大小之间可用幂函数关系描述，模型试验得到的振动主要影响范围与实际工程一致。

上述结论有助于更深入地认识与掌握淤泥软基静动力排水固结法加固机理，为该法优化设计及施工尤其是加固深度问题处理提供了依据，具有重要的实际意义。

2.5 水柱效应及加固深度试验研究

1. 引言

近些年来，静动力排水固结法因其处理质量好、工期短与成本低等特点，在超软土地基的处理中逐渐推广，且越来越受工程界青睐。与此同时，有关该法超软土加固机理研究及验证仍在不断开展。李彰明等还首次采用多向高能电磁力冲击试验系统[65,66]对珠三角地区淤泥超软土进行静动力排水固结室内模型试验（模型桶直径为360mm、高为440mm），得到了部分高能冲击下淤泥孔压与土压变化规律，对该法加固机理更深入地认识与掌握提供了基础。

通过大量工程实践，李彰明[1,4]早期提出静动力排水固结法处理高含水量饱和软黏土时存在水柱效应，并推测水柱效应作用是静动力排水固结法能高效处理淤泥类软弱地基的重要作用因素之一。其要素有二个：一是在一定条件下会形成水柱，即由竖向排水体（如塑料排水板）插设与淤泥类饱和软黏土的围绕包裹，则沿竖向排水体将因孔隙水汇集并形成水柱（或水带）；二是由于冲击时间短，水柱中水来不及向渗透性极低的周边软黏土扩散，加之水的（近似）不可压缩性，冲击力及能量便通过水柱向下传递至水柱底部的深层软土，令加固深度显著加大。然而上述有关水柱效应的观点虽被提出，却未在条件可控的试验中得到深入研究及论证。

本项目利用多向高能电磁力冲击试验系统，对广东沿海地区淤泥进行高冲击能静动力排水固结室内模型试验，探究淤泥地基加固中水柱力学效应，以进一步弄清该法加固机理，并为其加固影响深度的判定提供参考依据。

2. 试验方法与内容

（1）试验设备及数据采集系统

试验采用 HEIS-0510 多向高能高速电磁力冲击智能控制试验系统和模型箱（桶），以及 XH5861 动态应变仪、CML-1H 静态应变仪等。其中，圆台形模型箱高为84cm，顶部直径为110cm，底部直径为94cm；该动态应变仪自带数据采集功能，具有 32 通道，可以同时连接 32 个传感器，采样频率为30～200kHz。试验所用圆形夯锤直径为8cm，质量为19.5N；为避免夯坑对夯锤产生负压，拔起吸着和冲击气垫等作用，在夯锤上设置了 4 个上下通面的排气孔，中心线与锤的轴线平行。孔压与土压传感器为电阻应变式，型号 LY-350，量程为 50～200kPa。

试验前对仪器进行调试，并复核标定传感器系数。孔压与土压的动态

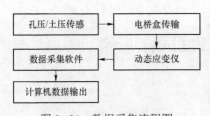

图 2-31　数据采集流程图

数据采集如图 2-31 所示。动态采集时间从夯击开始持续至夯击结束，采集频率为 5000Hz。动态数据采集结束后转为进行静态数据采集，持续监测孔压变化。每遍夯击间隔时间以超静孔隙水压力消散达 80% 以上为准。静态采集为每小时采样一次。

（2）试验方法及步骤

1）试样准备与填筑。试验所用淤泥土样取自广东沿海某工地原状土，取后即将 60cm 厚的淤泥土置于圆形塑料桶底部。为使可能受扰动土体原有的结构性尽量恢复，在潮湿环境中用塑料薄膜将模型箱密封静置不少于 3 个月。本次试验前，重测的淤泥土物理参数见表 2-11。试验前，在淤泥土层上面铺设一层 6.5cm 厚的中粗砂填土垫层，模拟土体总厚度为 66.5cm，如图 2-32 所示。

表 2-11　　　　　　　　　　　　淤 泥 土 物 理 参 数

天然密度 ρ / （g/cm³）	含水率 w （%）	孔隙比 e	液限 W_L （%）	塑限 W_P （%）
1.54	70.48	1.96	63.1	35.9

2）监测仪器布设。试验共埋设 16 个监测传感器，其中 11 个孔压传感器、5 个土压传感器。传感器在埋设之前再次进行静水压力标定以核定标定系数及传感器的稳定性。埋设前，孔压传感器用沸水煮泡，排除残留在透水石里的空气，再用土工布袋密封包裹；土工布袋与传感器之间填充中粗砂，制成人工滤层。传感器埋设深度分别为 7cm（按几何相似比 1:30 设计，对应现场的"浅层"）、20cm（中层）、33cm（中层）、50cm（深层）；水平方向与模型箱和距中心距离分别为 13cm、30cm。此外，在土层中共设置埋设深度分别为 7cm（浅层）、20cm（中层）、40cm（深层）三层沉降板。各传感器与沉降板位置如图 2-32 所示。

3）插设塑料排水板。待铺设砂垫层产生的超孔压消散至 80% 后，开始插设竖向塑料排水板。先将塑料板剪切成 6mm 的小条后用土工布条包裹并严格缝合，然后依据设计的间距以及深度在淤泥中插入塑料排水板。塑料排水板插入淤泥层深度为 55cm，按正方形布置，布置间距分为三种形式，分别为 4cm、5cm、7cm；如图 2-33 所示。排水板插设过程中不扭曲，排水板间距、质量符合要求。

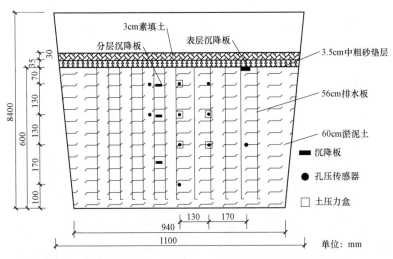

图 2-32　模型土层及传感器、沉降板、排水板埋设剖面图

4）夯击。插板引起的孔压消散后开始夯击，共夯击五遍。基于静动力排水固结法原理[10~12]，第一遍考虑到土体软弱夯击 2 次，第二遍夯击 3 次，第三～五遍各夯击 4 次。其中，前四遍夯击能基本相同（冲击力约为 1t），第五遍夯击时基于静动力排水固结法原理，增大了夯击能（冲击力为 2.2t）。每遍夯击时间间隔以超静孔压消散 80%以上进行控制。

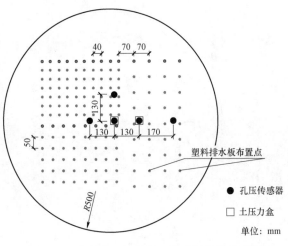

图 2-33　传感器、沉降板、排水板埋设平面图

3. 试验结果及分析

（1）夯击下土压传递显现的水柱效应

在此主要讨论典型的第一、二、五遍夯击瞬间土压变化。本次试验水柱效应的理论影响深度应为竖向排水体系（排水板）在淤泥层插设深度，即为 55cm。

各层土压传感器埋设深度分别为 7cm、20cm 和 33cm，其土压测点深度与水柱效应理论影响深度的比值（以下简称"水柱效应深度比"）为 12.73%、

36.36%及60.00%。

图2-34描述了各遍各次夯击中心点下土压随时间的变化。对比该图所示第一、二、五遍各遍夯击的土压力，可见其沿深度方向上具有相似的变化规律：

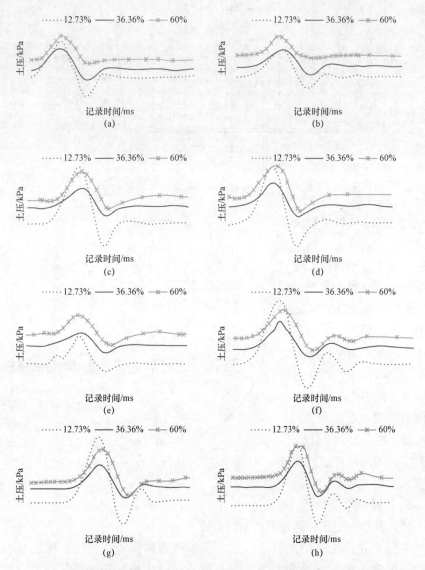

图2-34 各遍各次夯击中心点竖向土压变化时程图（一）

（a）第一遍第一击土压竖向变化时程图；（b）第一遍第二击土压竖向变化时程图；（c）第二遍第一击土压竖向变化时程图；（d）第二遍第二击土压竖向变化时程图；（e）第二遍第三击土压竖向变化时程图；（f）第五遍第一击土压竖向变化时程图；（g）第五遍第二击土压竖向变化时程图；（h）第五遍第三击土压竖向变化时程图

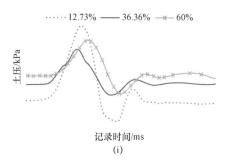

图2-34 各遍各次夯击中心点竖向土压变化时程图（二）

(i) 第五遍第四击土压竖向变化时程图

1）各深度土压在夯击瞬间都急剧增大，达到峰值后迅速降低至最小值，随后趋向稳定值，表明夯击下土压峰值响应时间非常短。

2）沿深度方向的中部处土压增量较上部有所降低，而中下部位置（20cm与33cm，即水柱效应深度比为36.36%与60.00%）之间土压增量差值却十分相近。上述结果表明：即使对于与工程实际相似的这种不完全封闭的水柱，仍存在水柱效应，即沿地基深度方向因水柱特性而可将相当部分夯击力传递至地基深处。

（2）夯击下孔压传递显现的水柱效应

本次试验各层孔压传感器埋深分别为7cm、20cm、33cm与50cm，其水柱效应深度比为12.73%、36.36%、60.00%与90.91%。图2-35描述了各遍各次夯击中心点下的不同深度处超静孔压随时间的变化，图2-36描述了夯击瞬间孔压增量随深度的变化。由图2-35与图2-36可见夯击下孔压沿深度方向的传递及变化规律：

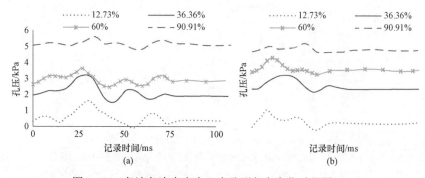

图2-35 各遍各次夯击中心点孔压竖向变化时程图（一）

（a）第一遍第一击孔压竖向变化时程图；（b）第一遍第二击孔压竖向变化时程图

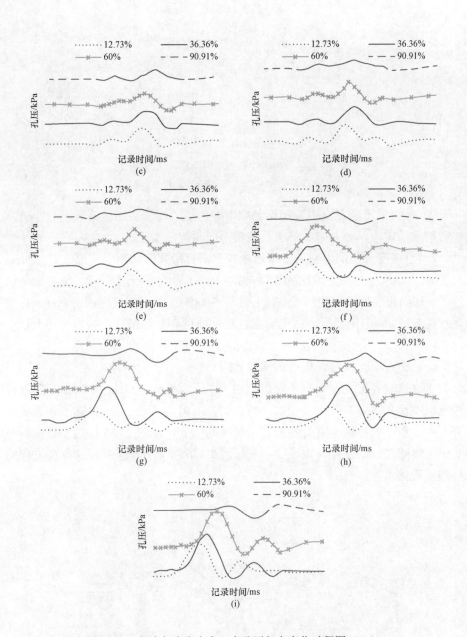

图 2-35　各遍各次夯击中心点孔压竖向变化时程图（二）

（c）第二遍第一击孔压竖向变化时程图；（d）第二遍第二击孔压竖向变化时程图；（e）第二遍第三击孔压竖向
变化时程图；（f）第五遍第一击孔压竖向变化时程图；（g）第五遍第二击孔压竖向变化时程图；
（h）第五遍第三击孔压竖向变化时程图；（i）第五遍第四击孔压竖向变化时程图

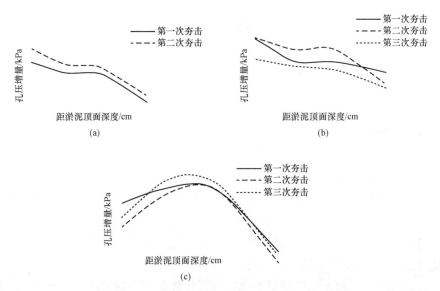

图 2-36 各遍各次夯击瞬间不同深度处孔压增量变化

（a）第一遍各次夯击不同深度处孔压增量变化；（b）第二遍各次夯击不同深度处孔压增量变化；
（c）第五遍各次夯击不同深度处孔压增量变化

1）孔压在夯击瞬间都会出现急剧增大的现象，增大至峰值后迅速降低，最后趋于一个稍小于夯前孔压的稳定值；这与一般土体的孔压响应趋势一致，表明设置了排水体的淤泥土体可以承受冲击力作用并使土体性质得以改善。

2）在第一、二遍夯击瞬间，水柱效应深度比 12.73%处（浅层土）的孔压增量相比各测点深度孔压增量为最大；水柱效应深度比 36.36%与 60%处（中深层土）的孔压增量相近，且随夯击遍数的增加相应孔压增量也逐渐增大。第五遍夯击孔压增量的最大值已转移至水柱效应深度比为 36.36%与 60%的深度位置，90.91%深度处孔压增量也逐渐增大。上述现象表明了存在如下机理：一是确实存在水柱效应，否则难以解释 60%深度与 36.36%深度处孔压增量基本相同，并未因深度不同而产生多少差异；二是随着夯击遍数的增加，土体性质逐步得到改善，为之后夯击能的有效传递提供了条件，表现为随着夯击遍数增加土体深部孔压增加及消散量值增大。按照以往对强夯法的认知[11-12]，在浅层土体被加固密实后，即便加大夯击能也很难将能量传递至深层软土中，造成加固效果不理想，深层土体仍未充分排水固结。但当土中设置了竖向排水体系，一方面有利排水，另一方面有利冲击力传递，即夯击时水柱（近似不可压缩）可将冲击能量传递至深层软土中，使深层土体充分排水固结。

结合以往的工程实践来看[11-12]，上述试验结果进一步表明：对于高含水量软黏土地基，静动力排水固结法除了具有动力固结法的作用外，还由设置的排水体系通过水柱效应将冲击压力传递至地基深部，使深处软基中产生附加应力及超静孔压，形成固结的基本条件；而快速排水体系将不同深度孔隙水不断排出，孔隙比逐步减小，土的抗剪强度提高，施工后沉降大大降低，软基从而得到有效加固。

（3）夯击过程沉降变化分析

图 2-37 描述了该工法全过程土体分层沉降量变化。由图 2-37 可知：

1）铺砂时，上部与中部土层产生较大沉降，沉降增量沿土体深度方向逐渐减少，深层土体沉降变化不明显，表明相应条件下上覆静荷载的影响深度不够。

2）夯击过程中不同深度土体的沉降同样呈台阶式增长的变化规律，且随着夯击遍数增加，对应中层与深层土层压缩量的台阶落差相对逐渐增大；该现象与孔压变化规律一致，也表明了水柱效应。

3）两遍夯击之间，沉降量变化最明显的是夯击当日及之后的一到两天，往后沉降会继续发展直到趋于一稳定值。

4）对比不同深度的沉降量变化，浅层土体在夯击瞬间产生的沉降量占据两次夯击之间总沉降量相当大的比例（1/2～2/3），后续沉降发展相对不太明显。而中层则与深层相反，夯击瞬间沉降所占比例小（一般不到 1/3），后期沉降一直显著发展，且沉降总量大大超过夯击瞬间的沉降量，表明夯击后存在一种残余应力作用机制，且对中深层土体的沉降起到主要作用。插板和填砂（相当于施加静力荷载）时虽有沉降陡变，但其后续沉降发展不明显，较快地趋于稳定，说明相对于静力荷载，冲击荷载具有更加显著的残余应力效应以及更快的加固速度。限于篇幅，我们将另文讨论这一问题。

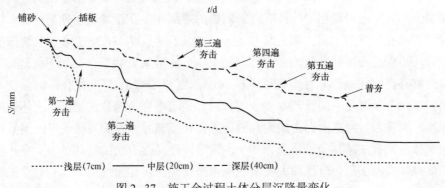

图 2-37 施工全过程土体分层沉降量变化

（4）有效加固深度分析

通常的加固深度判断标准是按照静力法中将土体附加应力为自重应力的 0.2 处深度作为荷载的有效加固深度。故在此采取土体附加应力为自重应力 0.2 处深度作为冲击荷载下有效加固深度。

　　图 2-38 表示模拟静动力排水固结法中夯击下附加应力比沿深度变化情况。由图 2-38 可知，在第一遍夯击过程中，埋深 50cm 处土体的附加应力与自重应力之比大于 0.2，已属于有效加固深度。随着夯击遍数的增加，其附加应力与自重应力比值逐渐增大，在第五遍夯击时比值已大于 0.3。其上各层土体的附加应力比值随夯击遍数的增加都有明显的增长。以上现象说明：

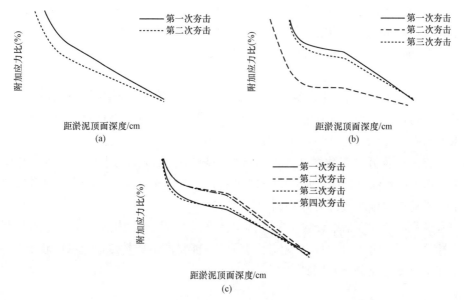

图 2-38　各遍各次夯击附加应力与自重应力之比沿深度变化图

（a）第一遍各次夯击附加应力与自重应力之比的深度变化图；（b）第二遍各次夯击附加应力与自重应力之比的深度变化图；（c）第五遍各次夯击附加应力与自重应力之比沿深度变化图

（注：50cm 处土压增量是通过上部荷载传递规律推算得到）

　　1）随着夯击遍数与夯击能逐渐增加，在水柱效应等作用下，有效加固深度会相应增加，夯击能可以有效地传递至深部，对深部土体进行有效的加固。

　　2）本试验为 1:30 的模型箱试验，经第五遍夯击加固后距淤泥顶面 50cm 处的附加应力与自重应力之比为 0.34，符合有效加固深度的判别标准，加上上覆 6.5cm 厚的中粗砂填土垫层，总加固深度为 56.5cm，按几何相似比推算的实际加固深度为 17m。表明了水柱效应对夯击能传递、有效加固深度的增加具有积极的作用。

4. 结论

　　（1）模型土层中部与下部位置（即水柱效应深度比为 36.36% 与 60.00%）之间土压增量差值十分相近，表明了存在水柱效应，即沿地基深度方向因瞬时不可压缩的水柱特性可将相当部分夯击力传递至地基深处。

（2）孔压在夯击瞬间均出现急剧增大后迅速降低的现象，最后趋于一个稍小于夯前孔压的稳定值；这与一般土体的孔压响应趋势一致，表明设置了排水体的淤泥土体可以承受冲击力作用并使土体性质得以改善。

（3）与土压传递规律相似，水柱效应深度比为 60% 与 36.36% 处孔压增量基本相同，并未因深度不同而产生多少差异；这表明确实存在水柱效应，使中下部土层的超静孔压传递衰减较小。由此可见，由设置的排水体系，通过水柱效应将冲击压力传递至软黏土地基深部，使深处软基中也能产生附加应力及超静孔压，是静动力排水固结法能实现深部地基有效固结的一个基本作用机理。

（4）夯击过程中，不同深度土体沉降同样呈台阶式增长的变化规律；同时，随着夯击遍数增加，对应中层与深层土层压缩量的台阶落差相对逐渐增大。该现象与孔压变化规律一致，也表明了水柱效应。

（5）随着夯击遍数增加，冲击产生的附加应力与土自重应力比值逐渐增大，有效加固深度相应增加，夯击能可以有效地传递至深部，本试验模拟条件下推算的淤泥地基实际有效加固深度为 17m。

综上所述，当土中设置了竖向排水体系，一方面有利排水，另一方面具有水柱效应，即夯击时水柱（近似不可压缩）能将冲击能量传递至深层软土中，使深层土体较充分排水固结。

2.6　荷载频率效应与超静负孔压验证

1. 引言

利用静动力排水固结法对高含水率饱和软黏土地基进行加固处理，已有丰富的工程经验积累[3,4]。李彰明等[4]在深圳、广州、上海等地针对不同建构筑物的淤泥或淤泥质土体地基进行了大量的工程实践及监测测试，取得了成功。虽然静动力排水固结法得到广泛的工程应用，但该方法的理论研究却远落后于工程实践，特别是对冲击荷载作用下高含水率（超过 60%，天然孔隙比 $e_0 > 1.5$）的淤泥土力学响应的研究尤其如此。

白冰等[81]利用自行设计改造的动力排水固结装置，对武昌重塑黏土（含水率 $\omega = 37.4\%$，液限 $W_L = 36.9\%$，塑限 $W_P = 16.4\%$，天然孔隙比 $e_0 = 1.04$）做了大量的室内试验，指出饱和软黏土经多遍冲击再固结后抗剪强度大大改善，次固结变形也将显著减小。孟庆山等[82]通过对淤泥质土（$\omega = 46.57\%$，$W_L = 50.51\%$，$W_P = 23.8\%$，$e_0 = 1.275$）进行室内动力固结试验，研究了不同冲击能、击数、围压下饱和土的性状。通过模拟夯击的应力波形，得到了瞬间的动孔压波形，但与施工现场采集到的波形很不同。Huseyin Yildirim 等[83]研究了双向正弦波循环荷载作用下，不同应力水平土体排水与不排水时软黏土的固结沉降情况，并且分析比较了不同应力状态下经过低频 0.1Hz 循环荷载作用后土体抗剪能力的变化。结果表明，循环荷载频率对土体固结沉降、孔隙水压力和剪切应变都有很大影响。张茹等[84]采用某土石坝心墙防渗黏性土饱和试样，通过动三轴试验，研究了振动频率对土样动力特性的影响。结果表明，在 $0.1\sim$ 4Hz 范围内，动强度随频率的升高而增大，但频率继续升高后，动强度却有下降。霍海峰[85]采用英国 GDSELDyn 动态三轴仪研究振动频率对饱和黏土（$\omega=34\%$，$W_L=40\%$，$W_P=21\%$，$e_0=0.72$）的影响，指出振动频率由 $2\sim5$Hz时，轴向应变的变化远不如振动频率在 $0.2\sim1$Hz 之间变化时引起的轴向应变的变化显著，其中振动频率由 3Hz 提高为 5Hz 时，二者对应的轴向应变几乎相同。曹洋等[86]以杭州原状软土为研究对象，借助扫描电镜和 PCAS 微观定量测试技术，采用分形理论对波浪荷载下的饱和软土微观结构进行研究，探讨不同循环应力比和不同频率条件下孔隙的分布特征及其变化规律。结果表明，频率对土体的宏观变形特性和微观结构特征变化影响相对较小，不同频率下的临界破坏应变水平基本一致，与之对应的孔隙的尺度、排列、形态等微观结构特征随频率的变化规律性不明显。刘锦伟、李彰明等[87]采用 SPAX-2000（改进型）静动真三轴系统，研究分析细砂在不同冲击频率和中主应力条件下的冲击应力和土体变形等力学性状，增强对其变化规律的认识。胡华等[88]利用英国GDS 公司研制的动三轴试验系统，对海相沉积重塑软土（$\omega=38.7\%$）进行试验，对比分析了动载频率（$0.01\sim2$Hz）对土体动态流变特性的影响。结果表明，软土的流变特性对低频动载作用更敏感，而在高频动载作用下流变敏感性差，流变变形缓慢。

综上所述，众多国内外学者对较低含水率的一般黏性土试样的动力特性进行了研究，并得到一些有意义的结论；但一般黏性土与淤泥性质差异明显，加之试验方法差异及技术手段限制（以往文献显示的动载频率一般不超过 8Hz），淤泥在较高频率的研究鲜见文献报道，其静动力学响应规律尚有待研究探讨，包括较高冲击频率在内的各振动频率等对淤泥强度、变形的影响。

本项目采用 SPAX-2000（改进型）静动真三轴试验系统，对包括较高冲击荷载频率（16Hz）等不同频率与不同围压下的淤泥力学响应进行研究，其中，为静动力排水固结法的进一步发展提供基础。此外，值得指出的是，在厚度大于 2m 的土壤介质中，爆破地震波主频率一般表现为 $1\sim20$Hz[89]，因而，本试验研究对于寻求爆破等地脉动对建筑物软黏土地基的震动影响规律，也具有重要的参考价值。

2. 试验概况

（1）试验仪器和试验土样

试验采用由美国岩土工程公司 GCTS 制造、完全由计算机控制并采集数据的 SPAX-2000 静动真三轴系统（改进型）如图 2-39 所示。该系统由真三轴压力室、压力控制面板、围压/体积计算机伺服控制器、孔隙水压力/体积计算机伺服控制器、通用信号调节板、数字伺服控制器和采集系统等组成。σ_1 和 σ_2 采用伺服控制液压加载器加压，可选择应力（精度可以达到 1kPa）或应变控制模式（精度可以达到 0.01mm）；σ_3 采用电液伺服压力/体积控制器利用水进行加压（精度可以达到 0.1mm³）。3 个方向均可定义各种波形进行试验。

图 2-39　静动真三轴试验系统

试验所用土样取自场地地基原状淤泥，取样过程严格按照《土工试验方法标准》[18] 进行。土样基本物理性质指标如下：含水率 ω=69.7%，重度 γ=17.8kN/m³，孔隙比 e=1.95，液限 W_L=47.21%，塑限 W_P=27.49%，制备试样尺寸为 50mm（长）×50mm（宽）×100mm（高）。装样时，采用砂土的装样设备，不锈钢成样模内壁刻有凹槽，以便装样时抽真空吸紧橡胶膜。首先将橡胶膜穿过成样模并把两端翻边紧套在成样模顶；其次，将真空泵与成样模的抽气孔相连接，真空泵持续提供吸附力，即可使橡胶膜紧贴模内壁成方形。

（2）试验方案

1）静荷载：在软土试样顶部铺 20mm 厚的砂垫层以模拟现场的静力覆盖层。

2）排水体系：在试样中间钻一个直径为 7mm 的孔并灌满细砂，模拟现场的排水砂井，以在介于定性与定量的程度上考察砂井在静动力排水固结法中的作用。

3）鉴于经历的静动力排水固结法软基处理项目中实测加固深度为 10～

20m 之间以及其他实际问题中动荷载作用情况，设置试验围压分别为 200kPa、250kPa、300kPa。为模拟静动力排水固结法，试验选择每个试样循环冲击 3 遍，有效冲击力 $\Delta\sigma_1$ 大小依次为 30kPa、60kPa、90kPa。为了让土样充分排水，每遍间隔时间以孔压消散至冲击前的 80% 左右来控制。每遍冲击 3 次，每次冲击完成后，需等待孔压稳定方可进行下一次冲击。经过试验，当每次冲击时间间隔为 10min 时，可以保证孔压稳定。通过程序设置冲击时孔压为应变控制（不排水），冲击间隔期间孔压为应力控制（排水）。冲击试验方案见表 2-12。

4）静动力排水固结之后，保持 $\sigma_2 = \sigma_3$ 不变，控制 σ_1 轴向作动器按 0.05%/min 的剪切应变速率向下压缩，直到试样发生剪切破坏。此过程孔压用位移控制，不排水（当轴向应变大于等于 15% 时，认为试样剪切破坏）。

表 2-12　　　　　　　　冲　击　试　验　方　案

土样编号	冲击频率/Hz	围压/kPa	孔压/kPa	备注
①	1	200	100	
②	8	200	100	
③	16	200	100	
④	1	250	100	
⑤	8	250	100	每种冲击条件各 2 组试样，共 18 组试样
⑥	16	250	100	
⑦	1	300	100	
⑧	8	300	100	
⑨	16	300	100	

（3）冲击荷载模拟

采用脉冲波的形式模拟冲击荷载。图 2-40 为试样在围压 200kPa、孔压 100kPa、冲击荷载频率 1Hz、冲击荷载为 60kPa 情况下的脉冲波形。

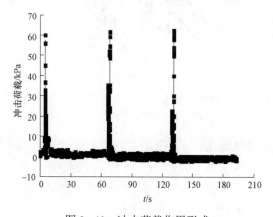

图 2-40　冲击荷载作用形式

3. 试验成果的整理

（1）围压影响

图 2-41 为相同冲击荷载频率（16Hz）下，三种不同围压（$\sigma_3 = 200$kPa、250kPa、300kPa）的偏应力与轴向应变关系。从图中可以看出：不同围压下的第一遍冲击时，轴向应力都能够达到预设值。随着围压的增大所引起的强度改善明显。轴向应变量由图 2-41（a）的 5.31% 到图 2-41（c）的 1.38% 逐渐变小，围压对试样的横向变形有着类似环箍的作用，进而制约试样轴向变形。对比图 2-41（b）、（c），不同围压下，随着冲击荷载增大及夯击遍数的增加，试样所承受的偏应力逐步增大，试样的强度相应增大。

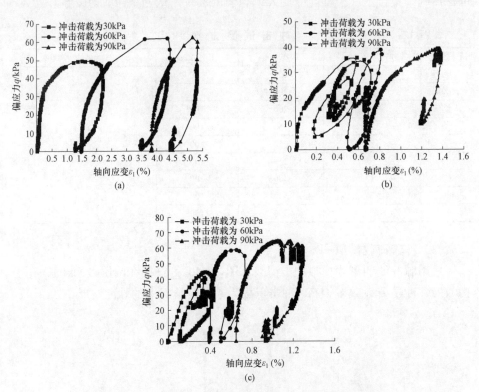

图 2-41　16Hz 下分级冲击偏应力与轴向应变关系曲线

（a）围压为 200kPa；（b）围压为 250kPa；（c）围压为 300kPa

　　静动力排水固结法要求，一定范围内尽可能地增加软弱土层之上的覆盖层厚度，以提高软土的静（覆盖）力，增加作用在淤泥层上的压力，保持和累积形成更高的残余应力，使软土在更高应力水平的超载作用下，形成孔隙水足够压力梯度，快速排水固结，提高土体强度。

（2）冲击频率影响

图 2-42 为冲击荷载为 90kPa，不同冲击频率（1Hz、8Hz、16Hz）的偏应力与轴向应变关系图。从图 2-42 中可以看出，相同围压下，随着冲击荷载频率的增加，偏应力的峰值逐渐降低；试样的轴向应变量随着冲击作用频率的不同而变化。频率为 1Hz 的冲击荷载产生的轴向变形量大于频率为 8Hz、16Hz 所对应的轴向变形量。其原因是，冲击频率低时，冲击荷载作用时间足够长，大于淤泥这种黏性大的土的变形响应时间，故轴向应变量较大。但当冲击频率从 8Hz 变化到 16Hz 时，16Hz 所对应的轴向应变量反而比 8Hz 的大；随着冲击荷载频率提高，轴向应变量并不是一直变小，而是先减小后增大，存在着一个冲击荷载频率阈值。由于篇幅等限制，在

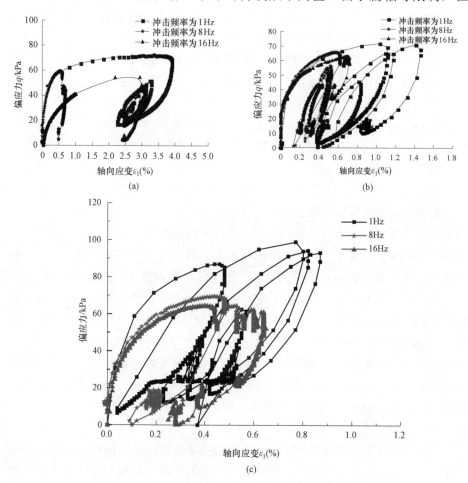

图 2-42 冲击荷载 90kPa 下偏应力与轴向应变关系曲线

（a）围压为 200kPa；（b）围压为 250kPa；（c）围压为 300kPa

此主要探讨冲击荷载频率与不同围压作用下淤泥的力学响应，针对淤泥试样频率阈值响应确定有待于用更多的样本开展进一步的试验研究。这与霍海峰[11]所得到的关于振动频率对动应变影响的结论不同。初步判定主要是由于两者的试验条件与试样不同所致，霍海峰所采用的振动频率为 0.2～5Hz，试样为含水率 $w=34\%$ 的饱和黏土。具体分析还需用更多的样本开展进一步的试验研究。另外，随着围压的增大，8～16Hz 在硬化阶段（峰值之前）的变形量差距逐渐变小，在围压 300kPa 时 1Hz 作用下超过了 16Hz 强度峰值所对应的轴向应变，这说明了围压对试样硬化阶段（峰值之前）的强度和变形是有显著影响的。

另外，随着冲击频率的提高，滞回圈越来越陡，即动变形模量随着频率的增加而不断增大。在同一冲击幅值作用下，滞回圈的面积随着冲击频率的增大而不断减小，即冲击能量的损失变小。其原因与淤泥的黏性有关，高冲击频率作用下，冲击作动器与试样的接触时间很短，试样的黏性变形来不及体现，试样更多表现为弹性变形。在相同的冲击荷载作用下，高频率对应的变形量相对较小，故能量损失小。

此外，由于应变软化现象的存在，随冲击次数 N 的增大，循环应力会出现"加不上"现象，即滞回曲线中的双幅循环应力小于设定值。

（3）q/p 体应变

图 2-43 为同一冲击荷载频率作用下，不同围压（200kPa、250kPa、300kPa）下 q/p 与体应变关系。从图 2-43 中可以看出，在相同冲击频率作用下，围压的增大，使得球应力增大，体应变增大，有效地促进试样排水固结。随着冲击荷载从 30kPa 到 90kPa，体应变逐渐地增大，前一次冲击荷载作用后，土体排水加固，承载能力提高，偏应力变大，抗剪强度逐步提高。图 2-43 中冲击瞬间，体应变为负值，表现为体胀。这与我们负责的某仓储区软基处理工程监测结果一致，与在一期工程油罐 4 区域的原位试验点夯击时的孔隙水压力变化曲线相一致，传感器位于距夯点中心为 2.5m、埋深为 5.6m 处，夯击能为1125kN·m。在冲击瞬间出现负孔压，初步可理解为高含水率淤泥在冲击荷载下瞬间产生很大的压缩波和拉伸波，致使土体内部出现微张拉裂隙，孔压来不及上升到很大的数值，便开始出现负孔压。

（4）剪切结果分析

图 2-44 表示冲击频率为 16Hz，不同围压下剪切阶段的偏应力与偏应变的关系。从图 2-44 中可以看出，试样剪切试验的偏应力与偏应变曲线随围压的增大而升高，而在较低围压 250kPa 以下，偏应力峰值后试样出现了应变软化现象，在较小的轴向变形条件下，试样很快达到强度峰值。随着围压的增加，

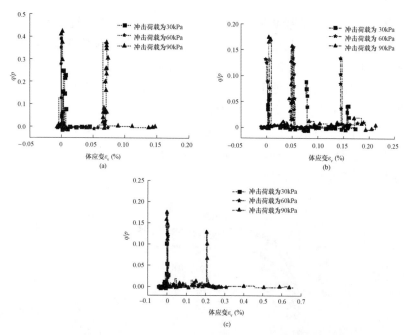

图2-43 16Hz下分级冲击 q/p 与体应变关系曲线

（a）围压为200kPa；（b）围压为250kPa；（c）围压为300kPa

土样的初始模量逐渐增大，300kPa 围压下，试样表现为强化过程，试样的强度在更大的轴向变形下达到峰值，这说明高围压下土体抵抗外部变形的能力较低围压下强，与冲击荷载作用过程中土体的变形特性相一致。

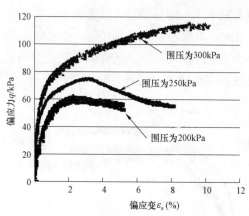

图2-44 16Hz下偏应力与偏应变关系曲线

图 2-45 表示相同围压 300kPa 时，不同冲击频率作用后剪切阶段的偏应力与偏应变关系。从图 2-45 中可以看出，在相同的围压下，经过静动力排水

固结作用后的土体抗剪强度明显高于没有冲击（0Hz）作用过的土体。1Hz 冲击荷载作用后，土体的强度出现了大幅度的提高，但当偏应变达到 5%时，出现了应变软化；8Hz 冲击频率作用后，土的强度也提高了，但较之 1Hz 的提高幅度小，整个剪切过程都处于硬化过程；而 16Hz 的剪切曲线表明，高频率冲击荷载作用后，初始阶段土体的抗剪强度增长幅度与 1Hz 曲线相同，比 8Hz 的大，并在偏应变达到 5%之后一直处于硬化。表明高频率冲击荷载作用后，淤泥土的动力学响应和低频率荷载所激发的力学响应不同，这与图 2-42 的偏应力与偏应变关系曲线相对应。

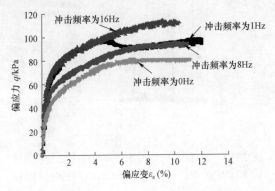

图 2-45　围压 300kPa 下偏应力与轴向应变的关系曲线

图 2-46 表示相同围压 300kPa 作用下，剪切阶段的孔压与时间关系图。从图 2-46 中可以看出，在低冲击荷载频率作用后，孔压随着冲击频率的增加而增长。而在高冲击频率下，恰好相反，孔压随着冲击频率的增加而减小，表明频率较高时，孔隙水压力来不及上升和扩散。冲击频率为 1Hz 的孔压终值最小为 80kPa，根据有效应力原理可知，试样的有效应力为最大，即低频率的冲击荷载能够取得较好的固结效果。另外，剪切初始阶段，1Hz 的孔压增长速率

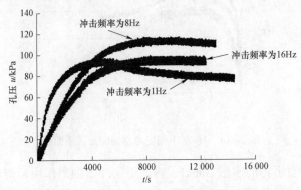

图 2-46　围压 300kPa 下孔压与时间的关系曲线

明显大于 8Hz 与 16Hz 的。这是由于低频率冲击作用后，土体比较密实，能量传播速度快，孔压增长快。

4. 结论

（1）相同冲击频率作用下，轴向应变量随着围压的增大而逐渐变小，围压对试样的横向变形有着类似环箍的作用，进而制约试样轴向变形；当围压较小时（如 200kPa），冲击荷载过大将导致土样产生明显的剪切变形。

（2）在相同冲击频率，不同围压的冲击作用下，体应变随着围压的增大而增大。围压的增大使得球应力增大，有效地促进试样排水固结，使体积缩小。相同围压下，偏应力与偏应变值随着冲击荷载增加而逐步提高，土体排水加固后，抗剪强度逐步提高。

（3）相同围压作用下，存在着一个临界的冲击荷载频率，当冲击频率低于这一临界值时，随着冲击荷载频率的提高，轴向应变量逐渐变小；当冲击频率高于这一临界值时，轴向应变量逐渐变大。而偏应力随着冲击频率的降低而逐渐增大。

（4）随着冲击频率的提高，滞回圈越来越陡，即动变形模量随着频率的增加而不断增大。在同一冲击幅值作用下，滞回圈的面积随着冲击频率的增大而不断变小，即冲击能量的损失变小。这也表现出黏性效应对冲击频率效果的影响。

（5）在冲击的瞬间（图 2-43），体应变为负值，表现为体胀。这与原位试验夯击瞬间的孔隙水压力变化曲线相一致，这是首次在实验室条件下对现场情况的验证，显示淤泥在冲击下的特殊动力学响应。

（6）剪切阶段，相同冲击频率下，偏应力随围压的增大而升高。在相同的围压下，经过静动力排水固结后的土体抗剪强度明显高于无冲击作用过的土体（图 2-45）。剪切初始阶段，冲击频率为 1Hz 和 16Hz 的土体的发展曲线较为相似，随着剪切不断进行，1Hz 的土体达到极限值后发生了应变软化。在低冲击荷载频率作用后，剪切阶段孔压随着冲击频率的增加而增大。而在高冲击频率的情况下，恰好相反，剪切时孔压随着冲击频率的增加而减小。

上述研究结果为进一步发展完善静动力排水固结法提供了基础，也为寻求高含水率软黏土地基的爆破震动影响规律提供了参考。

2.7 残余力效应研究

1. 引言

如前所述，静动力排水固结法基本思想[1,3,4]是通过设置人工排水体系，使土层在适量的静力（覆盖层）、变化的动力荷载及持续的后效力作用下，快速地将孔隙水不断排出，达到软基加固的目的。在动力荷载作用下地基土性状的研究在国外已取得较多的成果，然而 Chow[90]认为适用于分析动力固结的模型不仅可以说明夯锤与土体之间的相互作用，也必须能够解释高能量冲击下土体中应力波的传播。Thilakasiri[91]认为大多数预测冲击作用下土体压力的分析工具应用于相对较软土体时，无法考虑冲击期间软土的刚度变化以及冲击作用造成的永久变形。这些以往的研究对于在动力作用后、静力覆盖层下保持的残余应力效应加固作用都没有引起足够的重视。我们[28]在工程实践观察的基础上，采用自研制的多向高能高速电磁力冲击智能控制试验设备夯击软土，进而激发土体近似于工程状态的力学响应，试验发现每遍夯击结束后，孔压不断消散且最终值都小于孔压初始值，土压值则持续增加并大于夯前值。由于软土的渗透性差且具有结构性，这种夯击卸载后软土孔压持续快速消散、有效应力不断增长的现象应该是某种作用力机制的作用效应。据此，李彰明[92]提出土体残余应力（P）概念（土体中残余应力是物体内部中保持自相平衡的内力，与目前的外在条件无关，大致可分为两种：一是与过程或时间有关，随时间发展将逐渐减小的力，如黏性流动等；二是在相对非常长时间内始终保持一定量，为物体内部结构改变或作用造成的结构力），并利用自研制的冲击装置进行土体残余应力测试，建立仅考虑地基竖向应力问题时的残余应力计算公式，测试结果表明土体残余应力主要与土结构变化及作用相关，同时与固结过程也有一定关系。以上学者的研究表明，一定的冲击荷载与土体赋存条件下，残余应力效应存在，这具有重要的工程实际意义。

本项目通过室内静动力排水固结法模型箱试验，建立考虑应力和应变主方向相同的轴对称问题的残余应力计算公式，分析残余应力状态，对残余应力效应的相关问题进行研究，为优化设计与施工提供基础。

2. 模型试验研究

（1）试验装置

利用自研制的多级电磁激发式高能冲击智能控制试验装置，通过电磁线圈驱动导体杆撞击夯锤获得较高速度，以此模拟近似工程量级的冲击荷载，试验测量得夯锤夯击瞬间冲击力最高达到 4.2t，约为冲击锤的 2000 倍，远大于夯锤自由落体的冲击力。通过埋设的传感器记录数据，获得夯击过程中的孔压、土压的动态变化值，同时记录试验过程中沉降量的变化。

（2）试验方案

试验选用的软土取自珠江三角洲某工程地表以下 10m 处的原状土，土样参数见表 2–13。

表2-13   土 样 物 理 参 数

含水率 ω（%）	天然密度 ρ /（g/cm³）	孔隙比 e	相对密度 G_S	饱和度 Sr（%）	液限 W_L（%）
69.60	1.59	1.87	2.70	90	63.10

模型箱采用的塑料桶上部直径为100cm，下部直径为94cm、高为84cm。根据相似理论（几何相似比1:30）进行土样的制备，各土层填筑厚度自上而下：中粗砂垫层为6.5cm，淤泥层为60cm，总高度为66.5cm。模型土层如图2-47所示。本试验模拟现场实际监测共埋设有3组监测点，其中孔压传感器13个，土压力盒12个，为获得从铺设静力覆盖层到夯击过程及后期淤泥软土层的沉降变化过程，在土层中设置分层沉降板（共4层），沉降板埋设深度（以淤泥层表面为相对高程）分别为0cm、18cm、31cm和44cm。本次试验传感器采用压入式埋设，孔压传感器及土压力盒埋设深度（以淤泥层表面为相对高程）分别为5cm、18cm、31cm和44cm，埋设位置如图2-47所示。

试验采用6mm宽的塑料排水板，先插板后铺砂。排水板插入淤泥层深度为55cm，布置间距分为三种形式，分别为一区4cm，二区6cm，三区无排水板，如图2-48所示。

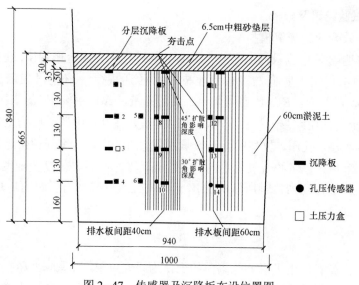

图2-47　传感器及沉降板布设位置图

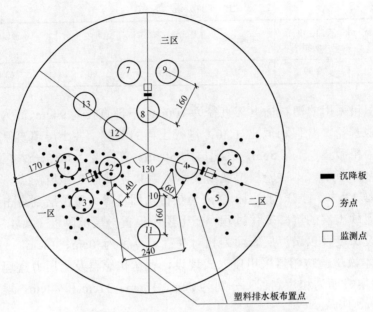

图2-48 排水板、夯点及监测点平面布置图

夯击情况：夯锤直径为8cm，重为1.95kg。进行四遍夯击，每遍3～4击，夯点顺序依次为：1～13（图2-48）。第一、二遍夯击力大小为18kN，第三遍夯击力为28kN，第四遍夯击力为42kN。

3. 试验结果及分析

（1）残余应力计算模型

李彰明[93]等用能量描述在软土地基处理过程中力的变形规律，获得了高能量多遍冲击作用下竖向与表层水平向能量传递规律，该能量表示形式为：$E = \Delta\sigma\Delta S$，其中，E为传递到某一土层的能量，$\Delta\sigma$为该土层的土压增长量，ΔS为该土层的压缩量。以能量形式探讨地基处理过程中残余应力效应能较充分考虑到土压、孔压、位移的综合影响，更能清晰描述与客观评价地基处理中残余应力效应。忽略冲击过程中的能量损耗，将冲击能E做功分成两部分：夯击瞬间锤与土体动力接触所做的功W_1；冲击完成后残余力所做的功W_2。一般情况下：

$$E = W_1 + W_2 \tag{2-6}$$

取冲击荷载作用下影响范围内的土体为研究对象，考虑应力和应变主方向相同的轴对称问题。假设夯击瞬间，$\Delta\sigma_1$、ε_1为土体中竖向主应力增量、主应变，$\Delta\sigma_3$、ε_3为土体中水平方向主应力增量、主应变，且主应力与主应变的方向一致，则土体中应力做的功 W_1 包括竖向与水平方向的功：

$$W_1 = \Delta\sigma_1\varepsilon_1 + 2\Delta\sigma_3\varepsilon_3 \qquad (2-7)$$

夯击瞬间土体应力-应变关系服从弹塑性本构关系，刘智等[94]在塑性变形，体积不变的条件下导出了弹塑性总应变 X_{ep} 定义的弹塑性泊松比 u_{ep} 的计算式。假设土体各向同性，冲击瞬间土体的沉降量为 ΔS_1，则有

$$u_{ep} = \frac{1 + \Delta S_1 - \sqrt{1 + \Delta S_1}}{\Delta S_1(1 + \Delta S_1)} \qquad (2-8)$$

假设

$$\frac{\varepsilon_3}{\varepsilon_1} = u_{ep} = \frac{\Delta\sigma_3}{\Delta\sigma_1} \qquad (2-9)$$

联立式（2-7）～式（2-9）可得：

$$W_1 = \Delta\sigma_1\Delta S_1[1 + 2u_{ep}^2] \qquad (2-10)$$

土体残余应力的存在，使得土体继续变形，假设冲击完成后，σ_{res}^3 为水平方向残余应力，其相应应变为 ε_{res}^3，σ_{res}^1 为竖直方向残余应力，其相应应变为 ε_{res}^1，应力与应变方向一致，则残余应力做功：

$$W_2 = \sigma_{res}^1\varepsilon_{res}^1 + 2\sigma_{res}^3\varepsilon_{res}^3 \qquad (2-11)$$

假设卸载后土体应力-应变关系服从非线性弹性关系[95]，且各向同性，则

$$\sigma_{res}^3 = \frac{u}{1-u}\sigma_{res}^1 \qquad (2-12)$$

$$\varepsilon_{res}^3 = \frac{u}{1-u}\varepsilon_{res}^1 \qquad (2-13)$$

在静动力排水固结法中，冲击卸载后一段时间内土体沉降 ΔS_2，联立式（2-11）～式（2-13）得：

$$W_2 = \sigma_{res}^1\Delta S_2\left[1 + \frac{2u^2}{(1-u)^2}\right] \qquad (2-14)$$

式中　u——弹性泊松比；

ΔS_2——夯击一段时间后土体的沉降量。

联立式（2-6）、式（2-10）、式（2-14）得到残余力的计算公式如下：

$$\begin{cases} \sigma_{\text{res}}^1 = \dfrac{(\Delta\sigma_2\Delta S_2 - 2\Delta\sigma_1\Delta S_1 u_{\text{ep}}^2)(1-u)^2}{\Delta S_2[(1-u)^2 + 2u^2]} \\[4mm] v_{\text{ep}} = \dfrac{1 + \Delta S_1 - \sqrt{1 + \Delta S_1}}{\Delta S_1(1 + \Delta S_1)} \end{cases} \tag{2-15}$$

式中　σ_{res}^1 ——所求土层的竖向残余应力；

$\quad\quad\Delta S_1$ ——该土层的瞬间夯沉量；

$\quad\quad\Delta S_2$ ——卸载后一段时间内该土层的沉降量；

$\quad\quad\Delta\sigma_1$ ——该土层夯击瞬间土压增长量；

$\quad\quad\Delta\sigma_2$ ——卸载后一段时间内该土层的土压增长量；

$\quad\quad u_{\text{ep}}$ ——弹塑性泊松比；

$\quad\quad u$ ——弹性泊松比（可取 0.5）。

取第二遍夯击（一区）模型试验数据进行验证，公式计算与模型试验测定[7]的残余应力对比如图 2-49 所示。

图 2-49 显示，考虑平面应变问题的残余应力理论计算值与实际测量值较吻合。现场实际夯击瞬间变化非常复杂，且是在空间三维场中，考虑能量损耗，基本服从能量守恒，所以该公式具有一定的准确性。

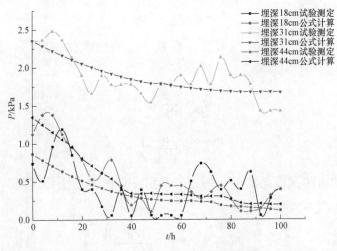

图 2-49　残余应力随时间变化曲线

利用式（2-15）计算各遍夯击后不同深度残余应力值，图 2-50 显示，四遍夯击卸载后都产生了残余应力，在 44cm 处，第一遍夯击后的残余力最大值 σ_{res} =1.0kPa；第四遍夯击后残余力最大值 σ_{res} =5.3kPa，表明残余应力随着夯击遍数的增加而增大且由浅层向深层传递。

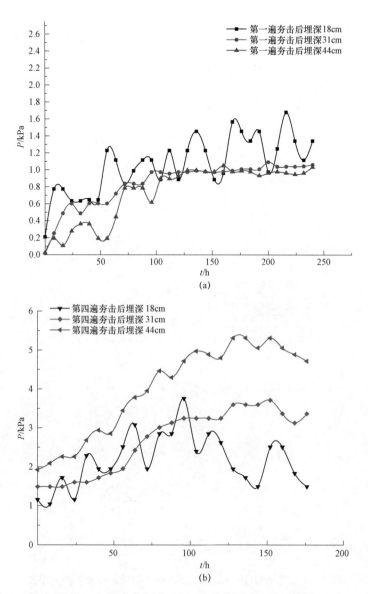

图2-50 各遍夯击后不同深度残余应力变化时程图

（a）第一遍夯击后不同深度残余应力变化时程图；（b）第四遍夯击后不同深度残余应力变化时程图

（2）排水体系效果与残余应力效应关系

不失一般性，选取埋深为31cm处的数据，讨论排水板间距对中下部残余应力的变化规律的影响。得出不同排水板间距残余应力大小变化如图2-51所示。

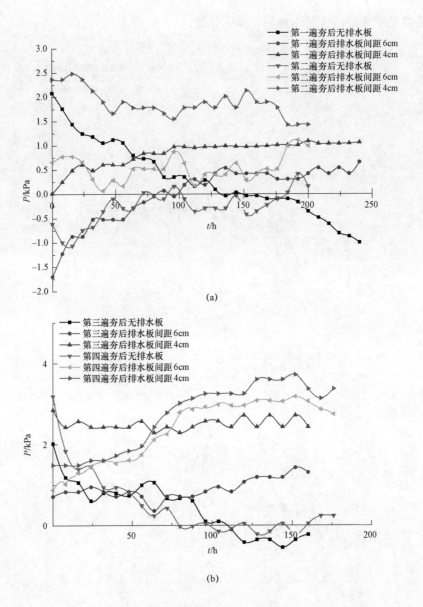

图 2-51 埋深 31cm 各遍夯后不同排水板间距残余应力大小图

（a）第一、二遍夯后不同排水板间距残余应力对比；（b）第三、四遍夯后不同排水板间距残余应力对比

一区域的残余力在每遍夯击后都比二区域残余力大，说明 4cm 的排水板间距比 6cm 的间距效果好，产生的残余应力更大，残余应力机制更明显。不设排水板区域在卸载初期有很大的残余应力，但是卸载一定时间后（大约 100h）残余应力变为 0，说明夯击瞬间土体剪切变形，产生非常大的结构改变，土体

产生大量的结构孔压，在静力覆盖层的作用下产生残余应力，卸载后结构孔压逐渐减弱，残余应力减小，最后土中的应力为土体的自重应力。综上，说明排水体系设置对土体残余应力的保持、积累有重要的作用。

（3）残余应力效应与孔压关系

在冲击荷载冲击土体瞬间，巨大的冲击能使得各个测点孔隙水压力均有突变，孔压增长到峰值，随后立即减少，之后再慢慢减少到一个残余孔压，孔压变化时程图如图 2-52 所示。

孔压出现大幅度的增长说明冲击荷载作用下，土体发生剪切变形并产生大量的结构孔压，且软土的渗透系数很小，孔压不能短时间内消散，结构孔压上升并积累，在覆盖层或者硬壳层约束的作用下产生残余应力，残余应力使得孔隙水压力在卸载一段时间内继续增长。而土体中人工排水体系的布设，使得孔压在残余应力的作用下产生一定的压力梯度并持续消散，软土不断密实，抗剪强度增加。

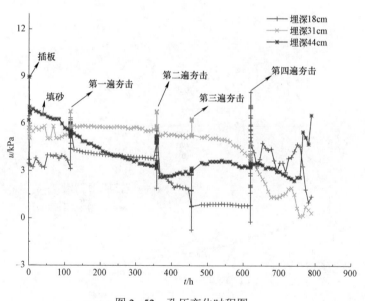

图 2-52 孔压变化时程图

为了得出模型试验残余应力与孔隙水压力关系，将夯击后残余应力与孔压进行对比分析（限于篇幅，这里取 18cm 与 44cm 处分析），如图 2-53 所示：当孔压减少时，残余应力增大；当孔压保持不变时，残余力处于稳定状态；当孔压增加时，残余应力减少，这种现象随着深度的增加越加明显。该现象表明孔压是影响残余应力效应的一个重要因素，残余应力与孔压之间可能存在定量关系。

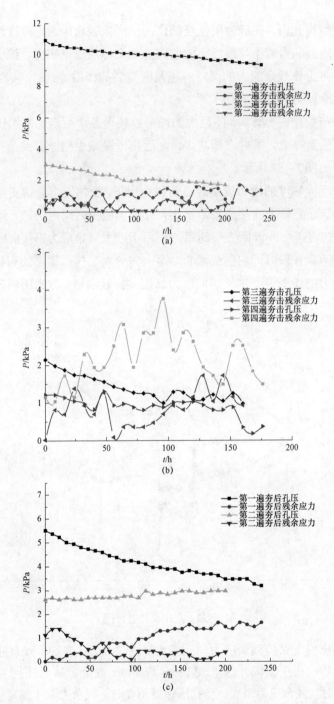

图 2-53　孔压与残余应力变化时程（一）

（a）18cm 孔压与残余应力变化时程图（第一、二遍夯击）；（b）18cm 孔压与残余应力变化时程图
（第三、四遍夯击）；（c）44cm 孔压与残余应力变化时程图（第一、二遍夯击）；

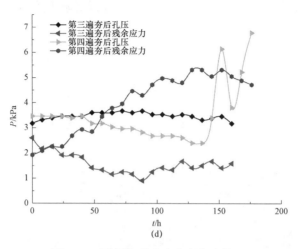

图 2-53 孔压与残余应力变化时程（二）

（d）44cm孔压与残余应力变化时程图（第三、四遍夯击）

（4）残余应力效应与土压关系

观察试验全过程土压变化时程图（图2-54）发现：每遍夯击卸载后，土压值都会上升，且每遍夯击后土压值都高于夯击前。不同深度整个试验过程土压呈现上升趋势，下部增长的幅度最大。第四遍夯击卸载后期不同深度的土压都大幅度上升，原因可能是前三遍的夯击积累了大量的结构孔压，其与上覆土层、硬壳层约束共同作用产生较大的残余应力，卸载后土压大幅度上升。

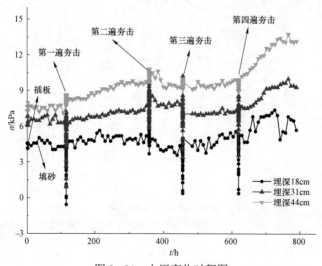

图 2-54 土压变化时程图

　　将各遍夯击后的残余应力与土压进行对比分析（限于篇幅，这里取 18cm 与 44cm 处），如图 2-55 所示。

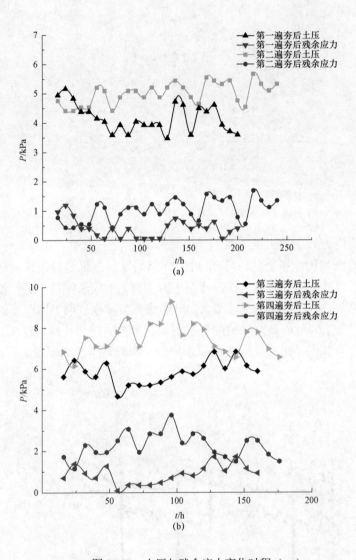

图 2-55　土压与残余应力变化时程（一）

（a）18cm 土压与残余应力变化时程图（第一、二遍夯击）；

（b）18cm 土压与残余应力变化时程图（第三、四遍夯击）

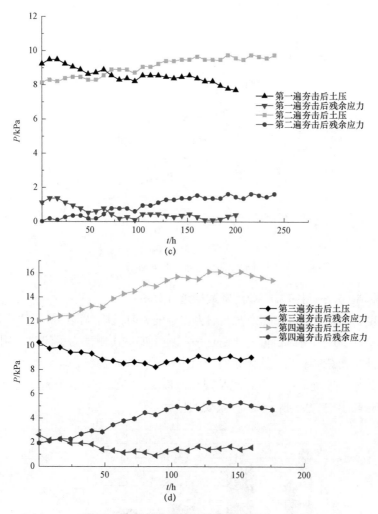

图 2-55 土压与残余应力变化时程（二）

（c）44cm 土压与残余应力变化时程图（第一、二遍夯击）；

（d）44cm 土压与残余应力变化时程图（第三、四遍夯击）

如图 2-55 所示，土压与残余应力的变化趋势基本一致，且每遍夯击后土压和残余应力值都有增加，说明残余应力和土压也可能存在某种定量关系。同时也再次验证残余应力随夯击遍数的增加由浅层向深部传递。

（5）残余应力效应与不同深度沉降关系

如图 2-56 所示，每遍夯击瞬间土体都发生较大的沉降，夯击卸载后土体中的沉降并未终止，而是继续小幅增加，说明残余应力机制作用存在，使得孔压继续消散，土体体积收缩。

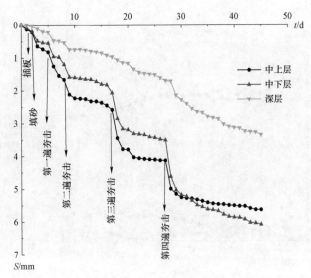

图 2-56　沉降变化时程图

取模型箱试验中 18cm 处沉降数据进行分析：

如图 2-57 所示，18cm 处在四遍夯击中的瞬时沉降与固结沉降约各占该阶段总沉降的 50%。瞬时沉降是由夯击瞬间强大的冲击附加力引起的，而固结沉降是从冲击荷载卸载后，软体在残余应力作用下排水固结，属于土体的主固结过程。其他深度处的沉降分析也呈现相似情况，在此不一一分析，由此可见，残余力对软土的后期加固有十分重要的作用。

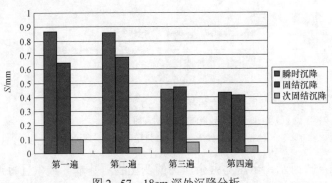

图 2-57　18cm 深处沉降分析

4. 小结

（1）排水板的设置对残余力的保持、积累有重要影响；排水效果越好，残余应力越大。残余应力随着夯击遍数的增加而增大且由浅层向深部传递。

（2）当孔压减少时残余应力增加，当孔压保持不变时，残余应力也处于稳定状态；而当孔压增加时，残余应力减少，这种规律随着深度的增加越来越明显。

（3）残余应力与土压的变化趋势基本一致，且随着夯击遍数的增加，土压和残余应力值都有增加。

（4）残余应力的存在，使得土体在卸载后仍然保持一定速率沉降，残余应力对软土的后期加固有十分重要的作用。

上述结论有助于更深入地认识与掌握淤泥软基静动力排水固结法残余应力的机制，为该法优化设计及施工尤其是加固深度处理提供了依据，具有重要实际意义。

2.8 冲击荷载下超软土地基振动传播规律

1. 引言

静动力排水固结法所施加的动力荷载是一种作用于土体的瞬时冲击荷载，动荷载作用下的波向四面八方传播，引起更大范围土体的动力反应。同时，地基土体作为波动扩散传播的媒介，必然会对波动及传播产生影响，从而，波动信号中必然会携带着其传播路径上土体的相关信息。实践证明，夯击震动效应对周围环境的影响是制约上述工法得以推广的重要因素。因此，研究夯击作用下土体震动特性和土中波的传播与衰减规律是一项很有意义的工作。李彰明等[26]在淤泥软基场上进行了地表震动加速度的原位测试，研究了不同夯锤形状效果及其对震动传播影响，表明采用本项目组自主研发的组合式高效冲击减震锤（SAAT）施工可明显地提高夯击效率并有效地减小对周边环境的震动影响。本项目进一步研究在淤泥软基场地条件下夯击作用引起的土体震动特性和土中波的传播与衰减规律及求得夯击安全距离，并利用上述规律确定收锤标准以及提供夯后淤泥软基处理效果评估依据。

2. 试验条件

选择某库区软基处理工程油罐 A 区为试验区，处理面积为 24 570m²，场地条件和主要工艺参数见表 2-14。

表 2-14　　　　　　　　场地条件和主要工艺参数

土层编号	土层名称	平均厚度/m	工艺参数
①	垫层（从上往下：20cm 石粉层、70cm 素填土、100cm 砂土）	1.9	夯锤锤型为圆台形，上底 $\phi 2.2m$，下底 $\phi 2.6m$，高 H 为 0.9m，气孔 $4 \times \phi 200mm$，锤重为 13.09t，吊高为 10.4m，击数为 5 击
②	冲填淤泥	1.1	
③	原淤泥层	13.5	

根据夯击的特点，我们选用的测试系统由 CA-YD-117 加速度传感器、YE5861 程控电荷放大器、YE6600 多功能测试仪、YE6230T 动态数据采集器和普通计算机组成。为了掌握整套系统的整体灵敏度、频率特性、线性特征，保证测试结果准确、可靠，整套设备在试验前均进行了标定，并以标定的数据进行后期数据处理。

本试验试图在上述静动力排水固结法软基加固工程场地布置两条测线，分别为测线 A6 和测线 A4，采用移动夯点（震源）和测点的方法对夯击瞬间周边场地的震动加速度进行测试，以得到不同距离下夯击时对地表产生的水平和竖向震动加速度；找出在上述工程背景条件下，水平向（竖向）加速度与夯点（震源）间距离的关系，并求得夯击的最小安全距离。利用上述冲击震动传播规律，获得水平向（竖向）加速度与夯击数之间的关系，以此确定收锤标准和指导夯后淤泥软基处理效果检测。

3. 试验成果及分析

（1）水平向、竖向加速度随水平距离变化的衰减规律

原位试验区布置了 2 个监测点，取得 22 个距离的水平向、竖向加速度实测值，共计 44 组数据。通过对现场采集的加速度波形进行分析整理，所得结果不失一般性，以下对测线 A6 的典型测试结果进行分析讨论。

比较图 2-58 和图 2-59 可直观看出在夯点附近夯击引起的地面竖向震动要比水平向的强烈但是其衰减较快，由此可见夯击施工对地面的影响在近距离处竖向起主导作用，在一定距离后水平向的作用也不可忽视。

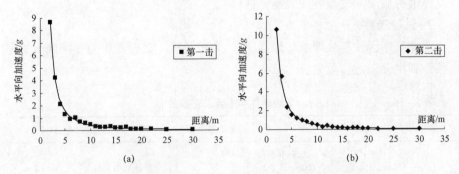

图 2-58　夯击引起质点水平加速度峰值-距离变化曲线（一）

（a）第一击水平向加速度-距离变化曲线；（b）第二击水平向加速度-距离变化曲线；

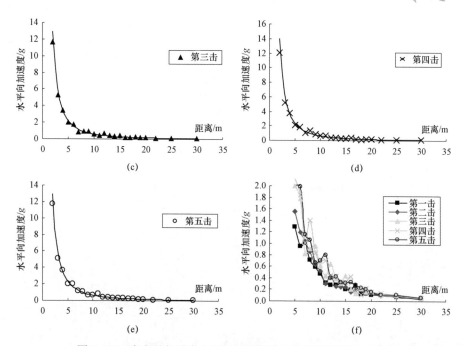

图 2-58　夯击引起质点水平加速度峰值-距离变化曲线（二）

（c）第三击水平向加速度-距离变化曲线；（d）第四击水平向加速度-距离变化曲线；（e）第五击水平向
加速度-距离变化曲线；（f）各击水平向加速度-距离变化曲线（放大）

比较图 2-58（a）～图 2-58（e）、图 2-59（a）～图 2-59（e）可知，在夯击点周围不同距离范围内的测点的震动衰减规律是有差别的，在夯击点附近，夯击震动随着与夯点中心距离的增大衰减较快；而在距夯击中心一定远的距离处，夯击震动衰减的速度明显放慢。据此，夯击引起的地基震动可以区分出近场和远场两种类型。近场夯击震动衰减较快，影响区域局限于夯击点附近较小的范围内，对本试验近场 5～10m 以内；而远场夯击震动衰减较慢，影响范围较远。

图 2-59 和图 2-60 结果表明：夯击震动的大小与测点和夯点的距离有关，加速度峰值随着与夯点距离增大按负幂指数曲线的形式急剧衰减。利用多种曲线形状对震动监测数据进行拟合分析表明：负幂函数曲线的拟和结果最好。这与已有的研究成果相吻合[96]。水平向震动加速度峰值和竖向震动加速度峰值随水平距离的增加均按幂函数的规律衰减见表 2-15，衰减规律可统一表示为

$$a = kr^{-\beta}$$

（2-16）

式中　a——测点最大震动加速度，g；

　　　k——当量系数；

β ——衰减指数；

r ——夯间距，m。

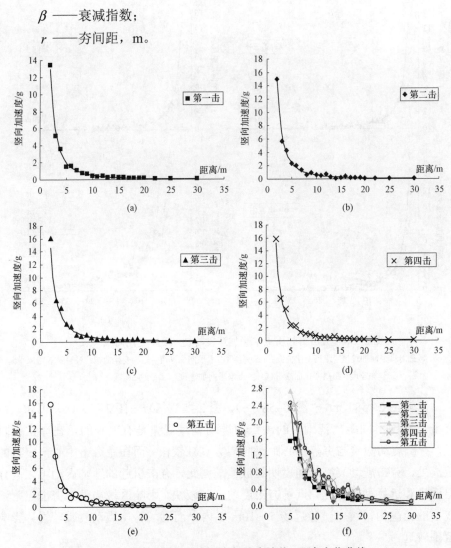

图 2-59　夯击引起质点竖向加速度峰值-距离变化曲线
（a）第一击竖向加速度-距离变化曲线；（b）第二击竖向加速度-距离变化曲线；（c）第三击竖向
加速度-距离变化曲线；（d）第四击竖向加速度-距离变化曲线；（e）第五击竖向加速度-距离
变化曲线；（f）各击竖向加速度-距离变化曲线（放大）

从表 2-15 中可知，衰减指数 β 值随夯击数增加而逐渐减少，即随着地基压缩模量提高，土颗粒孔隙减少，震动加速度衰减指数减少，表明了衰减指数 β 值的大小主要与场地介质条件有关。同时当量系数 k 值随夯击数增加逐渐增大，即随着地基压缩模量提高，土颗粒孔隙减少，夯击能量更多地作用于地基加固，当量系数 k 值随之增大，表明了当量系数 k 值的大小与有效夯击能和场地介质条件有关。

表 2-15　　　　各击地表震动加速度峰值随水平距离衰减拟合公式

击数	水平向加速度峰值随水平距离衰减拟合公式	相关系数	击数	竖向加速度峰值随水平距离衰减拟合公式	相关系数
第一击	$a = 33.030\ 9r^{-1.920\ 9}$	$r^2 = 0.928\ 1$	第一击	$a = 56.184\ 9r^{-2.081\ 9}$	$r^2 = 0.958\ 0$
第二击	$a = 39.961\ 8r^{-1.902\ 0}$	$r^2 = 0.949\ 3$	第二击	$a = 60.529\ 9r^{-2.006\ 3}$	$r^2 = 0.939\ 8$
第三击	$a = 42.789\ 5r^{-1.873\ 2}$	$r^2 = 0.939\ 7$	第三击	$a = 59.955\ 3r^{-1.949\ 1}$	$r^2 = 0.929\ 6$
第四击	$a = 42.865\ 0r^{-1.829\ 4}$	$r^2 = 0.959\ 8$	第四击	$a = 60.498\ 3r^{-1.933\ 4}$	$r^2 = 0.929\ 2$
第五击	$a = 41.801\ 8r^{-1.825\ 4}$	$r^2 = 0.929\ 7$	第五击	$a = 59.397\ 2r^{-1.921\ 2}$	$r^2 = 0.939\ 3$

注：a 的单位为 g；r 的单位为 m；夯击能 w 为 136kN·m。

（2）夯击震动安全距离分析

夯击施工对周边地物产生地震效应，地面震动加速度的大小反映了夯击施工震动的影响程度。水平向、竖向震动加速度可以作为定量评价的依据，根据《建筑抗震设计规范（附条文说明）》（GB 50011—2010，2016 年版）中对地震烈度的定义，地震烈度与相应的水平和竖直加速度的关系见表 2-16。

安全距离的确定应根据被保护物要求进行确定，根据文献 [26, 97, 98]，对一般的工业与民用建筑需抗 7° 地震，因此与其相配套的市政工程的各种地下构筑物应具有相应的抗震能力，所以夯击的安全边界确定标准为：水平加速度小于 0.1g，竖直加速度小于 0.2g。

表 2-16　　　　地震烈度与相应的水平和竖直加速度

地震烈度	水平加速度 g	竖直加速度 g
9	0.4	0.8
8	0.2	0.4
7	0.1	0.2
6	0.05	0.1
5	0.025	0.05

由表 2-15 的拟合公式，可计算出夯击的安全距离，参见表 2-17。第一击时安全距离在 20.5m 附近，第五击的安全距离为 27.3m，第一击安全距离小于第五击的安全距离，这主要是经前四击后，砂垫层密实度得到增大，地基压

缩模量提高，土颗粒孔隙减少，震动加速度衰减指数减少。由此可见，夯击震动影响半径除了与夯击能量有关外，还与场地土的类型有关，对于松散、稍密的软土至中软土，地基能量吸收系数较大，夯击震动影响半径较小；对于密实的中硬土，地基能量吸收系数小，夯击震动影响半径较大。

表 2-17　　　　满足规范（7级）要求时各击所需的安全距离

击数	水平加速度<0.1g 时与夯点的距离/m	竖向加速度<0.2g 时与夯点的距离/m	综合安全边界距离/m
1	20.5	15.0	20.5
2	23.3	17.2	23.3
3	25.4	18.7	25.4
4	27.5	19.2	27.5
5	27.3	19.4	27.3

（3）地表震动加速度随夯击数的变化规律

收锤标准一般是按夯沉量控制，即记某遍第 n、$n+1$、$n+2$ 次夯击的夯沉量分别为 ΔS、ΔS_{n+1}、S_{n+2}，当满足 $\Delta S_n < \Delta S_{n+1} < \Delta S_{n+2}$ 条件时，则该遍夯击次数取 n。通过夯击震动监测，我们利用最大震动加速度与锤击数关系确定收锤标准。从图 2-60 和图 2-61 反映，水平向（竖向）震动加速度与夯击数关

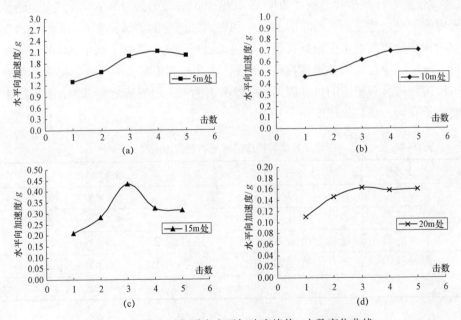

图 2-60　夯击引起质点水平加速度峰值-击数变化曲线

（a）5m 处质点水平加速度峰值-击数变化曲线；（b）10m 处质点水平加速度峰值-击数变化曲线；
（c）15m 处质点水平加速度峰值-击数变化曲线；（d）20m 处质点水平加速度峰值-击数变化曲线

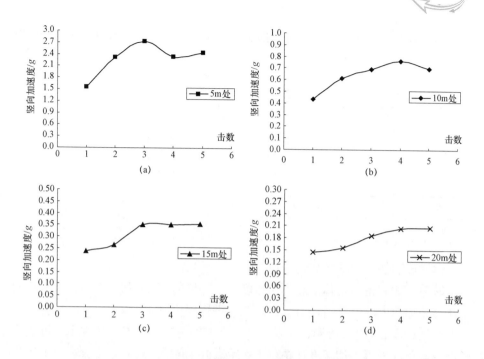

图 2-61 夯击引起质点竖向加速度峰值-击数变化曲线

（a）5m 处质点竖向加速度峰值-击数变化曲线；（b）10m 处质点竖向加速度峰值-击数变化曲线；

（c）15m 处质点竖向加速度峰值-击数变化曲线；（d）20m 处质点竖向加速度峰值-击数变化曲线

系曲线可以得到以下规律，随着夯击数的增加，加速度值不断提高，曲线逐渐趋于水平，这反映了土体的压缩挤密过程，震动加速度与土体密实程度呈正相关关系。首先垫层在夯击前是松散的，第一击挤密的幅度是最明显的，以后各击由于土体密实度提高，抵抗外力的能力加大，土体强度的提高，同一夯击能下变形逐渐减弱，直至土体强度趋于稳定，不再随夯击数变化，此时的夯击能几乎都消耗在土体震动上，震动加速度增加较缓或不增加，在震动加速度与击数曲线上趋于水平，对应水平段的夯击数为夯击有效击数。此时夯击的地震效应最强，对周边的建筑物破坏力最大。此时即使增加夯击数，对土体的挤密效果甚微或不经济。

本例所确定的有效夯击数为 4～5 击，结合表 2-18 夯沉量统计表表明，通过震动试验确定的夯击数是合理的。尤其在填土不均，场地土均匀性不好的工程，若只按夯沉量控制，易造成满足质量要求的假象。如当夯点下存在局部硬石块时，夯沉量较小，但震动加速度最大值和提高幅度比其他夯点偏大，表现为震动加速度异常，按夯沉量控制已达到质量控制要求，但实际未达到加固要求，因硬石块的存在，夯击时屏蔽了下部地层，造成下部地层加固效果差。

因此，收锤标准不能只按夯沉量来确定，还应结合震动加速度来分析，全面有效地确定夯击施工参数。

表 2-18　　　　　　　　　　夯 沉 量 统 计 表

距夯点距离	平均夯沉量/cm					
	第一击	第二击	第三击	第四击	第五击	总夯沉量
5m 处	16	12	9	6	8	51
10m 处	19	13	10	10	6	58
15m 处	18	14	9	7	9	57
20m 处	14	16	12	6	6	54

（4）震动加速度增幅变化规律

松散土体和密实土体的震动加速度是不一样的，我们利用夯击施工引起的土体震动加速度的变化值，对夯击的效果进行评价。

经统计表 2-19 可推断，该试验区域在前述夯击施工参数条件下，可预测固定夯间距地表震动加速度增幅范围：距震源 5m 处，最后一击较第一击的测线 A4 处水平向加速度提高的幅度应大于 60.6%；测线 A6 处竖向加速度提高的幅度应大于 58.1%。距震源 10m 处，测线 A6 处最后一击较第一击的水平向加速度提高的幅度应大于 50.4%；测线 A4 处竖向加速度提高的幅度应大于 58.8%。距震源 15m 处，最后一击较第一击的测线 A4 处水平向加速度提高的幅度应大于 50.0%；测线 A6 处竖向加速度提高的幅度应大于 48.1%。距震源 20m 处，最后一击较第一击的测线 A6 处水平向加速度提高的幅度应大于 45.4%；测线 A6 处竖向加速度提高的幅度应大于 41.4%。因此固定夯间距的地表水平向、竖向最大震动加速度值和提高幅度数据可作为评价夯击施工效果的一个重要指标，实践证明，用地基土的震动参数指标对夯击施工质量进行检验是可行的。

表 2-19　　　　　不同夯间距处震动加速度增幅统计表　　　　　（%）

夯间距	测线 A6 处		测线 A4 处	
	最后一击较第一击水平向加速度增幅	最后一击较第一击竖向加速度增幅	最后一击较第一击水平向加速度增幅	最后一击较第一击竖向加速度增幅
5m	64.3	58.1	60.6	60.2
10m	50.4	60.9	54.9	58.8
15m	50.0	48.1	53.9	44.9
20m	45.4	41.4	45.8	50.0

4. 结论与建议

（1）夯击引起的地基震动可以区分出近场和远场两种类型。近场夯击震动衰减较快，影响区域局限于夯击点附近较小的范围内，而远场夯击震动衰减较慢，影响范围较远。水平向震动加速度峰值和竖向震动加速度峰值随水平距离的增加均按幂函数的规律衰减，水平向衰减指数 β 变化范围为 1.825 4～1.920 9，水平向当量系数 k 变化范围为 33.030 9～42.865 0，相关系数 r^2 为为 0.928 1～0.959 8，相关性较好；竖向衰减指数 β 变化范围为 1.921 2～2.081 9，竖向当量系数 k 变化范围为 56.184 9～60.529 9，相关系数 r^2 为 0.929 2～0.958 0，相关性较好。

（2）夯击震动影响半径除了与夯击能量有关外，还与场地土的类型有关，对于松散、稍密的软土至中软土，地基能量吸收系数较大，夯击震动影响半径较小；对于密实的中硬土，地基能量吸收系数小，夯击震动影响半径较大。本试验测得震动安全距离为 27.3m。

（3）静动力排水固结法中所采用的监测震动最大加速度方法是确定收锤标准的有效方法之一。

（4）固定夯间距的地表水平向（竖向）最大震动加速度值及其提高幅度数据可用于对夯击施工质量进行检验。

（5）夯击震动监测的成果分析，应根据项目的具体要求，与建筑场地类型、周边地物抗震设防等级场地土均匀性和夯击施工工艺等有关。并注意与其他夯击施工监测方法相结合，进行全面系统的评价。

上述规律及结论对指导施工和推广应用上述工法具有重要的实用价值。

2.9　淤泥类软土孔隙特征与宏观力学响应关系研究

为探讨淤泥类软土剪切响应等宏观力学行为的微观机制，以珠江三角洲淤泥为研究对象，通过选取不同应力–应变特征的土样，进行核磁共振（NMR）测试，得到相应条件作用下孔径大小、孔隙结构参数（V/S），进而得到孔隙结构微观参数（V/S）与宏观力学性质（广义剪应力 q 和广义剪应变 ε_s）的对应关系。

1. 土样物理性质

试验土样取自某软黏土地基处理工程现场，为深灰色淤泥。为防止土体中的水分散失和对土体结构扰动，取样和蜡封均按土工试验的要求原位进行。土试样的物理性质指标见表 2–20。

表 2-20　　　　　　　　　　　　　　软黏土物理性质指标

密度 ρ/ (g/cm³)	孔隙比 e_0	含水率 (%)	土粒相对密度 d_s	塑限 W_P (%)	液限 W_L (%)	塑性指数 I_p	液性指数 I_L
1.61	1.762	64.83	2.70	35.86	56.17	21.69	1.35

2. 试验仪器与 NMR 测试原理

本试验采用美国 GCTS 公司生产的 SPAX-2000 真三轴测试仪进行固结不排水剪切试验，采用纽迈分析仪器有限公司生产的 MesoMR60 核磁共振成像分析仪完成其微观孔隙结构分析。固结不排水剪切试验经过制样、饱和、固结（等压固结和偏压固结）和不排水剪切几个试验步骤，以模拟土体在三向不等主应力状态（$\sigma_1 \neq \sigma_2 \neq \sigma_3$）的剪切特性。核磁共振技术参数设置：共振频率为 23.316MHz，磁体强度为 0.55T，线圈直径为 60mm，磁体温度为 32℃。试验验参数：脉宽 P90（s）=18.00，脉宽 P180（s）=36.00，采样点 TD=266 424，采样频率 SW（kHz）=200，射频延时 D3（s）=80，采样等待时间 TR（ms）=1000，模拟增益 RG1=20，数值增益 RG2=3，重复采样次数 NS=4，回波时间 EchoTime（μs）=260，回波个数 EchoCount=3000。

NMR 测试原理可见 2.3 节。

3. NMR 试验方案

为研究软土地基快速加固处理过程中的剪切变形破坏特性，分析剪切应变速率和应变大小对软土剪切行为的影响规律，有效控制加载速率，优化软基处理方案；本项目对珠江三角洲多个场地软土进行了多种固结条件下不同剪切速率和不同应变阶段的真三轴试验。为研究剪切过程中淤泥的宏观剪切变形特性和微观结构响应特征，试验方案依据：① 固结压力选择，主要依据工程条件，考虑几种典型荷载大小。② 应变速率选择，主要考虑工程加载速度和应变速率效应，选取 5 个数量级的剪切应变速率进行对比。③ 应变大小选择，主要依据前期研究成果（淤泥应力应变曲线特征），选取曲线中 5 个控制点对应的应变值来设计试验方案。该试验可为有限特征比本构理论模型或其他类似本构模型建立提供直接依据。

不失一般性，仅选取该工程软土在相同固结条件下 σ_3=150kPa，σ_2=175kPa，u=60kPa，不同剪切速率（10^{-6}/s、10^{-5}/s、10^{-4}/s、10^{-3}/s 和 10^{-1}/s）和不同应变阶段（1%、4%、6%、8% 和 10%）试验结果，侧重分析三轴剪切过程中软土的微观孔隙结构变化特征。为辅助分析同一试样不同部位的微观结构差异，分别在每个三轴试验后软土试样的上部和中部各取 1 样品，即 2 个平行土样，进行了 9 组 18 个三轴试验后样品的 NMR 试验；另外，取 2 个原状土样，共完成 20 个样品的 NMR 测试，NMR 试验样品及其三轴试验条件见表 2-21。

表 2-21　　　　　　　　　　核磁共振试验样品的三轴剪切试验条件

样品编号	样品信息 围压 σ_3、中主应力 σ_2、孔隙水压力 u、应变速率 $\dot{\varepsilon}$、应变阶段（%）
S01，S02	原状土样（未进行三轴试验的土样）
S2 上，S2 中	$\sigma_3 = 150\text{kPa}$，$\sigma_2 = 175\text{kPa}$，$u = 60\text{kPa}$，$\dot{\varepsilon} = 10^{-4}/\text{s}$，$\varepsilon = 1\%$
S3 上，S3 中	$\sigma_3 = 150\text{kPa}$，$\sigma_2 = 175\text{kPa}$，$u = 60\text{kPa}$，$\dot{\varepsilon} = 10^{-4}/\text{s}$，$\varepsilon = 4\%$
S4 上，S4 中	$\sigma_3 = 150\text{kPa}$，$\sigma_2 = 175\text{kPa}$，$u = 60\text{kPa}$，$\dot{\varepsilon} = 10^{-4}/\text{s}$，$\varepsilon = 6\%$
S5 上，S5 中	$\sigma_3 = 150\text{kPa}$，$\sigma_2 = 175\text{kPa}$，$u = 60\text{kPa}$，$\dot{\varepsilon} = 10^{-4}/\text{s}$，$\varepsilon = 8\%$
S6 上，S6 中	$\sigma_3 = 150\text{kPa}$，$\sigma_2 = 175\text{kPa}$，$u = 60\text{kPa}$，$\dot{\varepsilon} = 10^{-4}/\text{s}$，$\varepsilon = 10\%$
S7 上，S7 中	$\sigma_3 = 150\text{kPa}$，$\sigma_2 = 175\text{kPa}$，$u = 60\text{kPa}$，$\dot{\varepsilon} = 10^{-6}/\text{s}$，$\varepsilon = 10\%$
S8 上，S8 中	$\sigma_3 = 150\text{kPa}$，$\sigma_2 = 175\text{kPa}$，$u = 60\text{kPa}$，$\dot{\varepsilon} = 10^{-5}/\text{s}$，$\varepsilon = 10\%$
S9 上，S9 中	$\sigma_3 = 150\text{kPa}$，$\sigma_2 = 175\text{kPa}$，$u = 60\text{kPa}$，$\dot{\varepsilon} = 10^{-3}/\text{s}$，$\varepsilon = 10\%$
S10 上，S10 中	$\sigma_3 = 150\text{kPa}$，$\sigma_2 = 175\text{kPa}$，$u = 60\text{kPa}$，$\dot{\varepsilon} = 10^{-1}/\text{s}$，$\varepsilon = 10\%$

4. 淤泥孔径分布及变化规律

（1）三轴试验前后孔径分布对比

三轴试验前后软土孔径分布对比如图 2-62 所示，从图中可知经三轴试验后，土的孔径分布曲线向左移动，伴随着土的固结，孔隙减少，孔径减小，超大孔隙基本消失。试样上部和中部的孔径分布存在细微差异。

（2）孔径分布随应变的变化规律

如图 2-63 和表 2-22 所示，原状海相软土样 S0 和在真三轴条件（$\sigma_3 = 50\text{kPa}$，$\sigma_2 = 175\text{kPa}$）下，以应变速率 $10^{-4}/\text{s}$ 剪切至不同阶段（1%、4%、6%、8%、10%）的试样 S2、S3、S4、S5 与 S6 的孔径分布情况。参照文献 [19] 对软土孔隙的分类标准，将孔隙分布按孔隙半径大小分为四类，即小孔隙（孔隙半径 $r < 1\mu\text{m}$）、中孔隙（$1\mu\text{m} \leqslant r \leqslant 20\mu\text{m}$）、大孔隙（$20\mu\text{m} < r \leqslant 1000\mu\text{m}$）以及超大孔隙（$1000\mu\text{m} < r \leqslant 3000\mu\text{m}$）。三轴试验前后软土孔径均主要集中在 1~20μm 之间，占总孔隙百分数均超过 91%，最大达 97.447%。原状土样的小孔隙百分数明显低于各剪切试验后土样。

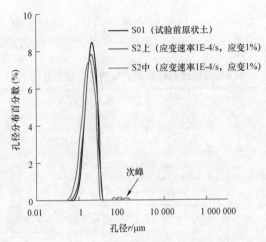

图 2-62　三轴试验前后的孔径分布对比

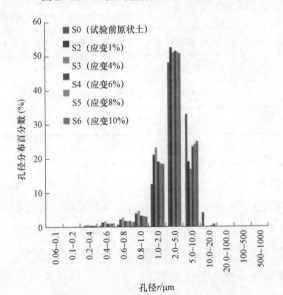

图 2-63　不同剪切阶段孔径分布对比（应变速率 10^{-4}/s）

表 2-22　　　　　　　　　不同剪切阶段各土样的孔隙分布　　　　　　　　（%）

孔隙类型	小孔隙	中孔隙	大孔隙	超大孔隙	总孔隙
孔隙半径 r/μm	$r<1$	$1 \leqslant r \leqslant 20$	$20 < r \leqslant 1000$	$1000 < r \leqslant 6000$	$0.06 < r \leqslant 6000$
S0	2.228	97.447	0.302	0.023	100
S2	7.292	92.583	0.125	0	100
S3	8.854	91.022	0.124	0	100
S4	5.784	94.109	0.107	0	100
S5	5.657	94.195	0.148	0	100
S6	5.301	94.482	0.217	0	100

综上所述，可得应变对孔径分布的影响规律：

1）原状土样 S0 的小孔径百分数明显低于三轴试验后土样的百分数。土样 S3（应变为 4%）所占的小孔隙百分数最大，中孔隙百分数最小。经真三轴固结后，超大孔隙消失。小孔径百分数随应变增加呈先增大后减小的趋势；中、大孔隙百分数随应变增加呈先减小后增大的趋势。

2）在剪切过程中存在一个应变阈值（约 4%），当竖向应变小于阈值时，小孔径百分数随应变增加而增加，中、大孔径百分数随应变增加而降低；当大于阈值时，孔径随应变的变化规律正好相反。这是由于加载初期，土的压密作用，孔隙减少，孔径减小；随应变增大，土体进入剪切变形破坏阶段，伴随新的微孔隙和微裂隙产生，大孔径百分数提高。

（3）孔径分布随剪切应变速率的变化规律

如图 2-64 和表 2-23 所示为在真三轴条件（$\sigma_3=150kPa$，$\sigma_2=175kPa$）下以不同应变速率（$10^{-6}/s$、$10^{-5}/s$、$10^{-4}/s$、$10^{-3}/s$ 和 $10^{-1}/s$）剪切至轴向应力为 10% 时的孔径分布。

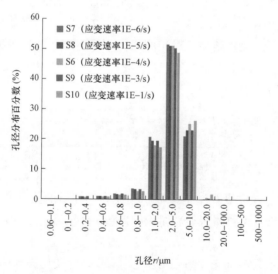

图 2-64 不同应变速率下孔径分布对比

孔径分布随剪切应变速率的变化特征：

1）以不同的剪切速率固结不排水剪切试验后，以中孔隙为主，占总孔隙的比例均超过 92%，最大为 94.482%。

2）S10 剪切破坏时出现超大孔隙，表明当剪切速率大时，土结构迅速破坏而生成裂缝，孔径分布变化较显著。

3）小孔径分布百分数随剪切速率加快而降低，中孔隙和大孔隙百分数随剪切速率加快而增加。

上述结果表明，剪切速率和应变大小是影响孔隙结构特征和剪切特性的两个重要因素。此结果与本章前述 2.3 小节相关结果一致，显示了核磁共振测试结果的可靠性。

表 2-23   不同应变速率下各土样的孔隙分布   （%）

孔隙类型	小孔隙	中孔隙	大孔隙	超大孔隙	总孔隙
孔隙半径 $r/\mu m$	$r<1$	$1 \leqslant r \leqslant 20$	$20 < r \leqslant 1000$	$1000 < r \leqslant 6000$	$0.06 < r \leqslant 6000$
S7	7.029	92.82	0.151	0	100
S8	6.277	93.535	0.188	0	100
S6	5.301	94.482	0.217	0	100
S9	5.150	94.562	0.288	0	100
S10	5.058	94.609	0.323	0.010	100

5. 孔隙特征参数（V/S）随应力–应变的变化规律

根据 NMR 弛豫机制分析，可知弛豫时间 T_2 与土的孔隙特征参数（V/S）具有明确的对应关系，利用 2.3 小节中公式（2-3）可精确计算孔隙特征参数（V/S）。利用 S6 的 NMR 结果及对相同应力水平下进行线性内插，求得各阶段的 V/S 值。另外，根据三轴试验资料，按式（2-17）和式（2-18）计算得广义剪应力 q 和广义剪应变 ε_s [25]。

$$q = \frac{1}{\sqrt{2}} \sqrt{(\sigma_1 - \sigma_2)^2 + (\sigma_2 - \sigma_3)^2 + (\sigma_3 - \sigma_1)^2} \tag{2-17}$$

$$\varepsilon_s = \sqrt{\frac{2}{9}(\varepsilon_1 - \varepsilon_2)^2 + (\varepsilon_2 - \varepsilon_3)^2 + (\varepsilon_3 - \varepsilon_1)^2} \tag{2-18}$$

在此基础上，建立微观结构参数和宏观力学性质的关系曲线，分析微观孔隙特征参数（V/S）（孔隙体积与表面积的比值）随宏观力学性质（应力和应变）的变化规律。

图 2-65 为孔隙特征参数 V/S 随广义剪应变 ε_s 变化关系曲线。由图 2-65 可知，在 V/S 达到峰值前，V/S 随广义剪应变 ε_s 增大而增大，V/S 与 ε_s 正相关；而当孔隙特征参数 V/S 达到峰值后，V/S 随广义剪应变 ε_s 增大而减小，V/S 与 ε_s 曲线呈负相关，两者具有良好的相关性。

图 2-66 为 V/S 随着广义剪应力 q 变化关系曲线。由图 2-66 可知，当广义剪应力比较小时，V/S 随着 q 的增大而增大；当达到 V/S 最大值后曲线出现反转，即随 q 增大而减小。q 最大值不出现在 V/S 峰值处，而在 V/S-q 曲线转折后。这是由于当荷载较小时，土体在荷载作用下孔隙压缩，引起孔隙大

小和形状变化，使 V/S 不断增大；随着压缩趋势增强，土中应力增大，土体进入剪切破坏阶段；并随着剪应变增大，剪应力减小，V/S 增大，因此，V/S-q 曲线呈转折形态。图 2-65 和图 2-66 中的 V/S 随应力、应变有规律变化，表明宏观力学性质与孔隙微观结构紧密相关；土的固结不排水剪切实质上是土体不断克服颗粒间各种相互作用力，土的内部结构不断自我调整的过程。

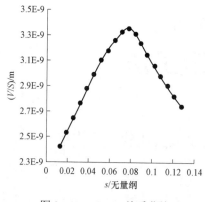

图 2-65　V/S-ε_s 关系曲线

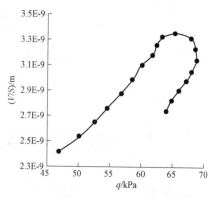

图 2-66　V/S-q 关系曲线

6. 结论

（1）NMR 法可计算孔径大小、孔径分布和孔隙结构参数（V/S）。试验前软土孔径分布主要集中在 1~20μm 之间，约占总孔隙百分数为 92.5%。经过不同条件三轴试验后，孔径仍主要分布在此区间，且最大值可达 94.609%，但超大孔隙基本消失，孔径大小呈减小趋势。该结果与前述 2.3 小节相关结果一致，显示了核磁共振测试结果的可靠性。

（2）分析了剪切应变速率和应变大小对孔径分布的影响规律：本次试验条件下，小孔径百分数随应变速率加快而降低，中孔、大孔径分布百分数随应变速率加快而增加；当剪切速率较大，中孔、大孔径分布百分数增加，孔隙分布范围扩大。存在一个轴向应变阈值 4%，在阈值前后孔径分布随应变的变化规律不同。

（3）建立了淤泥微观的孔隙特征参数 V/S 与宏观力学量广义剪应力 q 和广义剪应变 ε_s 的关系，首次表征了淤泥的固结不排水剪切过程中土的微观结构不断调整的本构行为，从而可定量分析其宏观力学性质和微观结构参数的关系，可为建立考虑土体内部特征尺度的有限特征比本构理论模型等结构性本构模型提供直接依据。

3

静动力排水固结法
设计理论及工法

3.1 冲击荷载下软基之上覆土层厚度研究

1. 引言

软土覆盖层是实现静动力排水固结的前提和必要条件[4,7]。文献［9］定性地提出软土覆盖层厚度满足基本条件：① 从软土层渗入覆盖层的渗流水能及时排出。② 能起到持力作用。文献［100］按照软土覆盖层排水能力等于地基固结排水速率的原则，推导了路基坡脚处软土覆盖层厚度公式，但该公式只满足上述条件①且并不适用确定冲击荷载下软土覆盖层厚度。我们在致力于软基静动力排水固结法的工程推广应用时提出了"静动荷载与排水能力及其体系相适应，与土体阶段特性相适应；静为基础，动为重点，先轻后重，少击多遍，逐级加能，逐渐加固"工法思想与原则[3,4,12-15]；而在原处理地面接近于地基处理交工面条件下，静力即处理软基的覆盖层厚度在很大程度上控制了工期与投资，我们对此进行了专门试验研究。

实践表明，确定软土覆盖层合理厚度无论是从工程造价还是软基加固效果方面都显得越来越重要。本项目从软土层地基承载特征考虑，为定量确定软土之上覆盖层厚度（包括原覆盖层及人工填土层）并反映静动力排水固结法中静力、动力荷载和排水体系的相互适应关系，试图建立冲击荷载下淤泥地基上覆土层合理厚度 h_{fs} 的模型，为一般工程人员的设计应用提供便利。

2. 工程试验概况

以广东沿海地区某一期软基处理工程 2、4 区油罐区、3～5 区靠福达侧道路为例，根据岩土工程勘察报告，覆盖土层从上至下依次为：人工堆（冲）填的冲填土（淤泥），海陆交互相海冲（淤）积成因的淤泥，冲洪积成因的粉质黏土、淤泥质土、粉细砂和中粗砂，残积成因的砂质黏性土，下伏基岩为燕山期的花岗岩。该工程软基处理范围内地质条件很差，整个处理场地地表以下均分布有淤泥层，是地基处理的重难点。该淤泥软土层厚度为 1.5～16.7m，平均厚度大于 11m；含水率平均值为 75.0%，最大值为 114%；孔隙比平均值为 2.087，最大值为 2.992。由于某种原因，原淤泥层顶面冲填了河涌淤泥，其厚度大部分为 0.0～2.0m 之间。现场实测表明，实际条件普遍较以上表述的情况更差，且本次软基处理在雨期施工，降雨量大，难度大。

软基处理工程方法很多，根据工程条件及要求特点，经多个方案比选软基处理工程采用"静动力排水固结法"。该场地淤泥层之上软土覆盖层包括砂垫层和人工填土层（图 3-1），各有关参数见表 3-1。

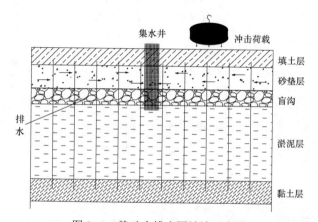

图 3-1 静动力排水固结法示意图

表 3-1 监测区软土覆盖层参数表

分区	夯击遍数	覆盖层厚度/m		未夯厚度 h_{fs1}/m	夯后厚度 h_{fs2}/m	上覆土体质量 m_s/kg
		填砂	填土			
2区油罐区	1	1.00	0.58	1.58	1.22	38.9
	2	1.00	0.58	1.58	0.81	31.8
	3	1.00	0.58	1.58	0.43	24.6
4区油罐区	1	1.00	0.50	1.50	1.15	35.4
	2	1.00	0.50	1.50	0.86	28.9
	3	1.00	0.50	1.50	0.41	24.1
3～5区靠福达侧道路	1	1.00	1.13	2.13	1.75	69.0
	2	1.00	1.13	2.13	1.40	57.1
	3	1.00	1.13	2.13	1.18	47.3

3. 上覆土层合理厚度分析与模型建立

（1）夯锤冲击软土覆盖层的触碰分析

软土覆盖层在静动力排水固结法处理软基所起的重要作用包括：预压荷载、缓冲垫层、应力扩散、维持残余应力、水平排水体系及调节地基不均匀沉降。不同的覆盖层厚度对应着不同的造价成本，厚度越大成本也越大；厚度过小，软土覆盖层起不到应有的作用，尤其当原软土表面标高越接近地基处理交工面标高，该现象更明显。

根据碰撞理论，夯锤与土体发生碰撞的过程中，质量 m_h 的夯锤与质量为 m_s 的软土覆盖层土体发生碰撞，m_h 的一部分能量使 m_s 致密，另一部分能量则使 m_s 继续向下移动做功，静动力排水固结法夯击过程中软土没有形成向下移动的土柱，产生向下移动的主要是淤泥层的上覆土体，而淤泥层上覆土体主要以无黏性土为主，如图 3-2 所示。

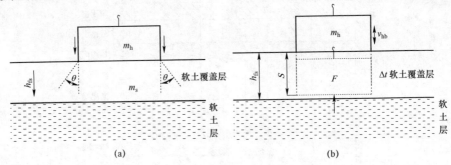

(a)　　　　　　　　　　　　　　　(b)

图 3-2　夯锤冲击软土覆盖层示意图

（a）夯锤与土体发生碰撞；（b）夯锤加密土体且部分土体向下运动

（2）软土覆盖层合理厚度模型建立

理论上，夯锤冲击软土覆盖层瞬间，软土覆盖层顶面承受的夯锤接触动应力扩散到下卧软土层。静动力排水固结法处理地基的基本原则之一是：在不致使地基土整体破坏的条件下，施加适当的冲击荷载，逐次提高地基土的承载能力及抵抗变形的能力。冲击荷载小于地基承载力特征值时，一是可保证土体不被破坏而满足上述原则；二是地基土抵抗变形能力提高。故当软土层承受的夯锤接触动应力值在 f_{ak} 附近时，其加固效果最好，地基土抵抗变形能力提高最大。而实际工程中，为使软土层产生微裂隙排水，提高加固效果，软土层顶面承受最大压力可在其承载力特征值与强度之间，故定义最大容许应力比值 R 为软土层顶面承受的最大压力 P_{max} 与其承载力特征值 f_{ak} 的比值

$$R = \frac{P_{max}A_1 + m_s g}{f_{ak}A_2} \tag{3-1}$$

式中 P_{max}——夯击产生的瞬态荷载，kPa；

m_s——软土覆盖层土体质量；

f_{ak}——软土层承载力特征值，kPa；

R——最大容许应力比值，表征相对软土层顶面承载力特征值的增大系数；

A_1、A_2——分别为夯锤面积和冲击荷载传至软土层顶面应力作用面积。

需注意，式中荷载 P_{max} 与承载力特征值测定时荷载速率应为同一数量级，否则由于普遍存在的应变率或加载率效应，两者在不同速率下的值代入会对计算结果造成影响。不需紧张的是，这种影响可通过不同速率下承载力特征值的相互关系加以确定，而这类相互关系的论述可参照本书4.3节。

根据该实际场地与工艺实际情况，夯锤与地基土的撞击可定义为非完全弹性碰撞，且夯击产生的瞬态荷载 P_{max} 应选用合适的公式。Scott（1975）[103]、Chow（1992）[104]、钱家欢[105]、郭见杨[106]、孔令伟[107]、郑颖人[15]、孟庆山[19]、白冰[61]等曾给出过夯锤地面接触应力计算式。结合工程实际，采用瞬态荷载 P_{max} 计算公式：

$$P_{max} = 2\sqrt{DgHME_1/(1-\mu^2)}/A_1 \qquad (3-2)$$

式中 M——夯锤重量，t；

E_1、μ——软土覆盖层变形模量和泊松比（本工程取 $\mu=0.3$）；

D——夯锤锤底直径，$D=2.4m$；

H——夯锤起吊高度。

夯锤面积 $A_1=4.52m^2$。由工地现场资料，各监测区瞬态荷载参数值见表3-2。

表3-2 监测区瞬态荷载 P_{max} 参数表

分区	夯击遍数	比贯入阻力 P_s/kPa	变形模量 E_{s1}/MPa	冲击荷载 P_{max}/kPa
2区油罐区	1	133.7	4.4	1017
	2	449.3	11.9	1719
	3	579.5	14.3	2032
4区油罐区	1	231.7	5.7	1235
	2	435.5	13.7	1913
	3	627.7	15.8	2207
3~5区靠福达侧道路	1	169.3	4.5	1172
	2	362.0	10.7	1691
	3	475.7	12.7	1899

软土层顶面应力作用面积 A_2 计算公式为

$$A_2 = \pi \left(\frac{D}{2} + h_{\text{fs}} \tan\theta \right)^2 \tag{3-3}$$

式中　h_{fs}——软土覆盖层初始厚度；

　　　θ——软土覆盖层应力扩散角，（°），即夯击时夯锤中心延线与夯击影响边界线之夹角。

将式（3-2）和式（3-3）代入式（3-1），导出冲击荷载下淤泥地基覆盖层合理厚度 h_{fs} 的模型：

$$2\sqrt{DgHME_1 / (1-\mu^2)} + m_s\text{g} = Rf_{\text{ak}}\pi \left(\frac{D}{2} + h_{\text{fs}}\tan\theta \right)^2 \tag{3-4}$$

即

$$h_{\text{fs}} = \frac{\sqrt{Rf_{\text{ak}}\pi \left[2\sqrt{DgHME_1/(1-\mu^2)} + m_s\text{g} \right]}}{Rf_{\text{ak}}\pi\tan\theta} - \frac{D}{2\tan\theta} \tag{3-5}$$

由式（3-5）可知，软土覆盖层厚度 h_{fs} 与夯击参数（夯击遍数、夯锤质量 M、夯锤直径 D、夯击高度 H）、软土覆盖层参数（软土覆盖层厚度 h_{fs}、上覆土体质量 m_s、应力扩散角 θ、变形模量 E_1 和泊松比 μ）及软土层参数（软土层承载力特征值 f_{ak}）等有关。软土覆盖层参数为静力荷载的主要参数，夯击参数主要反映动力荷载，排水体系的不同决定着软土层孔隙水压力的消散情况，进而影响软土层承载力特征值，故式（3-5）在某种程度上也反映了静力、动力荷载和排水体系的相互适应关系。当夯击参数、m_s、E_1、μ、θ、f_{ak}、R 确定时，即可求得软土覆盖层厚度 h_{fs}，大大方便了一般工程技术人员的掌握运用，为类似的软土地基处理工程提供借鉴。

4. 主要参数讨论

由于静动力排水固结法为"少击多遍、逐级加能"冲击荷载的施加方式，故当夯击能施加方式和大小改变时，软土覆盖层厚度 h_{fs}、平均密度 $\bar{\rho}$、变形模量 E_1 也发生改变，进而影响其应力扩散角 θ；同时软土层承载力特征值 f_{ak} 也随之发生变化；由式（3-4）得到的最大容许应力比值 R 也随之改变。由于模型参数中的夯击参数、m_s、E_1 和 μ 可由现场试验得到，故以下重点讨论参数 θ、f_{ak} 和 R。

（1）应力扩散角 θ

根据《建筑地基基础设计规范》（GB 50007—2011）[108]，通过查表或试验测量分别可以得到软土覆盖层变形模量 E_{s1} 及软土层的变形模量 E_{s2}，按规范表 5.2.7 一般 θ 取值范围为 23°～30°，但从工程经济角度考虑，该值过于保守。

在我们负责的深圳市宝安中心区软基处理工程中[3-5]，根据获得的第一手宝贵资料，李彰明已发现不同夯击能作用下，夯击作用力的应力扩散角视淤泥及淤泥质软土地基性质，一般在 42°～60°。

通过分析该工程资料，也可得到类似结论。该工程同一夯击点、深度 $h=5.6\text{m}$ 处，在不同水平距离下设置 6～7 个监测点进行孔压检测，得到孔压增量与测点水平距离关系曲线如图 3-3 所示。

根据图 3-3 可知，孔压增量峰值随夯击点与监测点间水平距离变化的陡降段的分界分别为 6m、5.5m 和 6.3m，即夯击点距监测点 6m、5.5m 和 6.3m 位置时，夯击能便对监测点处的孔隙水压力开始产生一定影响，根据传感器埋设的深度 $h=5.6\text{m}$ 便可推知，应力扩散角 $\tan\theta>1$，故应力扩散角 θ 至少为 45°，本案例取 $\theta=45°$。

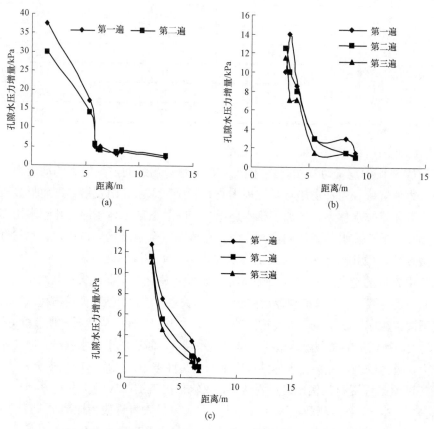

图 3-3　各击各遍下孔隙水压力增量与测点水平距离关系曲线
（a）第一遍；（b）第二遍；（c）第三遍

（2）软土承载力特征值 f_{ak}

软土层顶面承载力特征值可根据荷载试验或其他原位测试、公式计算，并结合工程实践经验综合确定，也可参考文献 [109]，此处采用后者。对淤泥质土：

$$f_{ak} = 0.196 P_s + 15 \tag{3-6}$$

式中，P_s 为软土层顶面比贯入阻力（kPa）。由工程现场资料，其参数值见表 3-3。

表 3-3　　　　　　　　　　　承载力特征值参数表

分区	夯击遍数	比贯入阻力 P_s/ kPa	承载力特征值 f_{ak}/ kPa
2 区油罐区	1	133.7	40.1
	2	449.3	67.7
	3	579.5	82.6
4 区油罐区	1	231.7	42.6
	2	435.5	66.1
	3	627.7	88.2
3~5 区靠福达侧道路	1	169.3	38.6
	2	362.0	57.6
	3	475.7	70.7

（3）冲击荷载最大允许应力比 R

从 R 值的定义可知 $R>1$，微观上，夯锤冲击瞬间产生较大的动应力，该动应力使坑壁发生冲剪破坏，坑周围垂直状裂隙、微孔隙发展，进而形成微裂隙、微孔隙排水体系，增加了排水通道；同时，下部土体压缩，孔隙水压力迅速提高，当孔隙水压力达到最高点时，土体弱结合水转化为自由水，水与气体由微裂隙、微孔隙排水体和人工排水体排出，土体固结沉降。

由 R 值的定义可知，R 直观和定量地反映了施加冲击荷载大小与软土层排水体系布置方式、软土覆盖层厚度的相互适应关系，若已知 R，便可方便求得软土层顶面接触应力安全值，进而控制冲击荷载大小。此外，从微观机理分析可知，R 越大，新增加的微裂隙、微孔隙排水体系越多，越有利于排水固结。但 R 不能过大，过大的夯击能会使土体结构产生严重塑性破坏，从而形成橡皮土。

以该工程资料为例，按实测结果，取软土覆盖层的应力扩散角 $\theta=45°$，根据公式（3-5）及监测数据表 3-1~表 3-3，得最大容许应力比值 R 见表 3-4。注意到，比值 R 中载荷产生的应力基本为瞬态冲击荷载所产生的等效应力，而代入的承载力特征值则为通常岩土工程勘察所给出的静载测试条件下的值；若能得到并直接采用动态速率下的该特征值代入公式（3-5），就更能直接反映该式的物理力学意义。由此可见,研发土体动态承载力特征值测试技术会有助于静动力排水固结法地基处理设计理论的进一步发展。

通过对比分析不同处理区域变化的 R 可知,R 逐渐减小,在软土层顶面接触动应力大小不变的情况下,软土层承载力特征值不断增大,土体固结,表明 R 也可作为评判软土地基加固效果的参数。此外,变化的 R 在定量上初步描述及反映了静动力排水固结法"荷载与排水能力及其体系相适应,与土体阶段特性相适应;静动结合,先轻后重,少击多遍,逐级加能,逐渐加固"工法思想与原则。

表 3-4　　　　　最大容许应力比值 R 参数表

分区	二区油罐区			四区油罐区			三、四、五区靠福达侧道路		
遍数	①	②	③	①	②	③	①	②	③
最大容许应力比值 R	5.2	5.1	4.7	6.1	5.9	5.1	4.4	4.1	3.7
最大容许应力比值 R^*	1.91	1.88	1.73	2.24	2.17	1.88	1.62	1.51	1.36

*为采用动态速率下特征值对应的最大容许应力比值(不同类别土的动态与静态荷载下的承载力特征值及相互比值不同;湛江组黏土的试验得到动载下特征值为静载的 2.72 倍,在此暂参考该黏土的相应关系取值)。

5. 小结

(1)夯锤冲击软土覆盖层时,从淤泥地基承载特征考虑,建立了冲击荷载下淤泥地基覆盖层合理厚度 h_{fs} 的定量模型,为一般工程人员设计应用提供了便利;该模型也在某种程度上反映了静动力排水固结法静力、动力荷载和排水体系的相互适应关系。

(2)以现场工程试验数据为基础,对模型参数地基压力扩散角 θ、地基承载力特征值 f_{ak}、冲击荷载允许应力比 R 分析讨论。结果表明:实际夯击作用下 θ 至少为 45°,大于《建筑地基基础设计规范》中的 23°~30°;此外,模型中变化的允许应力比 R 在定量上直观和定量地反映了施加冲击荷载大小与软土层排水体系布置方式、软土覆盖层厚度的相互适应关系,该值也可作为评判软基加固效果的参数。

3.2　有效加固深度研究

1. 引言

近些年来,国内外一些学者一直努力研究动力排水固结法或进一步发展的静动力排水固结法中软土在冲击荷载作用下的响应规律及加固机理[3,4]，包括实际工程中的监测及分析，数值模拟与室内模型试验。大部分学者的研究主要是关于冲击作用下孔压和土压的变化[12,60]，以期探求软土相关的规律，而对于软基的有效加固深度研究不多。

关于"有效加固深度"，目前说法不一，文献主要称"加固深度""影响深度""有效加固范围"或"加固土层厚度"，大部分学者认可有效加固深度是指在正常的施工条件下，地基土的控制指标满足设计要求的深度。

对于软土（甚至是淤泥）地基的有效加固深度计算方法，最早采用强夯原理进行计算，强夯法创始人 Menard[110] 曾提出有效加固深度公式如下：

$$H = \alpha \sqrt{Wh / 10} \tag{3-7}$$

式中 M——夯锤重，kN；

   h——落距，m。

该公式形式简单，设计常数只涉及夯锤质量和夯锤吊高，在国内使用较为广泛，但由于强夯有效加固深度是一个多变量函数，其中任何一种因素的不同，都会引起地层有效加固深度的变化；左名麟[111] 从振动波及波能的角度，考虑土体对能量的吸收能力，给出有效加固深度公式：

$$H = \frac{k \sqrt{Wh / 10}}{\alpha V_{\mathrm{p}}} \tag{3-8}$$

其考虑了土质的影响，但某些参数的取值也具有主观性，实际工程中很难给出其准确的参数值，该式估计的精度较低；王成华[8] 提出了等效拟静力法来计算不同土层地基中强夯有效影响深度，其将夯击力视为等效拟静载，该法初步考虑了较多的影响因素，公式中各参数均可由常规试验实测或设计选用，但此法把有效加固深度取值定性为附加应力 σ_{s} 与自重应力 σ_{c} 之比为 0.2 时的土层深度，较为单一，根据不同性质的土体，该取值可能有所不同。张平仓[112] 等根据量纲统一的原则建立的有效加固深度公式：

$$H = (1 - \omega)^{-\beta} \sqrt{\frac{Wh}{A\gamma_{\mathrm{d}}}} \tag{3-9}$$

该公式考虑了单击夯击能、锤底面积以及土体特征等因素，更全面地反映了软土地基的内因和外因的相互作用关系，对非均质土体和成层地基亦可适用，但其以湿陷性黄土为研究对象而建立，对于高含水量的饱和土体，β 系数的具体选取仍有待进一步的讨论；蒋鹏[104]、汤磊等采用 BP 网络模型，避免了一般理论的简化、假设、经验系数和复杂的计算过程，计算结果也较为准确，但其还没进入实用阶段。以上研究为有效加固深度的确定提供了宝贵的经验，由于大部分公式中都考虑了夯击能，对于静力覆盖层的厚度却没考虑，因此基于静动力排水固结法得到的有效加固深度公式的精确性就有待考究。

本项目试图基于动量守恒及能量守恒原理，建立一个比较精确的有效加固深度公式，并与大型地基处理现场监测数据结果对比，分析表明与有效加固深度公式符合，对类似工程提供一定的指导和借鉴意义。

2. 夯击能等效附加应力的确定

（1）公式建立

夯锤从高处自由落下，高速冲击地面，产生两个过程。第一为形变过程：即夯锤与地面接触后，夯锤下表面区域土体 m_s 获得了非常大的冲击加速度和速度，开始向下运动。夯锤速度由 $v_{hb} = \sqrt{2gH}$ 迅速减小到 v_{ha}，此时夯锤的运动符合质一阻一弹体系中质量块的力学模型。其初速度应当为 v_{ha}。由于锤土接触，表面区域土体先加速到与夯锤具有相同的速度，然后与夯锤一起做减速运动，压缩下部土体，直至与夯锤一起都减速到零。伴随着冲击的是很高的动应力集中，冲击波以固定的速度将局部化的动应力传播到土体和夯锤中，这个过程遵循动量守恒。所以夯击是一个夯锤与受影响土体的能量转换和传递的过程，应力状态的高速变化和阻尼黏滞力使发生的应变与位移滞后于应力，v_{ha} 不应是接触前的速度 v_{hb}，而应该为夯锤与半空间表面土体接触后夯锤的速度，即形变过程初速度。

1）动量守恒。在夯锤与土体碰撞过程中，由物理学动量守恒，得：

$$m_h v_{hb} + m_s v_{sb} = m_h v_{ha} + m_s v_{sa} \quad (3-10)$$

式中　m_h——夯锤质量；

　　　m_s——淤泥层上覆土体的质量；

　　　v_{hb}——夯锤自由下落至与土体接触前的瞬时速度；

　　　v_{sb}——夯锤与土体接触前土体的瞬时速度；

　　　v_{ha}——夯锤与土体接触后夯锤的瞬时速度；

　　　v_{sa}——夯锤自由下落至与土体接触前的瞬时速度；由夯锤为自由落体可知 $v_{hb} = \sqrt{2gh}$，$v_{sb} = 0$，初始位移条件为零。

式（3-7）可简化为

$$v_{sa} = \frac{m_h(v_{hb} - v_{ha})}{m_s} \quad (3-11)$$

2）能量守恒。碰撞后能量损失 ΔE 由动能定理计算可知：

$$\Delta E = \left(\frac{1}{2}m_h v_{hb}^2 + \frac{1}{2}m_s v_{sb}^2\right) - \left(\frac{1}{2}m_h v_{ha}^2 + \frac{1}{2}m_s v_{sa}^2\right) \tag{3-12}$$

将 $v_{sb}=0$ 与式（3-8）代入式（3-9），得

$$\Delta E = \frac{m_h m_s (v_{hb}^2 - v_{ha}^2) - m_h^2 (v_{hb} - v_{ha})^2}{2m_s} \tag{3-13}$$

则实际作用于地基土体的有效夯击能为：

$$E' = E - \Delta E = m_h gh - \Delta E \tag{3-14}$$

把有效夯击能等效为有效荷载 Fe 对土体做功：

$$E' = F_e s \tag{3-15}$$

$$F_e = P_e A \tag{3-16}$$

等效附加应力 P_e 为：

$$P_e = \frac{E'}{As} + \bar{\rho} g h_{fs} = \frac{E - \Delta E}{sA} + \bar{\rho} g h_{fs} =$$

$$\frac{2m_h m_s gh - m_h m_s (v_{hb}^2 - v_{ha}^2) + m_h^2 (v_{hb} - v_{ha})^2}{2m_s sA} + \bar{\rho} g h_{fs} \tag{3-17}$$

式中　P_e——作用于土体上的等效附加应力；

　　　E'——有效夯击能；

　　　F_e——有效集中荷载；

　　　m_s——淤泥层上覆土体的质量；

　　　A——夯锤底面积；

　　　s——单击夯沉量。

（2）参数确定

在上述参数的选定中，有两个参数的选定需进行探讨：

1）m_s。

根据碰撞理论，夯锤与土体发生碰撞的过程中，质量为 m_h 的夯锤与质量为 m_s 的土体发生碰撞，m_h 的一部分能量使 m_s 致密，另一部分能量则使 m_s 继续向下移动做功，夯击过程中软土没有形成向下移动的土柱，产生向下移动的主要是淤泥层的上覆土体，上覆土体主要以砂性土为主，根据应力扩散原则，超软土的上静力覆盖层，规范应力扩散角 θ 为 $23°\sim28°$，θ 取 $25°$，如图 3-4 所示，m_s 可按式（3-18）计算：

$$m_s = \bar{\rho} v_{fs}$$

$$= \bar{\rho} \frac{1}{3} \pi \left[\left(\frac{D}{2} + h_{fs} \tan 25° \right)^2 \left(\frac{D}{2} + h_{fs} \tan 25° \right) \cot 25° \right. \\ \left. - \frac{1}{3} \pi \left(\frac{D}{2} \right)^2 \frac{D}{2} \cot 25° \right] \qquad (3-18)$$

$$= \frac{1}{3} \pi \bar{\rho} \cot 25° \left[\left(\frac{D}{2} + h_{fs} \tan 25° \right)^3 - \left(\frac{D}{2} \right)^3 \right]$$

式中　$\bar{\rho}$ ——淤泥层上覆土体的平均密度；

　　　v_{fs} ——淤泥层上覆土体体积；

　　　h_{fs} ——淤泥层上覆土体的厚度。

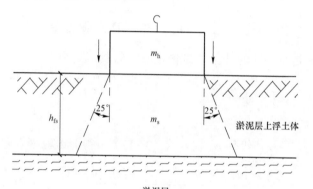

图 3-4　m_s 示意图

2）v_{ha}。

由于夯锤 m_h 与土体 m_s 发生的是非完全弹性碰撞，碰撞过程存在能量损失与塑性变形，v_{hb} 与 v_{ha} 是不相等的。m_h 和 m_s 接触后，夯锤由 v_{ha} 经过 Δt 下降为 0，并产生夯沉量 S。由于其减速运动过程非常复杂，为简化计算过程，假设该过程为匀减速直线运动，初速度为 v_{hac}。

$$s = v_{hac} \Delta t - \frac{1}{2} a \Delta t^2 \qquad (3-19)$$

$$v = \frac{ds}{dt} = v_{hac} - at \qquad (3-20)$$

$$\frac{ds}{dt} \bigg|_{t=0} = v_{12} ; \quad \frac{ds}{dt} \bigg|_{t=\Delta t} = 0$$

算得：

$$a = \frac{2s}{\Delta t^2}, \quad v_{hac} = \frac{2s}{\Delta t} \qquad (3-21)$$

分析讨论：式（3-21）计算的 v_{hac} 是通过冲击荷载对土体塑性变形做功所反算夯锤与土体接触后的瞬时速度，它的速度比 v_{ha} 小。根据能量守恒，夯击能一部分使土体产生向下的塑性变形，还有一部分使土体产生震动（如瑞利波的传播），与侧壁土体加固等。

由式（3-8）反算夯锤与土体接触后土的瞬时速度 v_{sac} 比实际的 v_{sa} 大。根据能量守恒，我们把夯击能量分为 3 部分：使土体产生塑性变形的能量；土体吸收能量；损耗能量。如上所述，将夯锤与土体接触至静止这一过程简化为匀减速运动，计算得到夯锤与土体接触瞬时初始能量 $E_{hc} = \dfrac{1}{2} m_h v_{hac}^2$ 比实际的能量 $E_{hf} = \dfrac{1}{2} m_h v_{ha}^2$ 小；计算得到的夯锤与土体接触时，土体瞬时的初始能量 $E_{sc} = \dfrac{1}{2} m_s v_{sac}^2$ 比实际的能量 $E_{sf} = \dfrac{1}{2} m_s v_{sa}^2$ 大，但这不违反能量守恒，因为夯击过程的能量传递是将夯锤的冲击能量传递给土体及能量损失，使土体产生压缩、固结、震动等效应。因此，E_{hc} 只是使土体产生塑性变形的能量，产生其余效应的能量由 E_{sc} 继续传递。

3）修正后的公式。

综上所述，用 v_{hac} 代替 v_{ha} 代入式（3-17）可得夯击能等效附加应力公式：

$$p_e = \frac{2m_h m_s gH - m_h m_s (v_{hb}^2 - v_{hac}^2) + m_h^2 (v_{hb} - v_{hac})^2}{2m_s As} + \bar{\rho}gh_{fs} \qquad (3-22)$$

$$m_s = \frac{1}{3}\pi\bar{\rho}\cot 25° \left[\left(\frac{D}{2} + h_{fs}\tan 25° \right)^3 - \left(\frac{D}{2} \right)^3 \right] \qquad (3-23)$$

3. 有效加固深度公式的确定

（1）附加应力沿土体深度分布的计算

假定地基为均质线弹性半空间，夯锤对软土地基施加圆形面积上的均布荷载，则荷载中点 0 下任意深度 z 处 M 的附加应力 σ_z 可通过 Boussinesq 法求解，整个圆形面积上均布荷载在点 M 引起的应力为：

$$
\begin{aligned}
\sigma_z &= \int_0^{2\pi} \int_0^r \frac{3pz^3}{2\pi} \frac{\rho\,\mathrm{d}\theta\,\mathrm{d}\rho}{(\rho^2 + z^2)^{5/2}} \\
&= \left\{ 1 - \frac{1}{\left[1 + \left(\dfrac{r}{z} \right)^2 \right]^{3/2}} \right\} p_e \qquad (3-24) \\
&= k_0 p_e
\end{aligned}
$$

（2）有效加固深度的确定方法

静动力排水固结法有效加固深度 Z_H 由式（3-25）确定：

$$\left\{1-\frac{1}{\left[1+\left(\dfrac{r}{Z_H}\right)^2\right]^{3/2}}\right\}p_e=k_0p_e=\bar{k}(\bar{\gamma}Z_H) \qquad (3-25)$$

式中，夯击能等效附加应力 P_e 由前述式（3-22）计算，即：

$$P_e=\frac{2m_hm_sgH-m_hm_s(v_{hb}^2-v_{hac}^2)+m_h^2(v_{hb}-v_{hac})^2}{2m_sAs}+\bar{\rho}gh_{fs}$$

式中 $\bar{\gamma}$ ——有效加固深度内土体的加权平均重度，$\bar{\gamma}$ 可取 12m 内土体的加权平均重度；

$\bar{k}$ ——自重应力换算系数，本工程主要是软土地基，根据广东省规范，对于软土地基，取值 0.1。

通过式（3-25）求得 Z_H 为有效加固深度。

该有效加固深度计算公式是以动量守恒与能量守恒的力学定理为基础，以结合现场的测试数据为参数而确立的；式（3-25）中，除了 v_{hac} 需要经过动应力测试或由经验确定夯击作用时间外，其余参数均为工程的常规数据，对于实际工程的应用较为便利。

4. 工程实例

（1）工程地质情况

拟建场地地质资料表明覆盖土层从上自下依次主要有：冲填土，淤泥，粉质黏土、淤泥质土、粉细砂和中粗砂，砂质黏性土，燕山期花岗岩；其中淤泥软土层厚度为 1.60～21.80m，平均厚度超过 11.0m；最高含水率为 105%，平均值为 74.2%；孔隙比为 1.75～2.95，平均值为 2.05，压缩模量平均值为 1.637MPa。

（2）软基处理方案

根据现场及我们多年软基处理工程的成功实例，工程采用工法 2，即静动力排水固结法［交工面下的填土静压＋水平排水体系＋插塑料排水板（1.4m×1.4m，平均插深为 15.7m）＋2 遍点夯及 1 遍普夯］；实行过程控制与施工点控制。

（3）有效加固深度的计算

通过式（3-25）计算得到有效加固深度，并与现场原位测试——静力触探得到的有效加固深度进行对比，确定计算有效加固深度公式的可行性；选取 A3、A6、A8、A9、A12 监测点为研究对象。

1）计算参数。

工程参数见表 3-5，其中夯锤与土作用时间 Δt 通过动应力测量中竖向加速度的时程曲线测得，在此主要讨论第一遍夯击后软土地基的加固效果。

表 3-5　　　　　　　　　　A8 点有效加固深度计算参数

夯击击数	夯锤质量 M/t	夯锤直径 D/m	落距 H/m	夯沉量/m	作用时间 Δt/s	上覆土层平均重度 $\overline{\gamma}$ /（kN/m³）	上覆土层厚度/m
1							
2	12.71	2.3	12.9～13.5	0.20～0.35	0.356～0.435	18～19	2.3
3							
4							

2）第一遍现场监测结果。

工程采用静力触探检测有效加固深度，最大深度为 11.1m，第一遍夯击后，静力触探的测试结果见表 3-6（不失一般性，在此仅给出 A8 点在工前与第一遍夯击后的静力触探变化曲线图，如图 3-5 所示）。

通过记录每次夯击后的夯沉量，以及夯锤与上覆土层的作用时间，计算得到有效加固深度结果如图 3-6 所示，从图 3-6 中可知，随夯击击数增加，有效加固深度基本呈增加的趋势。

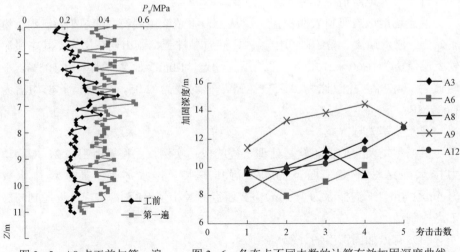

图 3-5　A8 点工前与第一遍　　　图 3-6　各夯点不同击数的计算有效加固深度曲线
　　　　　P_s-Z 曲线变化图

由表 3-6 知，仅第一遍夯击完成后，有效加固深度超过 10m，且 4～11m

范围 P_s 增长率最高为 81.2%，平均值达到 59%，说明静动力排水固结法加固软土地基效果理想。A3、A6、A8、A9、A12 各夯点的有效加固深度计算结果和监测数据对比，比较接近，表明该计算公式适合现场实际应用。

表 3-6 第一遍夯击后各夯点加固深度计算值与实测值对比表

夯点编号	夯锤质量/kg	锤径 D/m	吊高 H/m	理论值 Z_m/m	实测值/m	4～11m 比贯入阻力 P_s 平均增长率（%）	误差（%）
A3	12 710	2.3	10.62	10.51	10.82	77.2	2.86
A6	13 900	2	10.4	9.15	9.35	28.8	2.13
A8	12 710	2.3	12.9	10.1	10.50	52.2	3.8
A9	12 710	2.5	10.62	13.19	>11.1	56.4	<26
A12	13 090	2.6	10.4	10.51	>11.1	81.2	>4

5. 小结

（1）通过将冲击荷载转化成等效附加荷载，将夯锤与上覆土层接触后的运动简化为匀减速直线运动，基于能量守恒和动量守恒原理，结合现场实际物理力学参数，得到了关于软土地基的有效加固深度式（3-25）。

（2）现场软土地基采用静动力排水固结法，在第一遍夯击完成后，通过静力触探得到加固深度超过 10m，且平均比贯入阻力增长 59%，表明该方法是完全适合的。

（3）通过将该有效加固深度公式的计算结果和现场监测数据对比，误差较小，说明该计算公式能够比较精确地估算类似软土地基的有效加固深度，为类似工程提供指导和借鉴价值。

进一步研究建议：由于该有效加固深度计算公式将夯锤与上覆土层接触后的运动简化为匀减速直线运动，实际的运动是非常复杂的，而且夯击瞬间的夯锤与覆盖土层之间的动应力也是不断变化的过程，其能量的损失过程也会有较大的变化；夯击过程中暂没有考虑土层 e、ES 的变化，最终使得计算结果和实际有一定的误差，故该计算公式期待学者进一步的完善。

3.3 竖向排水体系优化设置

1. 引言

淤泥与淤泥质软黏土因为具有天然孔隙比大、含水率高、强度低、压缩性高和渗透性差等特点，从而决定了其性质的改善取决于孔隙水压力能否迅速消散，孔隙水能不能尽快排出，同时又要使土体不被过分扰动。因而静动力排水固结法在于强调排水系统的设置，即首先在软土中设置水平排水体和竖直排水体；同时又采用能量由轻到重、逐级加能、少击多遍、逐层加固的强夯作为动力加压系统来加固处理软黏土地基。竖向排水体系可采用袋装砂井或塑料排水板。对于静动力排水固结法，一般采用塑料排水板，一是其抗弯能力强；二是施工快速，短时间内能完成大面积软基处理任务；三是静力插设可减小对淤泥的扰动，增强排水效果；四是塑料排水板适应地基变形能力较强，当在其上施加动载时，不易发生因折断或破裂而丧失透水性能的事故。

塑料排水板已在软基处理中得到广泛应用，影响其加固效果的因素较多。软土本身的物理力学性能是首要因素；此外，对于一定的地质条件，塑料排水板间距、处理深度、布置方式等对其加固效果的影响较大。为此，以我们负责的静动力排水固结法淤泥地基处理工程及监测为例，进行分析探讨。

2. 工程概况

选取拟建场地罐区分区（1）和分区（21），场地面积共 3.36 万 m^2，采用"静动力排水固结法"进行软基处理。

该场地原为滨海水塘，地质资料表明覆盖土层从上至下依次主要有：人工堆（冲）填的冲填土（0.7～0.8m），海陆交互相海冲（淤）积成因的淤泥，冲洪积成因的粉质黏土、淤泥质土、粉细砂和中粗砂，残积成因的砂质黏性土，下伏基岩为燕山期的花岗岩。

该工程软基处理范围内地质条件很差，整个处理场地地表以下均分布有淤泥层，地下水位高。根据建设单位提供的岩土工程勘察报告，仅淤泥软土层厚度为 1.60～25.80m，平均厚度超过 12.0m；最大含水量达到 108%，平均值为75.5%；孔隙比为 1.76～3.03，平均值为 2.11；淤泥顶面埋深浅，淤泥顶面平均标高为+5.790m，其中第 21 区淤泥顶面平均标高达 +6.589m，距交工面仅0.911m。该软基处理主要在雨期施工，降雨量比往年同期增加 90%以上；此外，施工单位采用的塑料排水板为再生料；特别的是，由于供料问题，施工单位在施工期间实施吹砂，携带大量水二次浸泡的处理场地不少于 6.5 万 m^2，并渗流入了相当部分区域（约 1.3 万 m^2），这些面临的问题使得处理难度特别大。按照设计要求，为了保证该场地软基处理工程的质量及工程进度，软基处理施工与现场监测相结合，根据现场监测所得的信息进行分析，直接指导软基处理信息化施工，并作为参数确定、设计调整依据，进行施工质量的过程控制与处理场地的点控制。

3. 软基处理方案

根据该场地情况及特点，该场区内均作软基处理，并采用"静动力排水固结法"。此外，根据该区各分区的特点，实施不同的具体工法。在此，仅对代表性分区（1）和分区（21）两个典型的区域做分析对比，各分区方案工法见表3-7。罐区处理目的是形成桩基施工条件、减小过大工后沉降以避免对于桩过大负摩擦而造成基础不均匀沉降、防止地表过大的沉降及沉降差等；车场和道路处理目的是重点改善淤泥土物理力学性能，提高地基承载力，满足直接使用要求。

表3-7 各 分 区 方 案 工 法

处理区段	软基处理工法	监测点编号
（1）区	工法 2-2：静动力排水固结法［相应于交工面下的填土静压＋水平排水体系＋插塑料排水板（1.4m×1.4m，平均插深为15.6m）＋2～3 遍点夯及 1 遍普夯；实行过程控制与施工点控制］	B1 号、B2 号、B3 号
（21）区	工法 2-3：静动力排水固结法［相应于交工面下的填土静压＋水平排水体系＋插塑料排水板（1.2m×1.2m，平均插深为15.3m）＋3 遍点夯及 1 遍普夯；实行过程控制与施工点控制］	B22 号、B23 号

4. 监测结果及分析

通过对现场大量的监测点进行监测，我们得到了大量准确而有效的数据。本节主要分析了（1）区、（21）区不同塑料排水板间距孔隙水压力、土压力和沉降的变化规律。典型结果如图3-7～图3-10所示。

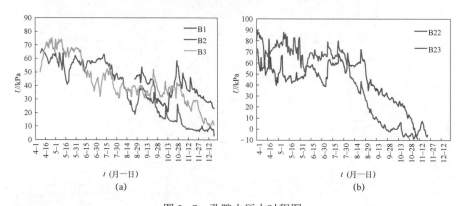

图 3-7 孔隙水压力时程图

（a）B1、B2、B3 测点；（b）B22、B23 测点

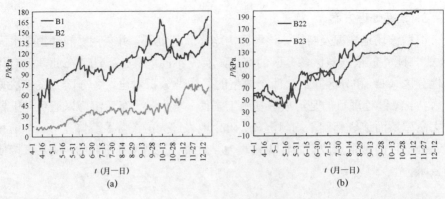

图 3-8 土压力时程图

（a）B1、B2、B3 测点；（b）B22、B23 测点

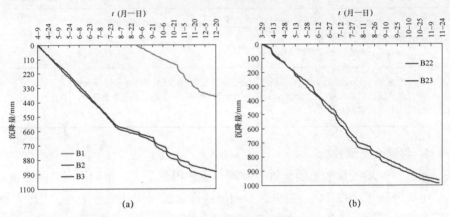

图 3-9 浅层沉降时程图

（a）B1、B2、B3 测点；（b）B22、B23 测点

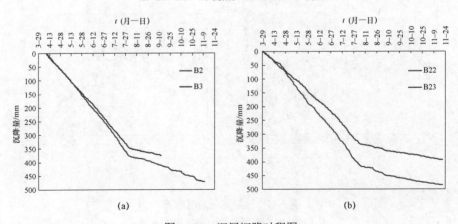

图 3-10 深层沉降时程图

（a）B1、B2、B3 测点；（b）B22、B23 测点

表 3-8   各 参 数 对 比 表

区域	工法	地表平均沉降量 /mm	表土层端阻力提高倍数（工前与工后）（平均值）	表土层侧阻力提高倍数（工前与工后）（平均值）	淤泥层端阻力提高倍数（工前与工后）（平均值）	淤泥层侧阻力提高倍数（工前与工后）（平均值）	淤泥层剪切强度提高倍数（工前与工后）（平均值）
（1）区	工法 2-2	1111	4.0～12.0 (8.8)	3.5～9.5(7.5)	3.9～9.0(5.4)	2.5～5.5(3.3)	2.0～11.0 (4.7)
（21）区	工法 2-3	1203	4.0～13.0 (9.0)	3.5～11.9 (8.0)	3.2～12.0 (5.8)	3.5～5.8(3.5)	2.1～11.5 (5.0)

软土层顶面承载力特征值可根据荷载试验或其他原位测试、公式计算，并结合工程实践经验与分析综合确定[116]，对淤泥：

$$f_{ak} = 0.94P_s^{0.8} + 8 \qquad (3-26)$$

式中，P_s 为软土层顶面比贯入阻力（kPa）。由现场资料可知 f_{ak} 参数值见表 3-9。

由表 3-9 可知，通过曲线拟合得到地基承载力与排水板间距的关系式：

$$f_{ak} = -707.20L + 1\,328.60 \qquad (3-27)$$

式（3-27）中，L 为塑料排水板间距（m）。

表 3-9   承载力特征值参数表

分区	（1）区			（21）区	
排水板间距 L/m	1.4			1.2	
监测点编号	B1 号	B2 号	B3 号	B22 号	B23 号
比贯入阻力 P_s/kPa	2786.20	982.19	932.07	3421.79	1419.33
承载力特征值 f_{ak}/kPa	543.97	240.75	231.20	639.73	320.46
平均值 f_{ak}/kPa	338.57			480.10	

由于该工程条件中只采用了两种排水板间距，式（3-27）有一定的局限性，仅适用于排水板间距在 1.2～1.4m 范围内。

根据场地与工艺实际情况，为了反映排水体系与静力、动力荷载的相互适应关系，李彰明等[6]曾给出过软土覆盖层厚度计算公式：

$$h_{fs} = \frac{\sqrt{Rf_{ak}\pi\left[2\sqrt{DgHME_1/(1-\mu^2)} + m_s g\right]}}{Rf_{ak}\pi\tan\theta} - \frac{D}{2\tan\theta} \qquad (3-28)$$

将式（3-27）代入式（3-28），导出了冲击荷载下淤泥地基排水板合理间距 L 的模型：

$$L = 1.88 - \frac{2\sqrt{DgHME_1/(1-\mu^2)} + m_s g}{176.8\pi R(2h_{fs}\tan\theta + D)^2} \tag{3-29}$$

式中　H——夯击高度，m；

　　　　M——夯锤质量，t；

E_1、μ——软土覆盖层变形模量和泊松比，本工程取 $\mu=0.3$；

　　　　D——夯锤锤底直径，$D=2.4$m；

　　　　m_s——软土覆盖层土体质量；

　　　　h_{fs}——软土覆盖层初始厚度；

　　　　θ——软土覆盖层应力扩散角，即夯击时夯锤中心延线与夯击影响边界线之夹角；

　　　　R——最大容许应力比值，表征软土层顶面承载力特征值扩大系数。

由式（3-29）可知，排水板间距 L 与夯击参数（夯击遍数、夯锤质量 M、夯锤直径 D、夯击高度 H）、软土覆盖层参数（软土覆盖层厚度 h_{fs}、上覆土体质量 m_s、应力扩散角 θ、变形模量 E_1 和泊松比 μ）及最大容许应力比值等有关。软土覆盖层参数为静力荷载的主要参数，夯击参数主要反映动力荷载，排水体系的不同决定着软土层孔隙水压力的消散情况，进而影响软土层承载力特征值，故式（3-29）在某种程度上也反映了静力、动力荷载和排水体系的相互适应关系。当夯击参数、m_s、E_{S1}、μ、θ、h_{fs}、R 确定时，即可求得排水板间距 L，大大方便了一般工程技术人员的掌握运用，为类似的软土地基处理工程提供借鉴。

由图 3-7~图 3-10 与表 3-8 可见：

（1）B22、B23 测点孔隙水压力整体下降量比 B1、B2、B3 测点大，且出现负孔压现象。说明在不存在底部透水层的条件下，排水板间距影响孔隙水压力消散的快慢。在不同排水板间距下，随着排水板间距的减小，孔隙水压力消散加快，说明了塑料排水板作用效果良好，起到了很好的排水作用。施工处理完成后超静孔隙水压力降到最低，且小于插板前的孔压，说明土体达到超固结状态，地基处理方法效果很好。

（2）B22、B23 测点土压力整体增加量比 B1、B2、B3 测点大。说明土压力在不同排水板间距下，土压力增长的速度不一样。在不同排水板间距下，随着排水板间距的减小，土压力增加得快。

（3）B22、B23 测点浅层和深层沉降量与 B1、B2、B3 测点基本一样。说明在保证工期和软基处理效果的情况下，可以适当增大排水板间距，进而降低工程造价。

（4）从图3-7~图3-10可以看出满夯后相当一段时间，孔隙水压力先增加后逐渐消散，土压力持续增加；表明冲击荷载作用后还存在持续的残余力作用。在残余力作用下，孔隙水压力通过与排水体系的共同作用慢慢消散，土压力和沉降量得以持续增长。

（5）从表3-8可以看出（21）区表土层端阻力提高倍数、表土层侧阻力提高倍数、淤泥层端阻力提高倍数、淤泥层侧阻力提高倍数、淤泥层剪切强度提高倍数等都比（1）区要高，说明排水板间距越小，固结效果越好。

5. 小结

（1）夯锤冲击软土覆盖层时，从淤泥地基承载特征考虑，建立了冲击荷载下淤泥地基排水板间距 L 的定量模型，为一般工程人员设计应用提供了便利；该模型也在某种程度上反映了静动力排水固结法静力、动力荷载和排水体系的相互适应关系。

（2）在不同排水板间距下，随着排水板间距的减小，孔隙水压力消散得越快、土压力增加得越快、沉降量越大，固结效果越好。但排水体系布置间距并非越密越好，一方面过密的排水体容易产生井阻和涂抹作用，阻塞了排水通道，不利于排水固结；另一方面，排水体过密也会扰动淤泥层，影响其结构性，同时为达到固结效果需较大的冲击荷载，从而增加造价。在保证工期和软基处理效果的前提下，可以适当增大排水板间距，降低工程造价。

（3）冲击荷载作用后还存在持续的残余力的作用。在残余力持续作用下，孔隙水压力通过排水体系的共同作用逐渐消散，土压力得以持续增长。

在此仅考虑了静动力排水固结法中常用的两种排水板间距情况，对于更大或更小的排水板间距的适用性，有待进一步验证。

3.4 最佳冲击能计算公式及其参数确定方法

1. 引言

静动力排水固结法中冲击能的设计到目前为止尚无规范标准，设计时常采用工程类比法和经验法。当该法用于加固软基尤其超软土地基时，冲击能（工程上称为夯击能）太小达不到地基加固深度要求，过大容易出现埋锤或地基土体整体破坏或"橡皮土"现象，其选择关系到地基处理的成败。因此，如何确定最佳冲击能是一个亟待解决的问题。

不同的地基对应着不同的最佳冲击能，而该最佳冲击能由地基土物理力学及渗透基本性状决定[3]。静动力排水固结法加固饱和软黏土（如淤泥、淤泥质土）时，排水体系中的微孔隙和微裂隙排水甚为重要，但前提要保证软黏土本身微结构（注意，在此采用的"微结构"是广义概念，包括通常细观结构）不被破坏；反过来看，一旦微结构被破坏，其本身正常的排水通道将被破坏，使大量自由水和弱结合水滞留其中，而微结构的重构期（触变）历时很长，是一般工程工期所不能承受的。因而饱和软黏土的最佳冲击能应以保证软土本身微结构不被破坏为前提，而试图通过使土体液化或触变并利用其提高渗透性及排水作用在此无效甚至起反作用[4]。对于不同工程性质土体，有不同最佳夯击能量的确定方法。含水量高的软黏土渗透性很差，孔压消散缓慢，当夯击能逐渐增大时，孔压也相应增加，故此类地基可根据软黏土孔压的增量与消散来确定最佳夯击能[1,2]。例如，可通过绘制夯击次数（夯击能）与最大孔压增量的关系曲线来确定最佳夯击能；当孔压增量不再随着夯击次数的增加而增大或稍有增大时，此时的能量即为最佳夯击能。另外一种确定一般黏土或砂土地基最佳夯击能的方法是通过各击夯沉量相互关系控制夯沉量来确定[2]。上述这些方法虽然可以较好地确定冲击能大小，但必须依赖现场试夯及监测；主要问题是尚未有设计与施工阶段可使用的实用性计算公式。

基于静动力排水固结法基本原理与对土性的认识，本项目对最佳冲击能加以分析确定，建立软土在冲击荷载下最大容许应力比模型，讨论及阐述模型中主要参数确定方法，导出设计等各阶段均适用的最佳冲击能计算公式。在此基础上，以我们负责的静动力排水固结法软基处理工程为背景，对比理论计算与现场实测结果，对建立的最佳冲击能理论公式加以应用并进行讨论。

2. 理论模型建立及公式导出

（1）软基最佳冲击能内涵

足够的夯击能作用于软土地基，软土中将出现明显的超静孔隙水压力，随着夯击次数的增加，超孔隙水压力也不断提高，土中具有很大的孔压梯度，可以形成有利的排水压力条件。在冲击荷载作用产生的裂纹排水系统及人工排水体系下，孔压发生多次升降，孔隙水不断排出，有效应力增加，土的抗剪强度逐渐提高。但是，如前述应避免过高夯击能对地基土体整体中土结构的破坏。天然黏性土多呈架空结构[118]，在结构破坏之前，天然软土的渗透系数可能达到重塑土的 2～4 倍，而固结系数为同样条件下重塑土的 10～15 倍[118]。在加固饱和软土时，微孔隙排水和微裂隙排水占据整个排水系统非常重要的部分，应尽量保持软土微观结构性。一旦软土的微结构遭受破坏，其本身天然的排水通道将被破坏，这样将大幅度降低软土的渗透性，又因软土灵敏度高，土体结构及强度需要很长时间恢复，不利于排水固结。此外，因饱和软土含水量大，抵抗剪切及破坏的能力很低，过大的夯击能极易使土体丧失抵抗力，产生很大的横向应变及夯点周围土体的隆起，所以选择冲击能时，应严格控制横向应变及夯点周围土体的隆起量。

综上所述，基于静动力排水固结法的加固机理与软土性状，最佳冲击能是与土性关联的、保证地基加固效果前提下不破坏软黏土微结构、不使地基发生整体破坏的最大冲击能。

（2）理论模型

考虑典型的静动力排水固结法软基处理，在软土层之上存在一定厚度的一般天然土层或填土（砂）覆盖层。夯锤从高处下落以很大速度冲击软土覆盖层，冲击能由覆盖层顶面逐渐传播扩展至下卧软土层。为使软土不发生整体破坏，由覆盖层顶面传递到软土中动应力值总体上应该不大于其极限承载力值；但允许地基中部分土出现塑性变形，可使地基土体微结构得以恰当调整，以有利于微孔隙和微裂隙的贯通排水。同时，为了保证地基加固效果，保证加固后地基承载与抵抗变形能力明显的提高，冲击传递到软土中的动应力值应不小于地基承载力特征值。因此，最佳冲击能应满足的基本条件为：传递到被加固软土的平均动应力值应大于地基承载力特征值但小于地基极限承载力。再考虑地基排水条件影响，定义地基承受最大容许应力比值 R 为：

$$R = \text{地基等效排水能力比} \times \frac{\text{软土顶面最大压力}}{\text{软土承载力特征值}} \qquad (3-30)$$

软土顶面的最大压力包含两部分，即动荷载和静荷载。其中，动荷载是由夯锤夯击地面产生冲击荷载，是一个瞬态动力响应问题，分析过程十分复杂，此处采用拟静力法将高能量冲击荷载等效为一静荷载；而静荷载为静覆盖层土体的自重应力。因此，有：

$$R = Q \frac{\overline{\sigma_d} + \sigma_{cz}}{f_{ak}} \qquad (3-31)$$

$$Q = \xi \left| \frac{\lg q_{ws}}{\lg q_w} \right| \qquad (3-32)$$

式中　Q——地基等效排水能力参量[5]；

q_w——地基等效排水能力系数；

q_{ws}——即时可排水条件（如砂性地基）排水能力系数；

ξ——夯击性能正值系数，反映夯击能与地基排水能力协调匹配关系；对于软基，若 $\theta = 30°$，$5.4 \leqslant \xi \leqslant 6.2$，若 $\theta = 45°$，则 $8.7 \leqslant \xi \leqslant 9.9$；当夯击能相对于地基排水能力过大时，$\xi$ 取小值；

$\overline{\sigma_d}$——传至软土顶面的动应力均值；

σ_{cz}——静覆盖层土体自重应力；

f_{ak}——软土地基承载力特征值。

式（3-31）和式（3-32）表明，q_w 越小，处理地基等效排水能力 Q 越小，最大容许应力比值 R 越小，与实际工程一致。

$\overline{\sigma_d}$ 由锤底动接触应力平均值经应力扩散得到，根据锤底与扩散面积上总动应力平衡条件，得：

$$R = Q\frac{\overline{P}A_1 / A_2 + \sigma_{cz}}{f_{ak}} \tag{3-33}$$

式中　$\overline{P}$——锤底动接触应力平均值；

A_1——夯锤底面积；

A_2——冲击荷载传至软土层顶面作用面积。

由于 $\overline{P}$ 值与冲击能 W 的大小直接相关，所以只要确定公式中 R、A_1、A_2、σ_{cz} 和 f_{ak}，由式（3-33）经简单的数学变换得到 $\overline{P}$ 值后，即可确定冲击能 W。以下讨论式（3-33）中基本量及参数确定。

（3）模型基本量及参数确定

1）最大容许应力比 R。为确定 R 值范围，首先回顾地基极限承载力和地基承载力特征值内涵。地基极限承载力是指地基发生剪切破坏即将失稳时所能承受的极限荷载。而地基承载力特征值是指地基稳定有足够安全度的承载力，相当于地基极限承载力除以一个安全系数 K；同时必须验算地基变形不超过允许变形值。一般取极限承载力的 1/3～1/2 作为地基承载力特征值，其取值与结构类型、建筑物重要性、荷载的性质等有关，沿用此概念内涵，R 值范围为 2～3。

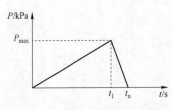

图 3-11　锤底接触应力简化图

2）锤底动接触应力平均值 $\overline{P}$。为简化计算，在此将较为复杂的锤底动接触应力时程曲线波形简化为最大接触动应力相等、作用时间相同的三角形瞬态荷载模型（图 3-11）。

其条件为：质量为 M 的夯锤自高度 H（冲击能 $W = MH$）处自由下落；假设夯锤为刚体，地基土为线弹性的多层均质饱和多孔介质，满足 Biot 动力固结方程，土体在水平和竖直方向渗透系数不同，不考虑地基土惯性力。

合理的锤底动接触应力最大值 P_{max} 计算式应包含影响接触应力大小的各因素，如土的特性、软土覆盖层厚度、锤底面积、夯击能（锤重与落距）等，利用文献［6］中公式：

$$P_{max} = 2\overline{P} = V_0\sqrt{MS} / (\pi r^2) \tag{3-34}$$

式中　$V_0 = \sqrt{2gH}$ ——夯锤接触地面的速度；

r——夯锤半径；

M——夯锤质量；

S——土体弹性常数，$S = 2rE_1 / (1 - \mu^2)$；

E_1——覆盖层的变形模量；

μ——覆盖层的泊松比。

所以，有：

$$\overline{P} = \sqrt{rWE_1 / (1 - \mu^2)} / A_1 \qquad (3-35)$$

3）冲击荷载传至软土顶面应力作用面积 A_2。当夯锤锤底半径为 r，锤底面积为 A_1，软土表面静覆盖层土体的厚度为 h_{fs}，由应力扩散原理，得到软土顶面动应力作用面积 A_2 计算式为：

$$A_2 = \pi(r + h_{fs} \tan\theta)^2 \qquad (3-36)$$

式中，θ 为静覆盖层应力扩散角。

静覆盖层应力扩散角 θ 指夯击时夯锤中心延线与夯击影响边界线的夹角，如图 3-12 所示。根据《建筑地基基础设计规范》（GB 50007—2011），θ 值由静覆盖层与下卧软土层的压缩模量比值 E_{s1}/E_{s2} 以及覆盖层厚度及锤直径之比 h_{fs}/D 决定[7]，见表 3-10。

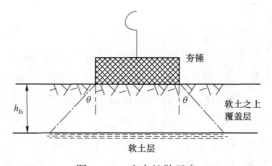

图 3-12　应力扩散示意

4）静覆盖层的自重应力 σ_{cz}。由自重应力算式，得到软土顶面处静覆盖层自重应力为：

$$\sigma_{cz} = \overline{\gamma} h_{fs} \qquad (3-37)$$

式中　$\overline{\gamma}$ ——静覆盖层土体平均重度；

h_{fs}——静覆盖层土体厚度。

将式（3-35）～式（3-37）及式（3-31）～式（3-33）代入式（3-34），得最佳冲击能 W 的计算式如下：

$$W = \frac{\pi^2(1-\mu^2)(r + h_{fs}\tan\theta)^4(Rf_{ak}/Q - \bar{\gamma}h_{fs})^2}{rE_1}$$

（3-38）

表 3-10 　　　　　　　　　　地 基 应 力 扩 散 角

E_{s1}/E_{s2}	h_{fs}/D	
	0.25	0.5
3	6°	23°
5	10°	25°
7	20°	30°

注：$h_{fs}/D < 0.25$ 时，取 $\theta = 0$；$h_{fs}/D > 0.50$ 时，取 θ 值不变；$0.25 < h_{fs}/D < 0.5$ 时，插值使用。

3. 工程应用

超软土地基处理效果直接影响到工后沉降场地使用及工后沉降[4,118]，科学地运用静动力排水固结法可有效加固地基。下面列举的软土地基处理工程是静动力排水固结法的又一次成功实践。淤泥地基经处理后，其天然含水量平均下降达 30%，最高时大于 50%，淤泥土性状发生根本改变，由此可见该工法具有很高的研究价值。下面以该工程原位实测数据分析其最佳冲击能，同时利用实测的各参数验证上述所建立的最佳冲击能公式。

（1）工程概况

根据勘察结果，处理场地由人工填土层（Q^{ml}）、第四系海陆交互相淤冲击层（Q^{mc}）、残积层（Q^{el}），下伏基岩为燕山期的花岗岩（r）组成。各岩土层分布为：① 人工填土；② 淤泥、粉质黏土、粉土、粉砂、细砂、中砂、粗砂；③ 砂质黏性土；④ 全风化花岗岩、强风化花岗岩、中风化花岗岩。

该软基处理工程的整个场地地质条件很差，泥潭广泛分布，地下水位高。该场地岩土工程勘察报告显示，地表以下均分布有淤泥层，厚度为 1.60～21.80m，平均厚度＞11.0m；孔隙比为 1.75～2.95，平均值为 2.05；最高含水量为 105%，平均值分别为 75.0%（工程一期）、74.2%（二期）和 75.5%（三期）。鉴于该区荷载、各期工程工期安排、原地层及软土分布、冲填土等条件特点，综合考虑使用、质量、经济与工期等因素，该区内均采用静动力排水固结法进行软基处理，并就土性参数及其变化进行了工艺流程各阶段的系统测试。该区总面积约 67.2 万 m^2，其中一期总占地面积约 18.5 万 m^2，二期占地约 25.9 万 m^2，三区占地面积约 22.8 万 m^2。在此，主要讨论典型的三期中（一）、（三）、（五）分区。该工程采用静动力排水固结法处理。

（2）模型中各参数取值

1）泊松比。根据实际工程勘察报告并结合《岩土工程勘察规范》（GB 50021—2001，2009 年版），土的泊松比分别取为：碎石土 0.3，砂土 0.3，粉土 0.35，粉质黏土 0.38，黏土 0.42；上覆填土层主要为素填土和吹填砂，素填土主要由粉质黏土及少量碎石和砂土组成，泊松比取 0.30。

2）应力扩散角。规范法：由工程岩土勘察报告，工前上覆填土层（静力覆盖层）的压缩模量 E_{s1} 与软土层平均压缩模量 E_{s2} 之比为 E_{s1}/E_{s2}=6.93。夯锤底直径 D=2.4m，填土层平均厚度 h_{fs}=1.71m，h_{fs}/D=0.71。由前述表 1，得应力扩散角 30°。

现场实测：《建筑地基基础设计规范》（GB 50007—2011）中表 5.2.7 中给出的 θ 变化范围为 6°～30°，但根据李彰明等[9-12]的研究，实例工程实际的应力扩散角会大一些，该值过于保守。因此，从工程实际上考虑，可以恰当增大 θ 值。本项目对该场地典型小区同一深度（h=5.6m）不同径向距离的孔压增量进行研究，根据孔压增量与测点水平距离关系曲线得到应力扩散角 θ 约为 45°，故取 θ=45°[11]。

3）静覆盖层变形模量 E_1。由现场测试，各遍夯击后 E_1 结果见表 3-11。

4）软土覆盖层厚度 h_{fs} 及其自重应力 σ_{cz}。现场所采用的夯击能 W，每遍所对应的夯沉量，软土覆盖层厚度 h_{fs}，以及由式（3-37）计算得到的软土覆盖层的自重应力 σ_{cz} 见表 3-11。

5）软土层承载力特征值 f_{ak}。利用地基处理各阶段所测的软土层承载力特征值结果（注意各值已历经铺设砂垫层、插板排水与表层填土静压）见表 3-11。

6）地基等效排水能力 Q。地基等效排水能力 Q 可利用文献[8]方法求得。按实际所用 B 型塑料排水板排水能力、间距以及处理地基渗透性系数，可得处理地基等效排水能力系数 q_W=2.33×10^{-8}m³/s。同样方法，求得即时可排水（如砂土地基）条件下地基排水能力系数 q_{WS}=1.96×10^{-1}m³/s。

考虑该工程排水体系的安设作用，当应力扩散角 θ=30° 时，ξ 为 5.8；当 θ=45° 时，ξ 为 9.3。

表 3-11   软土覆盖层变形模量 E_1 与自重应力 σ_{cz} 计算

分区	油罐（一）区			油罐（三）区			油罐（五）区		
参数 ＼ 遍数	第一遍	第二遍	第三遍	第一遍	第二遍	第三遍	第一遍	第二遍	第三遍
夯击能/（kN·m）	150×7	150×7.5	150×8	140×7	140×7.5	140×8	150×7	150×7.5	150×8

分区		油罐（一）区			油罐（三）区			油罐（五）区		
参数	遍数	第一遍	第二遍	第三遍	第一遍	第二遍	第三遍	第一遍	第二遍	第三遍
夯沉量/m		0.33	0.32	0.32	0.32	0.32	0.34	0.38	0.37	0.36
软土覆盖层	填砂厚度/m	1.0	1.0	1.0	1.0	1.0	1.0	1.0	1.0	1.0
	填土厚度/m	1.02	1.02	1.02	1.18	1.18	1.18	1.37	1.37	1.37
夯前厚度 h_{fs1}/m		2.02	2.02	2.02	2.18	2.18	2.18	2.37	2.37	2.37
夯后厚度 h_{fs2}/m		1.69	1.37	1.05	1.86	1.54	1.20	1.99	1.62	1.26
覆盖层重度 γ/（kN·m^{-3}）		17.4	18.9	19.3	17.8	18.4	19.1	17.6	18.8	19.5
覆盖层变形模量 E_1/MPa		7.83	11.76	13.50	12.89	15.98	17.29	11.97	16.86	20.98
软土覆盖层的自重应力 σ_{cz}/kPa		29.41	25.89	20.27	33.11	28.34.	22.92	35.02	30.46	25.94

（3）结果及其分析

表 3-12 给出了软土顶面（距地表 2m 深度）处理论值 R 与实测值 R''。根据式（3-38）及上述参数取值情况，计算得到每遍冲击能及对应的最大容许应力比值 R；表 3-11 中按照应力扩散角取值的不同，给出了 R 两种不同的计算结果。当按照规范表取值（$\theta=30°$）时，计算得到的 R 值范围不在 2~3 之间，结果偏大；当按照现场实测结果取值（$\theta=45°$）时，R 值则基本上介于 2~3 之间，与软土顶面实测值 R'' 一致；即对于软土顶面（距地表 2m 深度）处最大容许应力比的实测值 R'' 和理论值 R，两者相当接近，统计平均误差 5.5%，表明上述方法及模型式（3-38）的适用性与合理性，可为工程提供借鉴及设计施工应用。

由计算与实测结果还可知，随着夯击遍数及冲击能增加，R 值也相应增加，表明软土顶面承受的最大压力随之提高，软土层工程性质得到逐步改善。

表 3-12 软土顶面处最大容许应力比的理论值 R 与实测值 R''

分区 参数	油罐（一）区			油罐（三）区			油罐（五）区		
遍数	第一遍	第二遍	第三遍	第一遍	第二遍	第三遍	第一遍	第二遍	第三遍
冲击能 W/（kN·m）	1050	1125	1200	980	1050	1120	1050	1125	1200
承载力特征值 f_{ak}/kPa	62.85	81.83	98.17	66.12	84.40	101.30	61.22	79.92	99.68
最大容许应力比计算值 R （$\theta=30°$）	4.00	4.42	4.81	4.31	4.41	4.66	4.41	4.76	5.21
最大容许应力比计算值 R （$\theta=45°$）	2.47	2.78	3.17	2.60	2.70	2.98	2.65	2.89	3.28
最大容许应力比实测值 R''	2.60	2.64	2.62	2.56	2.60	2.60	2.62	2.64	2.65

（4）最佳冲击能理论公式误差讨论

地基等效排水能力 Q 有赖于地基的综合排水能力以及与冲击荷载的协调关系，对于一般地基而言，其确定还需积累更多的样本进行比较。然而，该因素的考虑尽管较为困难但很必要。

模型中采用拟静力法将高能量冲击荷载等效为一静荷载，锤底动接触应力平均值采用公式[120] $\overline{P}=\sqrt{rWE_1/(1-\mu^2)}/A_1$，该公式中参数除了夯击能，还包含上覆填土的特征参数（变形模量和泊松比）、锤底面积、夯锤半径。模型中假设地基土为线弹性的多层均质饱和多孔介质，满足 Biot 动力固结方程，而事实上地基土体为非均质的弹塑性体，地基土体的固结也不完全满足 Biot 动力固结理论。计算时将较为复杂的锤底动接触应力时程曲线波形简化为最大接触动应力相等、作用时间相同的三角形瞬态荷载模型，这种简化使计算过程及结果变得简单，但会导致相应的一些误差。

然而，建立的最佳冲击能理论公式，考虑了实际软基处理工程的主要因素，反映了淤泥土体加固机制[4,27,121]，且可借助工程常用方法确定参数，其精度及误差均在工程设计及施工容许范围内。

4. 小结

（1）静动力排水固结法用于超软土地基处理，且应力扩散角按现场实测取值时，被加固软土顶面上夯击产生的最大附加压力较合理值为其承载力特征值的 2~3 倍。

（2）所建立的最佳冲击能模型公式综合考虑土层承载力特征与等效排水能力及其加固过程的变化及机制，其计算分析能客观地反映实际淤泥地基处理工程中各过程结果，表明了其适用性及合理性，为静动力排水固结法处理软基科学设计及过程质量控制提供了依据及设计阶段可用的计算公式。

3.5　静动力排水固结法设计及计算

1. 排水体系设计

（1）竖向排水体系：可采用砂井、砂袋与塑料排水板，综合各个因素，现多采用塑料排水板。静动力排水固结法处理淤泥地基，其排水板合理间距可利用前述 3.3 小节中式（3-29）确定。同时，可参考我们的工程经验（与分析计算一致）：塑料排水板在水平面以梅花形或正方形方式布置，插设间距一般为 0.8~1.6m，或 0.8m×0.8m~1.6m×1.6m（静动力排水固结法多采用 1.2m，或 1.2m×1.2m 间距）。

插设排水体长度 $H=A$（插设应穿透软土下卧层不少于 0.5m；当下卧层为与处理场地外透水层连通时，则应避免插入该下卧层）$+B$（处理软土层厚度）$+C$（水平排水体～砂垫层厚度）$+D$（出露板头切割及埋设长度，通常 0.1~0.15m）。在工程上是以砂垫层顶面起算排水板插设深度，注意排水体长度与插设深度存在差别 D。

插设垂直度偏差控制在插板长度 1.5%以内，不得偏差超过 0.3m。插板若有回带应在 150mm 附近内补插。在覆盖土层较薄处，采用液压式插板；覆盖土层较厚处采用振动式插板。

（2）水平排水：通常采用砂垫层等材料作为水平排水体。应采用透水性较好的散粒材料如中粗砂、瓜米石，其渗透系数通常不低于 10^{-3}cm/s；铺设厚度通常为 40~120cm，被加固土体越软，厚度取值越大。

（3）盲沟顶面沟宽为 0.3~0.8m，盲沟底面往集水井方向设置 1%的排水坡度，盲沟滤料粒径应为 3~5cm 均匀的级配碎石，要求其含泥量在 3%以下，并且由无纺土工布完全包裹。

（4）集水井直径通常为 40~60cm，直径主要由潜水泵放置便利、集水井埋置深度与钢筋笼制作强度等控制确定。由一定间距横向加强箍与一定数量较粗的纵向钢筋做成足够强度的钢筋滤水笼，通常外包两层 4 目的铁砂网与塑料砂网，在钢筋笼外填碎石作滤料。在盲沟纵横交汇处布设一口集水井，由于每个区软土上覆盖土层厚度不一，因此布置的集水井高度相应不同。

2. 静力参数设计

静力覆盖层厚度及其材料选择主要由以下因素控制：软基处理交工面与现

有地面标高差、软土性状及厚度等，可按照前述 3.1 小节中公式（3−5）确定。与此同时，根据我们工程经验，需注意的是：① 地表若吹填土是淤泥，铺设土料宜选用砂土；若吹填土是砂，可铺设砾质黏土；② 淤泥地基之上覆盖层厚度（包括原有的与施工填筑的）宜不少于 2.0m，一般至少 1.3m 以上，以使得施工机械能够行走于淤泥表面形成硬壳层；③ 填土与碾压过程中，要注意保护现场抽排水设施和布设的监测仪器。

3. 动力参数设计

关键设计参数夯击能可按照前述 3.4 小节中公式（3−58）定量确定。该公式同时也合理控制了静动力排水固结法效果影响各个因素的合理配置关系以及夯击遍数与收锤标准。依据该关系式，取各夯击状态下的系数值，则就自然遵循了逐步提高软土地基承载力、少击多遍的原则，进行夯点布置和夯击遍数确定。普夯则较易掌握，如可以 0.75 倍或 2/3 的夯锤直径的间距，点距与行距搭夯进行普夯，夯击能量通常在 400～1200kN·m。此外，注意事项：① 夯锤主要材料可选用铸铁，对于淤泥软基处理质量一般在 12～20t，夯锤直径比强夯法的锤径要大；② 推荐选用减震效果较佳，夯击能效率高的组合式高校减震锤，此可尽量加大锤底的面积；③ 整个施工期和交工前期过程中需及时抽水，要连续抽水，确保集水井中的水及时抽离并由引水沟排走。

4. 有效加固深度的确定

静动力排水固结法有效加固深度可按前述 3.2 小节中公式（3−25）确定或预测，依据该关系式，有效地进行工程质量控制及预测，首次定量地解决了该法加固深度的设计分析。

5. 小结

静动力排水固结法通过设置水平排水体系与竖向排水体系，土层在适量的静（覆盖）力、变化的动力荷载及其持续的后效力（动力残余力，即动力作用后，在软弱土层上的土体静态覆盖力下仍保持的残余力，该残余力对促进软弱土体的排水固结作用必不可少且十分重要）的超载作用下，多次发生孔隙压力的升降，快速排水体系将孔隙水不断排出，土的抗剪强度不断提高，孔隙比也逐步减小，工后沉降大大降低，地基土成为超固结土，从而达到了软基加固的目的。该法工期短、造价低，与常用的真空−联合堆载预压相比，简化了土层处理过程中繁杂加压系统，并在施工时间内大部分或基本完成主固结沉降，大大减小了次固结沉降，缩短了工期，有效提高了地基承载力，显著节省了工程投资。

土体测试技术研发及
力学参数关系

4.1 多向电磁力冲击智能控制试验装置及方法

本发明涉及土体等土木及地基工程用的固体材料冲击技术，特别涉及一种多向高能高速电磁力冲击智能控制试验装置及方法。

1. 背景技术

在土木及地基工程领域中，各类材料及结构在冲击载荷下的力学响应与静载荷下的力学响应有着显著不同的特征，在工程等实际问题中，冲击会带来严重的破坏性。冲击所涉及的问题十分广泛（如：冲击载荷下的力学响应特征是建立动力本构关系、力学分析与合理进行工程设计的基础，也是各种模拟仿真技术中材料模型及材料属性数据依据）。因此，材料及结构在冲击载荷下的物理力学行为试验已经成为土木工程不可缺少的技术手段，并越来越受到高度重视与亟待进一步发展的基本试验。

目前，冲击试验的种类有如下几种基本类型：

（1）空气炮法，即利用气压的压差原理实现放炮。该方法由于需要的气压源气压相当高，通常民用试验室难以实现。

（2）自由落体（跌落）冲击法。其具有代表性的产品是美国 L.A.B 公司现代产品 Autoshock-II 试验机，其加速下落的最大速度为 12.2m/s，最大加速度为 600g；针对土木工程领域的冲击力试验，该产品的速度及加速度远远不足。

（3）飞轮或旋转盘的冲击法。针对土木工程领域的冲击力试验，该方法所能提供的速度及加速度也远远不足。

（4）化学炸药爆炸法。该方法能提供的冲击力较大，但由于具有安全隐患，通常难以获得批准。

（5）气枪式法［包括：气动式（pneumatic）；弹簧–活塞式（spring–piston）；二氧化碳（CO_2）式］。该方法与化学炸药爆炸法相似，当气枪冲击力够大时，该方法存在较大的安全隐患；但当气枪的使用在安全范围内时，其速度及加速度较小，使得冲击力往往达不到要求。

（6）电磁发射器（包括轨道炮、线圈炮——线圈型电磁发射器、重接炮）。目前，该方法的使用有的在对场地规模有一定要求的军事系统中实现，有的针对一些冲击体为较小质量、冲击能量及速度较低的情况实现。在目前民用及工业行业内，现有电磁推进技术至少还存在如下缺陷：

1）民用条件下冲击速度不够大，一般在 20m/s 以下。

2）冲击能量及物体质量小。

3）冲击加速度不够大。

4）仅能给出水平或近似水平方向推力，不能实现多方向给力。

5）在触发与数据采集等方面的智能控制不够。

2. 发明内容

本发明的目的在于克服现有技术的不足，针对土木及地基工程的室内冲击试验（包括常规室内试样、模型箱试样和室内试验地槽中试样等的力学性质测试），提供一种多向高能高速电磁力冲击智能控制试验装置，该装置可实现较高的冲击能量，且冲击速度及加速度可调，使用灵活方便。

本发明的另一个目的在于提供一种通过上述装置实现的多向高能高速电磁力冲击智能控制试验方法。

本发明的技术方案为：一种多向高能高速电磁力冲击智能控制试验装置，包括电磁铁组件、撞击杆、外套筒、电磁加速线圈和冲击锤，电磁铁组件设于外套筒上方，撞击杆设于外套筒内，冲击锤设于外套筒下方，撞击杆外周设有多级电磁加速线圈，各级电磁加速线圈分别外接电路控制系统（该电路控制系统可按常规电路系统设计，用于控制各电磁加速线圈的接通或关闭、电流大小、作用启动时间等，从而不仅可以提高撞击杆能量及速度，也可设定或调整不同的能量及速度等级）。所述电磁铁组件包括电磁铁固定板和吸盘式电磁铁，电磁铁固定板中部设置吸盘式电磁铁，吸盘式电磁铁上设置电磁铁接线柱，电磁铁接线柱外接电路控制系统。通过电路控制系统向吸盘式电磁铁供电或断电，从而使吸盘式电磁铁产生磁力吸住或释放撞击杆。所述外套筒顶部设置外套筒顶板，外套筒顶板与电磁铁固定板之间通过支撑柱固定连接；设于外套筒内的撞击杆对应位于吸盘式电磁铁下方。外套筒底部设有外套筒底座，整个试验装置通过外套筒底座固定于支架上，通过外套筒底座及支架的方向调整固定，在与电磁铁组件共同作用下，可实现对任意需要方向进行高速冲击。外套筒底座内所设沉孔还可对撞击杆最终运动位置加以限制（即限位），以防止撞击杆本身对测试介质的直接干扰作用。作为一种优选方案，所述电磁加速线圈有三级，由上至下分别为一级电磁加速线圈、二级电磁加速线圈和三级电磁加速线圈；外套筒的外壁上设有多个线圈接线柱，各级电磁加速线圈分别通过对应的线圈接线柱外接电路控制系统。根据试验装置和测试对象的实际需要，电磁加速线圈的级数可以酌量增加或减少。所述撞击杆包括多个磁性段和非磁性段，磁性段和非磁性段交替连接并组成一体式结构，位于撞击杆最顶端的为磁性段。其中，磁性段用于响应其对应的下部电磁线圈作用，非磁性段用于使得磁性段与电磁线圈间有一段距离以产生确定方向的作用力。所述磁性段的材质为钢或铁，非磁性段的材质为铝。所述冲击锤包括夯击锤和被撞击杆，被撞击杆固定于夯击锤上；外套筒底部设有外套筒底座，外套筒底座下方设置被撞击杆初始平衡紧固件，被撞击杆初始平衡紧固件内设置沉孔，沉孔的上部供撞击杆落入后限位（即运动位置限定），沉孔的下部供被撞击杆初始固定。所述被撞击杆初始平衡紧固件上，位于沉孔下部的内壁设有多个弹簧，各弹簧末端设置限位珠，被撞击杆上对应设有多个凹槽；冲击锤的被撞击杆固定于被撞击杆初始平衡紧固件内时，各限位珠嵌于相应的凹槽内，此时，限位珠通过弹簧的弹力对冲击锤起到平衡固定的作用，防止冲击锤由于重力作用自行脱落。根据实际需要，各弹簧的外端还可设置可旋螺栓，用于调节相应弹簧的弹力大小。所述被撞击杆的上部带有楔形面。楔形面是设置有利于减少冲击锤运动时被撞击杆与被撞击杆初始平衡紧固件之间的摩擦力，降低能量损耗，提高冲击锤的冲击力。

本试验装置可单独使用，通过人工操作实现吸盘式电磁铁及各级电磁加速线圈的通断电，对所检测到的冲击锤冲击力及待测试固体介质所受冲击力的数据采用传统方法进行处理。

本试验装置也可结合计算机智能操作系统使用，从而使其智能化程度更高，计算机智能操作系统可选用美国国家仪器（NI）公司所开发的 LabVIEW 平台实现。将本装置结合计算机智能操作系统进行待测试固体介质的冲击力测验时，根据待测验的固体介质位置，采用支架将本装置固定，在冲击锤上及待测验的固体介质上分别设置压力传感器，分别采集冲击锤的冲击力及待测验固体介质所受的冲击力并送入计算机智能操作系统，计算机智能操作系统自动生成数据对比并分析，再进行固体介质的受力分析。同时，在测试过程中，可通过计算机智能操作系统控制吸盘式电磁铁、各级电磁加速线圈与电路控制系统的接通或断开，从而控制撞击杆的运动及加速度。

本发明通过上述装置可实现一种多向高能高速电磁力冲击智能控制试验方法，包括以下步骤：

（1）冲击开始前，冲击锤固定于外套筒底部，电路控制系统向电磁铁组件供电，电磁铁组件产生磁力吸住外套筒中的撞击杆，撞击杆底部与冲击锤之间设有足够的运动距离。

（2）冲击开始时，电路控制系统对电磁铁组件断电，电磁铁组件释放撞击杆，使撞击杆运动能撞击冲击锤。

撞击杆运动过程中，电路控制系统向多级电磁加速线圈逐级供电，各级电磁加速线圈放电，逐步提高撞击杆的撞击速度。

（3）撞击杆高速运动至外套筒底部时，撞击冲击锤，使冲击锤脱离外套筒，冲击待测试的固体介质。

本多向高能高速电磁力冲击智能控制试验装置及方法相对于传统冲击试验方法，可更好地应用于土木工程及地基工程领域的固体介质力学测试，具体表现为：

（1）采用电磁式分级加速撞击杆的运动，可有效提高撞击杆的冲击速度和冲击能量。

（2）通过各级电磁加速线圈的接通或关闭及冲击电量大小的调节控制，实现冲击能量与速度的可控及可调性，可模拟不同量级的冲击。

（3）通过电磁铁组件、套筒与底座配合，可实现对包括竖向在内的任意需要方向进行高速冲击。

（4）底座内所设沉孔可对撞击杆最终运动位置加以限制（即限位），以防止撞击杆本身对测试介质的直接干扰作用。

（5）可将本试验装置结合计算机智能系统实时操作控制，可同步得到相关高精度定量的力学数据及波形并显示及保存，使用方便，智能化程度高。

（6）作为本试验装置的动力源是普通的市电，满足方便、安全、环保等各个方面要求。

（7）经试验证明，本高能高速电磁力冲击智能控制试验装置已实现冲击杆最大加速度达 1 万倍重力加速度（即 $10^4g \approx 10^5 \text{m/s}^2$）以上；冲击杆对冲击锤冲击过程中能量损耗后，实测冲击力也达到冲击锤质量的 1000 倍以上，最大可达冲击锤质量的 3000 倍。

3. 应用简介

本专利技术是用于土木及地基工程领域，主要是针对土岩类土木工程领域介质进行高能高速冲击试验。其应用的典型例子可见项目负责人李彰明发表的 SCI 与 EI 期刊论文，即发表在《物理学报》的"不同载荷水平及速率下超软土水相核磁共振试验研究"第 2.1 节表 1 样品信息及其注解、发表在《岩土力学》的"高能量冲击作用下淤泥孔压特征规律试验研究"中第 2 页 2.1 节的试验装置及方法发表在《岩石力学与工程学报》的"电磁激发式动力特性测试新技术及土体残余力测试应用"等。

4.2　新型动力平板载荷试验检测设备及方法

本发明涉及土木工程中地基承载力与变形模量的试验和检测新技术,特别涉及一种电磁式动力平板载荷试验检测设备及方法。

新型平板动力载荷试验适用于各类建设工程中平板动力载荷试验,包括建筑、交通、电力、市政、铁路、水利等工程领域中平板动力载荷试验及地基(含路基)质量检测。在用以地基工程质量检测时,可作为地基工程质量静力平板载荷试验的补充手段,检测地基在动力载荷下各种动态变形模量、动态承载力特征值及动力学响应全过程特征等参数指标,以及作为在狭小空间等情况下无法实施静力平板载荷试验时的替代试验。由于该检测方法较快速简便,还可作为地基工程质量检测的一种普查手段。

若按动力载荷形成方式划分,平板动力载荷试验总体可分为自由落体式与具有其他激发力产生的两大类动力荷载试验。前者目前以 E_{vd} 试验为代表,后者目前以电磁力激发的新型动力载荷试验为代表;E_{vd} 试验技术已在国内外各种文献资料及工程应用中可见,以下仅简述后者——新型动力载荷试验技术及应用。

1. 背景技术

地基变形模量及承载力试验及检测是地基工程性质评定的基本手段和要求,是行业与地方规范规程所规定的基本检测,其试验及检测的主要指标是地基的承载力特征值和变形参数。一直以来,建筑行业通常采用静力平板载荷试验方法检测地基承载力与变形模量。然而在实践中,该方法存在如下问题:① 荷载施加的原因,时间与试验本身成本均较高;② 荷载方式为静态的,施加的荷载本身难以达到较高的量值,而且其所测地基仅为承压平板下 $2.0 \sim 2.5$ 倍承压板直径(或宽度)以内深度范围的地基;③ 所测量的变形参数仅是静态参数,不能较好地反映动态荷载下地基(诸如高铁、高速公路地基等)的动态响应性状;由此延伸出一系列问题,如 3.1 节显示,在有关冲击荷载最大允许应力比计算时,静力法所测承载力特征值与冲击荷载量值同时代入一个公式会对结果产生影响,不便于控制动力固结类地基处理方法中关键参数的设计。

20 世纪 90 年代,德国提出动态变形模量 E_d 标准[德国已于 1997 年开始在铁路工程(包括高速铁路)中增加了动态变形模量 E_d 标准]作为路基压实质量控制标准;其特点是试图反映列车在高速运行时产生的动应力对路基的真实作用状况。在我国,类似地利用 E_{vd} 动态平板荷载试验仪进行动态弹性模量 E_{vd}(dynamic modulus of deformation,是指土体在一定大小的竖向冲击力和冲击时间作用下抵抗变形能力的参数；即假定冲击力恒定和泊松比 μ 为 0.21 的情况下，由弹性半空间体上圆形局部荷载的公式计算模量测试作为路基压实质量控制标准。动态变形模量检测方法现已纳入我国铁道行业标准《铁路工程土工试验规程》。然而，该方法在实际应用中也有如下问题：一是最大冲击力仅为 7.07kN，测试深度范围很小，仅有 400～500mm；二是承压板直径为 300mm，在地基土（特别是粗颗粒土）具有明显尺寸效应情况下（目前公认：若压板面积 0.5m²，即边长约为 708mm 或直径约为 800mm 及以上，其尺寸效应影响可忽略不计）有不可忽略的尺寸效应误差；三是要求冲击（承载板）持续时间（即荷载脉冲宽度）为（18±2）ms，而实际上该持续时间与地基土性相关，若按此严格限定持续时间，所测试的地基土类别就十分有限。

2. 发明内容

本发明的目的在于克服现有技术的不足，针对土木工程的现场（足尺承压平板荷载）地基检测，提供一种电磁式动力平板载荷试验检测设备，该设备可实现较高的冲击能量，消除尺寸效应影响并达到静态平板载荷试验功能要求。本发明的另一个目的在于提供一种通过上述设备实现电磁式动力平板载荷试验的检测方法。

本发明的技术方案为：一种电磁式动力平板载荷试验检测设备，包括电磁铁组件、撞击杆、外套筒、电磁加速线圈和冲击座板组件，电磁铁组件设于外套筒上方，撞击杆设于外套筒内，冲击座板组件设于外套筒下方，外套筒内侧壁上设有多级电磁加速线圈，各级电磁加速线圈分别外接电路控制系统；冲击座板组件包括冲击座和承压平板，承压平板固定于冲击座底部；冲击座板组件静止固定于外套筒底部时，冲击座的直线段嵌入外套筒内部。为了减少冲击座板组件与外套筒之间的碰撞或摩擦，所述冲击座与外套筒底部的相接处还设有缓冲垫；冲击座与承压平板通过螺栓锁紧固定，承压平板的型号或规格可以根据待检测地基的实际需要进行更换。所述电磁铁组件包括电磁铁支座和吸盘式电磁铁，电磁铁支座通过支撑柱固定于外套筒上方；吸盘式电磁铁固定于电磁铁支座中部，设于外套筒内的撞击杆对应位于吸盘式电磁铁下方；吸盘式电磁铁上设置电磁铁接线柱，电磁铁接线柱外接电路控制系统。通过电路控制系统向吸盘式电磁铁供电或断电，从而使吸盘式电磁铁产生磁力吸住或释放撞击杆。

作为一种优选方案，所述电磁加速线圈有多级，由上至下分别为一级电磁加速线圈、二级电磁加速线圈和/或 N 级电磁加速线圈；外套筒的外壁上设有多个线圈接线柱，各级电磁加速线圈分别通过对应的线圈接线柱外接电路控制系统。根据试验装置和测试对象的实际需要，电磁加速线圈的级数可以酌量增加或减少。

所述撞击杆可为单一材料成型的磁性杆，撞击杆的长度小于吸盘式电磁铁与一级电磁加速线圈之间的距离，以使得电磁加速线圈的电磁力能有效作用于撞击杆。所述撞击杆也可包括多个磁性段和非磁性段，磁性段和非磁性段交替连接并组成一体式结构，位于撞击杆最顶端的为磁性段。其中，磁性段用于响应其对应的下部电磁线圈作用，非磁性段用于使得磁性段与电磁线圈间有一段距离以产生确定方向的有效作用力。

所述磁性段的材质为钢或铁，非磁性段的材质为铝。所述冲击座板组件中，冲击座为一体式结构，包括由上至下依次连接的直线段、倾斜段和平板段，直线段嵌入外套筒内部，倾斜段与外套筒底部相接，平板段与承压平板固定连接。

上述电磁式动力平板载荷试验检测设备既可呈竖直方向设置以应用于地基测试，也可呈水平方向设置以应用于地基测试。当设备水平设置时，为了较好地固定冲击座板组件，所述冲击座的直线段外周设有凹槽，外套筒内侧壁相应设有限位弹簧，限位弹簧末端设置限位珠，冲击座的直线段嵌入外套筒内部时，限位珠嵌入凹槽内，此时，限位珠通过弹簧的弹力对冲击座起到限位固定的作用，防止冲击座由于重力下滑动作用自行脱落。根据实际需要，各弹簧的外端还可设置可旋螺栓，用于调节相应弹簧的弹力大小。当设备竖直设置时，冲击座和外套筒不设置凹槽和限位弹簧相配合的结构，以更好地减小摩阻力。

本发明通过上述设备实现一种电磁式动力平板载荷试验检测方法，包括以下步骤：

（1）冲击开始前，冲击座板组件安放于外套筒底部，电路控制系统向电磁铁组件供电，电磁铁组件产生磁力吸住外套筒中的撞击杆。

（2）冲击开始时，电路控制系统对电磁铁组件断电，电磁铁组件释放撞击杆，使撞击杆运动并撞击冲击座板组件。

撞击杆运动的过程中，电路控制系统向多级电磁加速线圈逐级供电，各级电磁加速线圈放电，逐步提高撞击杆的冲击速度。

（3）撞击杆加速运动至外套筒底部时，撞击冲击座板组件中的冲击座，使冲击座带着承压平板冲击待测试的地基。

本设备可单独使用，通过人工操作实现吸盘式电磁铁及各级电磁加速线圈的通断电，对所检测到的冲击座板组件冲击力及地基所受冲击力的数据采用传统方法进行处理。

本设备也可结合计算机智能操作系统使用，从而使其智能化程度更高，计算机智能操作系统可选用美国国家仪器（NI）公司所开发的 LabVIEW 平台实现。将本设备结合计算机智能操作系统进行地基承载力及变形模量测试时，根据待测试的地基位置，将本设备定位安设（当设备水平设置时，需要在外套筒上设置支架固定本设备；当设备竖直设置时，只要将本设备安置于待测试的地基上即可），在冲击座上及待测试的地基上分别预先设置压力传感器，压力传感器采集冲击座板的冲击力及待测试地基所受的冲击力并送入计算机智能操作系统，计算机智能操作系统自动生成数据对比并分析，从而得到地基变形模量及承载力数值。

本发明相对于现有技术，具有以下效果：

本电磁式动力平板载荷试验检测设备及方法相对于传统冲击试验方法，可更好地应用于土木工程领域的地基承载力与变形模量的试验和检测，既可满足便于携带与快速使用的要求，又能消除尺寸效应影响并达到静态平板载荷试验功能要求，同时还可提供地基水平方向承载特性的测试（在地下工程诸如水平顶管地基反力测试时用到）。具体表现为：

（1）采用电磁式分级加速撞击杆的运动，可有效提高撞击杆的冲击速度和冲击能量。

（2）通过各级电磁加速线圈的接通或关闭及冲击电量大小的调节控制，实现冲击能量与速度的可控及可调性，可模拟不同量级的冲击；通过更换承压平板的规格，可适用不同地基的使用，使用时在现场安装即可，使用方便快捷。

（3）通过电磁铁组件、撞击杆与外套筒简便侧向支架（该支架只用于水平方向的冲击用，竖向不需用）的配合，可实现对竖向与水平方向的高速冲击。

（4）可将本试验装置结合计算机智能系统实时操作控制，可同步得到相关高精度定量的力学数据及波形并显示及保存，使用方便，智能化程度高。

（5）作为本试验装置的动力源是普通的市电，满足方便、安全、环保等各个方面要求。

（6）经试验证明，本多向高能高速电磁力冲击智能控制试验装置已实现的实测冲击力为撞击杆质量的 3000 倍以上。

4.3　新型平板动力载荷试验技术发展状况及工程应用

平板动力载荷试验技术目前已经成熟，广东省住建厅已正式批准（粤建科函〔2019〕1118 号文）编制广东省标准《平板动力载荷试验技术标准》，将于2019 年底发布征求意见稿，2020 年颁布执行。这将是国际上第一部此类标准。以下仅介绍部分基本情况，更详细内容可见即将公开的该标准。

4.3.1　具备用于实际工程试验及检测评价条件

可获取冲击下力与位移响应全部数据信息及动态 $P\text{-}S$ 曲线，动态变形特征及参数可以定量化确定,具备用于实际工程试验及检测评价条件。

　　与静力平板载荷试验相同,地基变形模量与承载力特征值的测定是基于实测的地基原位载荷-沉降即 P-S 曲线,动态变形模量与承载力特征值测定也需得到相应的动态 P-S 曲线。一般情况下,只要采集记录冲击荷载、沉降时程曲线,再依据力与位移传递的对应关系(这与静力作用下相同,只是两者在时间响应上有所区别),即可获得相应的动态 P-S 曲线。

　　例如,我们利用电磁激发自控式新型动力载荷试验仪(2016 年时最大冲击力 300kN,现已实现最大冲击力 500kN,以下简称自控式新型动力载荷试验仪),对不同地基进行冲击试验,由压电式压力传感器、差动电磁式位移传感器及数据采集系统可得到冲击中刚性承压板受到荷载、位移时程曲线以及 P-S 曲线,如图 4-1～图 4-5 所示。其中,图 4-1 是以相同冲击能对原状土体和人工铺填黏土的冲击荷载时程曲线;图 4-2 对应的沉降时程曲线。

(1)冲击荷载时程曲线

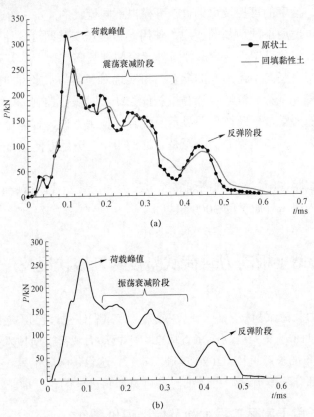

图 4-1　不同土体第 3 次冲击的荷载时程曲线

(a)原状与人工铺填黏土第 3 次冲击荷载时程曲线;(b)人工铺填淤泥第 3 次冲击的荷载时程曲线

（2）位移时程曲线（图4-2和图4-3）

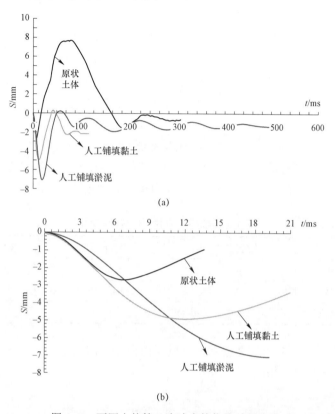

(a)

(b)

图4-2　不同土体第3次冲击的位移时程曲线

（a）不同土体第3次冲击的位移全过程曲线；（b）不同土体第3次冲击的最大沉降过程曲线

图4-2表示与图4-1完全对应截取的不同土体位移（沉降）时程曲线。

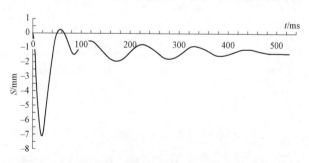

图4-3　人工铺填淤泥的位移时程曲线

较为有趣的是工程上关心的淤泥受到冲击荷载的响应。为此，从图 4-2
中抽取淤泥位移时程曲线图4-3，专门显示人工铺填淤泥受到冲击荷载后的位移变化情况。由于淤泥本身的高含水量、高压缩性和低渗透性，使其在受到快速且高能量的冲击时，孔隙水来不及排除，土体能量很快饱和，其体积接近不可压缩，表现在位移时程曲线上就是位移长时间（相对于荷载作用时间）的快速波动（或高频震荡），最终在 500ms 后趋于稳定。一般而言，可以通过大量的一系列的不同土体试验，根据冲击后土体位移响应情况（最大压缩量、波动情况）来初步判断承压板底一定范围内地基土体的类别。

（3）动态 $P-S$ 曲线

从上述土体的冲击荷载和位移时程曲线可以看出，荷载峰值与相对应的位移峰值存在着时间间隔（表 4-1），即位移变化存在着滞后的现象。这一现象为一般固体材料尤其为具有一定黏性的岩土类材料动力学特征。

表 4-1　　　　　　　　不同土体位移、荷载到达峰值的时间

土体类别	荷载峰值时间/ms	位移峰值时间/ms	滞后时长/ms
原状土体	0.10	6.80	6.70
人工铺填黏土	0.12	12.00	11.80
人工铺填淤泥	0.09	19.20	19.11

根据绘制 $P-S$ 曲线之原则，可以绘出在相同能量冲击条件下，不同土体的动态 $P-S$ 曲线，如图 4-4 所示。

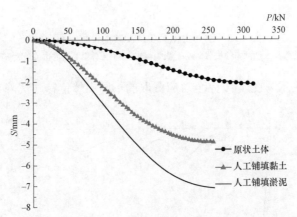

图 4-4　原状、铺填黏土与淤泥土体的 $P-S$ 曲线（试验一组）

从图 4-4 可以看出，沉降关系为人工铺填淤泥＞人工铺填黏土＞原状土体；土体在冲击荷载下，其弹性阶段不明显，并且三类土体在发生回弹前，均经历以下 3 个阶段：

1）初始压缩阶段：动态初始压缩阶段不同于静载试验 $P-S$ 曲线的直线

段，沉降增长较快，土体的变形模量较大，但承载能力较低；该阶段是土体受到冲击荷载的特性，不能通过试验前的预压予以消除，这一点也与静载试验有所差别。

2）线性或近线性变化阶段：荷载与沉降呈线性或近线性变化的趋势，曲线斜率变小，承载能力开始增强。

3）土体强化阶段：经过直线变化阶段，曲线斜率进一步减小，沉降较荷载增长慢，土体进入强化阶段。

为了考察与验证地基土体平板动力荷载下的响应特征，我们进行了反复的原位验证试验。

表 4-2 是另一组原位试验下不同土体位移、荷载达到峰值的时间关系。

表 4-2　　　　　　　　不同土体位移、荷载到达峰值的时间

土体类别	荷载峰值时间/ms	位移峰值时间/ms	滞后时长/ms
黏土	0.12	12.00	11.80
砂土	0.13	9.00	8.87

同样按照李彰明所述绘制 $P-S$ 曲线之原则，可以绘出在相同能量冲击条件下，不同土体的动态 $P-S$ 曲线，如图 4-5 所示。

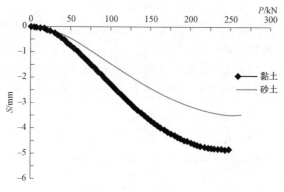

图 4-5　黏土与砂土土体的 $P-S$ 曲线（试验二组）

从图 4-5 可知，该组动态 $P-S$ 曲线与前述第一组动态 $P-S$ 曲线具有类似的响应及曲率变化特征，即曲线变化趋势相同，与之对应的不同变形阶段存在不同变形模量，分别为：初始变形模量 $E_{id,i}$（*初始点至曲线斜率发生明显变化点阶段变形模量*）、动态变形模量 E_{id}（*中间线性或近线性段之变形模量*）和平均变形模量 $E_{id,m}$（*变形全过程平均变形模量*）。此外，位移大小关系

为：砂土＜黏土，这与通常认识是一致。

（4）动态变形模量特征（具有阶段性）及其取值

前面我们对动态 $P\text{-}S$ 曲线及其变化特征有了初步认识，以下对其进行进一步分析，并探索多少冲击次数能较客观反映地基土体动力响应特征。表 4-3 和表 4-4 给出了在相同冲击能量下黏土和砂土的动态变形模量实测值。

表 4-3　　　　　　　　黏土典型动态变形参数统计　　　　　　　　（MPa）

编号	初始变形模量 $E_{id,i}$	动态变形模量 E_{id}	平均变形模量 $E_{id,m}$
1	214.02	89.88	178.34
2	277.84	107.08	185.63
3	386.55	182.79	255.21
4	197.83	93.79	176.73

由表 4-3 可以看出，黏土动态变形模量大小随着冲击次数的增加而变化，这说明随着冲击次数的增加，黏土性质已经发生变化。在进行前三次冲击时，承压板下土体被逐渐压密实，冲击能量以应力波的形式在土体中传播，应力波主要以压缩波为主，压缩波对土体起着加固压密的作用，导致土体内部性质发生改变，动态变形模量增加。但是，当进行第四次冲击时，微观上表现为土体内部微观裂隙进一步被展开，导致土颗粒之间发生相互错位、滑移、偏转等，说明在连续高能量冲击作用下，土体的剪应力已经达到土体的抗剪强度，土颗粒之间的连接重新被打破，宏观上表现为承压板周围土体开始出现隆起的现象，表明承压板底土体发生局部的剪切破坏。这些现象的出现都是随着冲击次数的增加而逐渐出现的。因此，在进行土体动态测试时要控制冲击次数，这可根据承压板周围土体隆起的情况来判断。

综上，在黏土完成冲击密实后，取 3 次冲击试验得到的动态变形模量算术平均值作为该测试点土体的动态变形模量是客观的。对于该测点，其动态变形模量为 126.58MPa。

从表 4-4 可以看出，砂土的动态变形模量相对较高，前两次冲击动态变形模量为 157.48MPa，后两次冲击动态变形模量为 140.48MPa，这是因为砂土本身是散粒状，在一定压缩密实后难再压缩，且黏聚力基本为 0；当砂土受到连续冲击时，由于冲击波作用会处于压密-松散的循环状态，很难被压密实，所以动态模型模量会一直呈现出增加-减少-增加-减少的状态，这与砂土本身特性相关。

表 4-4　　　　　　　　　砂土典型动态变形参数统计　　　　　　　　　（MPa）

编号	初始变形模量 $E_{id,i}$	动态变形模量 E_{id}	平均变形模量 $E_{id,m}$
1	521.96	181.34	283.61
2	201.55	133.61	170.02
3	336.16	160.76	232.48
4	314.29	120.19	187.33

因此，在砂土完成前述一定能量（如一定自由落体作用）密实后，取 2 次冲击试验得到的动态变形模量的算术平均值作为该测试点土体的动态变形模量。对于该测试点，其动态变形模量为 157.48MPa。

从以上两个表格数据可知，在同次试验中，初始变形模量＞平均变形模量＞动态变形模量（注意：该结论对于不同土体还有待确定及验证）；这也和动态 $P-S$ 曲线的三个变化阶段相对应。初始变形模量表示冲击荷载开始作用于土体的变形特性，其值一般较大，在该阶段位移加速增长，这是由于土体受到冲击荷载时的惯性效应造成的，和静载作用效果不同；动态变形模量是按照动态 $P-S$ 曲线中直线段计算得来的，在这一阶段，土体的应力-应变呈线性关系，而平均变形模量是 3 个阶段的综合测度。因此，在衡量土体在动载下的变形特性时，应根据不同的需求选取不同的参数。

（5）动态承载力特征值及其取值

承载力特征值常由两种基本方法确定：一是 $P-S$ 曲线出现明显拐点或沉降量达到一定标准时的承载力特征值确定方法；二是在不明显出现第一种情况下，采用相对沉降控制法确定承载力特征值，并且该相对沉降量是一个经验性的指标。

对于承载力特征值的计算，相对沉降控制原则具有相当的科学性和客观性；同时土体的动态力学响应与静态响应在时间上有数量级的差异，一般的动态变形模量是静态变形模量的数倍至 10 倍左右，因此对照广东省地基基础检测规范，对于低压缩性土取静态特征值的 1/10，即 $S=0.001b$（b 为承压板直径或边长）具有基本的合理性；此外，作为一个相对统一标准，也是通常采用的一种方法。

综合以上论述再结合土体新型动力平板载荷试验和土体在冲击荷载下力学响应具有应变率效应的特点，尝试性取 $S=0.001b$ 所对应的荷载作为动态承载力特征值的计算荷载，用于评价土体在冲击荷载作用下的承载能力。

在土体动力平板载荷试验过程中，根据上述内容及动态承载力特征值的定义，采取相对沉降控制原则，综合结合室外新型动力平板载荷试验和土体在冲击荷载下的力学响应具有应变率效应的特点,可取 $S=0.001b=0.3$mm 所对应的荷载计算动态承载力特征值,表 4-5 列出了不同土体在相同能量冲击作用下动态承载力特征值的算数平均值。

表 4-5   动 态 承 载 力 特 征 值

土体类别	动态承载力特征值/kPa	备注
黏土	375.06	取 3 次冲击下的动态参数计算平均值
砂土	785.26	取 2 次冲击下的动态参数计算平均值

由试验结果分析可知,合理的冲击次数对于获取准确的土体动态参数是至关重要的。综合我们多次试验比较,可以得出:在土体完成预压密实后,2～3次冲击试验所得的动态参数的算数平均值可以作为该测试点的土体动态参数。其中对于砂土,冲击次数取 2 次为宜;对于黏土,冲击次数取 3 次为宜。

表 4-6 和表 4-7 是用于广东省地基承载力特征值的经验值[3]:

表 4-6   一般黏性土承载力特征值的经验值 f_{ak} (kPa)

第一指标孔隙比 e	第二指标液性指数 I_L					
	0	0.25	0.50	0.75	1.0	1.2
0.50	450	410	370	(340)	—	—
0.60	380	340	310	280	(250)	—
0.70	310	280	250	230	190	160
0.80	260	230	210	190	160	130
0.90	220	200	180	160	130	100
1.0	190	170	150	130	110	—

表 4-7   砂土承载力特征值的经验值 f_{ak} (kPa)

土名密实度		稍密	中密	密实
砾砂、粗砂、中砂		160～240	240～340	>340
细砂、粉砂	稍湿	120～160	160～220	>220
	很湿		120～160	>160

根据试验地基土体的基本物理力学参数,结合表 4-6 和表 4-7 可取黏土的静态承载力特征值的经验值为 280kPa,砂土的为 150kPa。由此可知,动态承载力特征值较传统静态承载力特征值的经验值大。在本试验条件下,对于黏性土而言,动态承载力特征值约是静态承载力特征值的经验值 1.5 倍;对于砂土而言,动态承载力特征值约是静态承载力特征值的经验值 5 倍。这是由于岩

土类材料具有明显的应变率（或加载率）效应，即与静载相比，土体在冲击荷载条件下的动态强度有显著提高。

4.3.2 测试结果可反映应变率效应

可对各种加载速率下平板载荷试验结果的差异性进行统一合理的描述及解释，客观反映基本力学参数（动模、特征值）应变率效应。

根据固体力学理论与原位试验可知，地基土体在冲击荷载条件下具有明显的应变率（或加载率）效应，土体动态变形模量和土体的应变率有一定的关系，故引进参数 α。

土体应变率 $\dot{\varepsilon}$ 与动态变形模量 E_{id} 的一般关系为：

$$\alpha = \alpha(\dot{\varepsilon}) \text{ 或 } \alpha = \alpha(\dot{\sigma}) \tag{4-1}$$

如对于砂土，在冲击荷载下对土体应变率 $\dot{\varepsilon}$ 与土体动态变形模量 E_{id} 进行数值拟合，表明两者呈对数关系，其拟合公式为： $E_{id} = 57.517 \ln \dot{\varepsilon} + 528.08$，$R^2 = 0.981\ 9$，如图 4-6 所示。

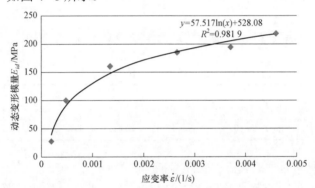

图 4-6 动态变形模量与应变率的经验关系

基于普遍采用的静态变形模量计算式（力学接触问题的一种解）：

$$E_{id} = \omega(1 - \mu^2)\frac{P_1}{S_1} \tag{4-2}$$

将参数 α 引入式（4-2），可以得到修正的动态变形模量公式，如式（4-3）所示：

$$E_{id} = \alpha(\dot{\varepsilon})\omega(1 - \mu^2)\frac{P_1}{S_1} = \alpha(\dot{\sigma})\omega(1 - \mu^2)\frac{P_1}{S_1} \tag{4-3}$$

对于上述砂土，将参数 α 代入式（4-3），则有：

$$E_{id} = (2.33 ln\dot{\varepsilon} + 21.41)\omega(1 - \mu^2)\frac{P_1}{S_1} \tag{4-4}$$

式（4-4）表明动态变形模量与应变率成自然对数关系，土体的应变率越大，动态变形模量就越大。由式（4-3）可知，动态变形模量除了与静态变形模量相同与介质的泊松比有关外，主要与应变率有关。

由式（4-4）还可知，当施加的应变率变小至 $1.57 \times 10^{-4}/s$（适用范围的变量下限）时，式（4-3）返回式（4-2），与静态载荷计算式一致。

4.3.3　新型平板动力载荷试验技术工程应用

为适应建设工程不断发展需要，新型平板动力载荷试验仪的冲击力等性能也在不断提高，在本书出版过程中，其冲击力已提高至不小于 500kN，以下仅介绍 TED-300 型（最大冲击力为 300kN）的应用及试验结果。

1. 应用实例 1——新型动力平板载荷与静载对比试验

（1）土体性状

新型动力平板载荷试验和静载试验在实际工程原位地基土体上进行，在工地现场土性相同的区域内，选取典型试验点同时进行新型平板载荷试验和静载试验。

根据工程勘察资料，其基本物理力学参数见表 4-8。

表 4-8　　　　　　　　土　体　相　关　参　数

ω (%)	$\rho/$ (g/cm³)	比重 γ	孔隙比	黏聚力/ kPa	内摩擦角 (°)
10.1	1.99	2.69	0.745	36.7	23.6

（2）新型动力平板载荷试验方案

新型平板动力荷载试验仪（TDE-300 型）现场试验实景照片如图 4-7所示。

1）平整场地并安放直径为 0.3m 的圆形承压板，用少量的细砂找平，使承压板与地面接触良好。

2）安放仪器支架及冲击筒，并使仪器支架稳定及保持水平。

3）安装位移测量系统。

4）进行 2 次冲击杆做自由落体运动的预压。

5）预压完成后，进行电压能级为 500V 的冲击试验，由于试验点土体的压缩性较低，所以本次试验进行 2 次冲击。

（3）静载试验方案

1）承压板及加载装置：地基静载试验承压板边长为 0.707m，板底铺设20mm 中砂找平层，试坑底开挖至基底标高，坑底面积为 3m×3m。采用千斤顶做加载装置，反力系统为压重平台反力装置，采用工字钢搭设堆载平台，预制混凝土块作反力。

2）沉降观测装置：在承压板对角线分别架设机械式百分表，百分表的支架采用磁力支座，基准梁（槽钢）固定在独立的基准桩（钢管）上。

图4-7 新型平板动力荷载试验仪实景图

3）慢速维持荷载法：

a. 试验最大加载量按复合地基承载力标准值的2倍即650kPa进行，分为7级，第一级加载量为163kPa，此后每级加载量约为81kPa。开始试验时，先按最大试验荷载的5%～10%预压15min；然后每级加载，加载前后各读记承压板沉降一次，间隔30min测读一次沉降，当连续1h的沉降速率不大于0.1mm/h时，可加下一级荷载。

b. 卸载级数可为加载级数的一半，共4级，等量进行，每卸一级，间隔半小时，读记回弹量，待卸完全部荷载后间隔3h读记总回弹量。

（4）试验结果及分析

1）新型动力平板载荷试验结果。

由荷载测量系统可得到，在冲击瞬间承压板受到冲击荷载的时程曲线，如图4-8所示。

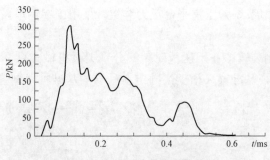

图 4-8   冲击荷载时程曲线

从图 4-8 可知，冲击瞬间冲击杆对承压板产生的应力波为一脉冲波，荷载达到峰值 307.8kN 需 0.10～0.12ms，在如此短的时间内，可认为荷载是线性升至峰值，并且峰值衰减很快；荷载由峰值衰减至 0 过程中，是典型的震荡衰减过程，经历了一个明显的震荡衰减阶段（0.12～0.38ms）和反弹阶段（0.40～0.45ms）。

图 4-9 表示土体的位移（沉降）时程曲线。

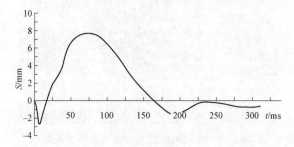

图 4-9   位移时程曲线

土体的位移响应经历了压缩和震荡两个阶段，土体在首次压缩后回弹现象非常明显，所占用的时间较多，沉降最终稳定在 0.72mm。

由荷载和位移时程曲线可知，最大荷载与最大位移之间存在着一个时间间隔，即位移变化存在滞后现象，绘出土体的动态 P-S 曲线，如图 4-10 所示。

从图 4-10 可以看出，土体在受到冲击荷载初期，其弹性阶段不明显；在不同的变形阶段定义不同的变形模量，分别为初始变形模量 $E_{id,i}$、动态变形模量 $E_{id,i}$ 和平均变形模量 $E_{id,m}$。

表 4-9 表示土体受到冲击作用后各阶段的变形模量。初始变形模量表示冲击荷载开始作用土体的变形特性，其值较大，但在该阶段位移（沉降）加速增长，这是由于土体受到冲击荷载时的惯性效应造成的，与静态荷载作用效果不同；动态变形模量是取用动态 P-S 曲线中直线段计算得来的，在这一阶段，

土体的 $P\text{-}S$ 呈线性关系；而平均变形模量则是三个阶段的综合反映。所以在衡量土体在动态荷载下的变形特性时，应根据不同需求选取不同参数。

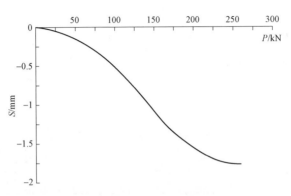

图 4-10 现场试验 $P\text{-}S$ 曲线

表 4-9 各阶段动态变形模量 （MPa）

$E_{id,i}$	E_{id}	$E_{id,m}$
696.61	284.17	446.05

将多次冲击试验结果取算数平均值，得出该典型测试点的动态参数为动态变形模量 348.23MPa，动态承载力特征值 1144.23kPa。

2）静载试验结果。根据现场静载试验数据绘制 $Q\text{-}s$ 曲线，如图 4-11 所示。

根据图 4-11 曲线中直线段末端，计算静态变形模量和承载力特征值：

$$E_0 = \omega(1-\mu^2)b\frac{P}{S}$$

$$= 0.79 \times (1-0.3^2) \times 0.707 \times \frac{244}{1.79}$$

$$= 69.28\,(\text{MPa})$$

$$f_{ak} = P_b = 244\text{kPa}$$

3）动、静参数对比分析。

通过新型动力平板载荷试验和静载试验分别求出土体动、静态参

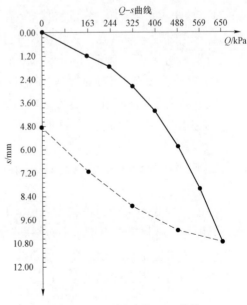

图 4-11 现场试验 $Q\text{-}s$ 曲线

数，列于表 4-10，由土体动、静态参数可知：动态变形模量 E_{id} 大于静态变形模量 E_0，动态承载力特征值 $f_{d,ak}$ 大于静态承载力特征值 f_{ak}，且 $E_{id}/E_0 \approx 5.0$，$f_{d,ak}/f_{ak} \approx 4.7$。动态参数均大于静态参数，这是由于以下原因造成的：岩土类材料具有明显的应变率（或加载率）效应，即与静载相比，随着加载率的提高，土体在冲击荷载作用下的动态强度有明显的提高；另外，静载试验的加载时间较长，孔隙水有足够的时间进行消散，而土体受到快速冲击时，短时间内，孔隙水来不及消散，由于水的不可压缩性，导致了土体宏观表现出的承载能力增大。

表 4-10   现场实测动、静态参数对比

新型动力平板载荷试验		静力平板载荷试验	
E_{id}/MPa	$f_{d,ak}$/kPa	E_0/MPa	F_{ak}/kPa
348.23	1144.23	69.28	244.00

在相同条件下，动态变形参数与静态变形参数具有一定的关联性，并且动、静参数的比值受到土体性质、试验手段等因素影响。所以，可以根据新型动力平板载荷试验得出动态变形模量 E_{id} 来推算静态变形模量 E_0，使用动态承载力特征值 $f_{d,ak}$ 推算静态承载力特征值 f_{ak}，从而使常规工程检测中可用新型动力平板载荷试验替换一定比例的静力平板载荷试验，以节约时间及资金。

（5）小结

1）按照工程精细化设计的可能需求，通过分析高能冲击作用下土体的荷载与位移全过程响应特点，在相应不同的变形阶段定义并获得了不同的变形模量，分别为初始变形模量 $E_{id,i}$、动态变形模量 E_{id} 和平均变形模量 $E_{id,m}$。

2）结合某实际工程原位静载试验和新型动力平板载荷试验对比分析，初步研究并获得了静态变形模量 E_0 和新型动态变形模量 E_{id}、静态承载力特征值 f_{ak} 和动态承载力特征值 $f_{d,ak}$ 之间的关系，即在该试验条件下有：$E_{id}/E_0 \approx 5.0$，$f_{d,ak}/f_{ak} \approx 4.7$。

2. 应用实例 2——地基土体动态响应特征与动力影响深度试验

（1）概述

高能自控式平板动力荷载试验仪（TED-300 型）利用电磁激发式加速系统，为地基、路基工程提供了一种全新的工程原位试验检测仪器和方法，不仅可以快速测求出土体的动态变形模量和动态承载力特征值，而且很好地解决了目前静、动力平板载荷试验存在的诸多缺点。

本试验通过新型动力平板载荷试验确定土体动态变形模量和动态承载力

特征值，进而描述和解释土体在动力荷载作用下的力学响应及变形特性。本试验的目的如下：

1）对土体在冲击荷载下的力学响应及变形特性进行描述。

2）建立冲击荷载下典型土体竖向应力–应变曲线。

3）探求土体新型动力平板载荷试验的影响深度。

（2）试验方案

为了探求土体新型动力平板载荷试验的测试效果，本次试验在不同轴向及侧向深度埋设 11 个传感器，用来测量不同深度土体的土压。

土压测试主要使用 XH5861 型动态应变仪和 LY–350 型土压传感器，为了确保试验期间各仪器的稳定有效，试验前必须将各仪器调试合格，才能进行试验。

本次试验是在长方体地槽轴线上埋置 8 个土压传感器，其埋置深度分别为 20cm、40cm、60cm、80cm、100cm、110cm、120cm 和 130cm；在深度 20cm、40cm 和 60cm 且距离地槽中轴线 30cm、40cm 和 45cm 处分别布置 3 个土压传感器，且这三个传感器由上至下分别埋在扩散角 35°～40°、30°～35°、25°～30° 之间。

传感器的剖面布置图和现场地槽图如图 4–12 和图 4–13 所示。

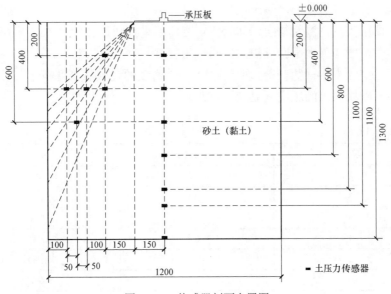

图 4–12　传感器剖面布置图

图4-13   现场地槽图

（3）试验方法及条件

1）土体物理力学性质。本试验是在岩土工程实验室外一处空地开挖一个长方体地槽，尺寸为1.2m×1.2m×1.3m，进行了两种典型填土试验，即原位回填黏土试验和原位回填砂土试验。

a. 原位回填黏土。黏土的基本物理力学指标见表4-11。

表4-11   黏 土 基 本 物 理 参 数

干密度/（g/cm³）	含水率（%）	相对密度	孔隙比	液性指数
1.89	15.6	2.73	0.68	0.15

第一次进行原位回填黏土试验，在进行每一层填筑时，分层、分遍压实，每层土体压实后，测量该层土体的压实度，用来判断该层填土体的压实情况。压实后干密度与最大干密度的比值叫作压实度，用百分比表示。其中，最大干密度通过室内击实试验获得，现场压实后，干密度通过天然密度和含水率推算。

各层回填黏土的压实度见表4-12。

表4-12   黏 土 各 层 压 实 度

层号	层底标高/m	压实度
1	-0.2	91.6%
2	-0.4	91.2%
3	-0.6	90.2%
4	-0.8	88.6%
5	-1.0	90.1%
6	-1.1	90.6%
7	-1.2	90.8%
8	-1.3	91.8%

b. 原位回填砂土。砂土的基本物理力学指标见表 4-13。

表 4-13　　　　　　　　　　砂土基本物理力学指标

干密度/（g/cm³）	含水率（%）	相对密度	孔隙比	孔隙率
1.64	8	2.68	0.63	0.39

第二次进行原位回填砂土试验，在进行每一层填筑时，依然采用分层、分别压实的方法，每层土体压实后，测量该层土体的孔隙比，用来衡量该层土体的密实情况。孔隙比是土体中的孔隙体积与其固体颗粒体积之比，一般用 e 表示。

各层回填砂土的孔隙比见表 4-14。

表 4-14　　　　　　　　　　各层回填砂土的孔隙比

层号	层底标高/m	孔隙比
1	−0.2	0.63
2	−0.4	0.60
3	−0.6	0.59
4	−0.8	0.69
5	−1.0	0.67
6	−1.1	0.62
7	−1.2	0.66
8	−1.3	0.63

2）动态应变仪调试及传感器标定。本次试验布置了 11 个土压传感器，其中，量程为 0~50kPa 的有 3 个，量程为 0~100kPa 的有 8 个。分别用 11 个桥盒将传感器与电桥盒连接，但是在进行试验前，必须对动态应变仪和电桥盒进行检查，确保试验数据可靠有效。

在出厂前，厂家都会对传感器进行一次标定，保证其质量合格。为了确保本试验的顺利进行，在试验前必须对传感器再进行一次标定，然后将两次结果进行比对以保证传感器性能完好不影响试验。本次试验使用的是应变式传感器，对于其标定通常在流体中进行，因实验室条件有限，本试验则采用静水压力进行传感器的标定。详细的标定步骤如下：

a. 准备一根长为 2.0m、直径为 56mm 且下端密封的 PVC 管，并在管的表面进行刻度划分，例如 0.5m、1m、1.5m 和 2m，然后在管内装满水并静置两天，直到管中水位不发生明显下降后开始正式标定。

　　b. 将传感器慢慢下放至管中的每个刻度处，在下放过程中不要触碰到管壁，在每个刻度处停留的时间为 20～30s，下放测量完成后再按刻度将传感器上升测量。

　　c. 通过标定得出传感器在不同刻度处的应变值，再根据静水压力值和应变仪系数计算得出传感器标定值。重复上述步骤三次，求取平均值。

　　d. 将两次标定结果进行对比标定，当误差小于 5%时，即视为标定合格。

　　土压传感器如图 4-14 所示。

图 4-14　土压传感器

　　为方便试验管理，将 11 个传感器分别用不同电桥盒与动态应变仪连接。具体布置见表 4-15。

表 4-15　　　　　　　　　　　　传感器与电桥盒连接布置

传感器类别	埋深/cm	通道编号	传感器编号	率定系数
土压（轴向）	20	1	108	0.051 726
	40	2	109	0.051 028
	60	3	107	0.046 894
	80	4	101	0.049 177
	100	5	121	0.051 609
	110	7	511	0.034 289
	120	8	512	0.031 921
	130	9	513	0.035 988

传感器类别	埋深/cm	通道编号	传感器编号	率定系数
土压（侧向）	20	10	102	0.042 782
	40	11	521	0.027 29
	60	12	522	0.026 733

3）土压数据采集。土压传感器受压产生的应变数据经过桥盒传输到动态应变仪，动态应变仪自带的数据采集软件可以将传输过来的数据进行分析并储存。冲击荷载作用下瞬间数据的采集需要非常高的采样频率，但是在冲击前和冲击后相对静态的状态需要的采样频率又较低，而本次试验采用的是可调频率的测量系统，其采样频率完全满足试验要求。

土压数据测量采集的具体过程，如图 4-15 所示。

（4）黏土、砂土试验结果对比分析

1）荷载响应特征。

由压电式力传感器和数据测量系统可以得到荷载瞬间冲击承压板所采集的荷载时程曲线，黏土和砂土的荷载时程曲线如图 4-16 所示。

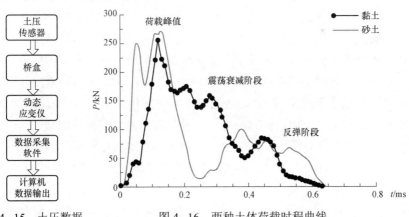

图 4-15 土压数据
测量采集的具体过程

图 4-16 两种土体荷载时程曲线

由图 4-16 可知，荷载冲击瞬间对承压板产生的应力波是一段脉冲波，黏土荷载达到峰值需 0.1~0.13ms，砂土荷载达到峰值需 0.1~0.18ms，在这样极短的时间内，可认为荷载是线性增长至峰值，并且峰值衰减很快。

从图 4-16 中也可以看出，荷载峰值的衰减经历了两个阶段，首先是典型的震荡衰减阶段，然后是反弹阶段；黏土震荡衰减持续时间为 0.13~0.38ms，砂土震荡衰减持续时间为 0.18~0.26ms，说明砂土衰减的时间更快，这是由于砂土结构松散、应力波在土体内部传播效果差所致，试验表明砂土的传力效果较差。

2）位移响应特征。由位移传感器和数据测量系统，可以得到荷载瞬间冲击承压板所采集的位移时程曲线，黏土和砂土的位移时程曲线如图 4-17 所示。

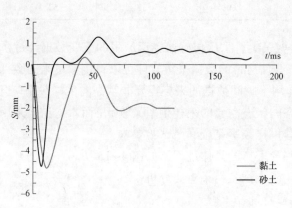

图 4-17   两种土体最大位移时程曲线

a. 位移时程曲线。由图 4-17 可知，当土体受到冲击后，砂土的响应时间要稍长一些，砂土的位移响应时间约为 170ms，黏土的位移响应时间约为 100ms，砂土的响应时间约为黏土的 1.7 倍。分析位移响应差异原因，主要是由于砂土在压缩后回弹现象较明显，且呈现两次回弹，第一次回弹峰值小于第二次回弹峰值，导致位移响应时间大于黏土；从图 4-17 也可以看出，砂土的最大位移峰值稍小于黏土，但砂土达到峰值的时间稍早于黏土，在达到峰值前，两者的位移值相近；土体的位移响应一般经历压缩和震荡两个阶段，其中砂土为高频震荡，其震荡时间占总时间的 85%以上，说明高频震荡是砂土的一个特点。黏土的总压缩时间大于砂土，这是因为黏土受到扰动，其内部结构被破坏，且压实不充分等原因造成。

b. 黏土位移时程曲线。为研究黏土位移响应以及预压次数，对黏土进行连续冲击，下面是对黏土连续冲击四次的位移时程曲线，如图 4-18 所示。

由图 4-18 及试验数据可以看出，第一次冲击的位移量最大，为 4.51mm，这说明刚开始土体处于松散状态，冲击后位移量大，随着冲击次数逐渐增加，土体密实度增加，到第二次、第三次冲击时位移量逐渐减小，第二次位移量为 4.44mm，第三次为 4.38mm，说明土体在第二次已被压实，土体内部颗粒重新排列处于密实状态。

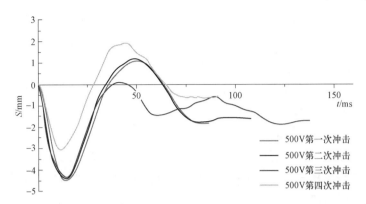

图 4-18　黏土四次冲击位移时程曲线

从图 4-18 中也可以看出，随着冲击次数的增加，承压板的沉降逐渐减小，但回弹位移峰值逐渐增大，这说明土体随着冲击次数的增加而逐渐趋于密实。第一次、第二次的位移回弹峰值基本相近，而第三次、第四次的位移回弹峰值变化较大，所以可以得出黏土进行两次的冲击预压是合理的。

c. 砂土位移时程曲线。砂土不同于黏土，属于粒状结构，黏聚力为 0。为研究砂土位移响应及预压次数，对砂土进行连续冲击，下面是对砂土连续冲击四次的位移时程曲线，如图 4-19 所示。

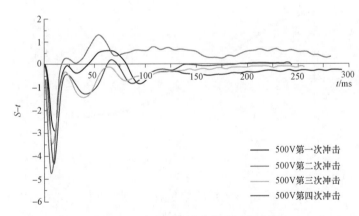

图 4-19　砂土四次冲击位移时程曲线

由图 4-19 可以看出，砂土位移响应时间较长，且都经历两次回弹，这都说明砂土具有高频震荡的特点，这就会导致位移响应时间延长；砂土本身就是一种难压缩、散粒状的土体，本身固有的属性导致冲击时位移响应时间长。

从图 4-19 及结合试验数据可以看出，土体第一次冲击位移为 2.92mm，第二次冲击的位移为 4.78mm，第三次冲击的位移为 3.47mm，第四次冲击的位移为 4.37mm，可以看出，砂土一直处于松散-压密-松散的状态，这是因为连续冲击导致砂土内部结构不断地重新排列，而砂土颗粒之间黏结力差，一旦冲击荷载增大或者达到砂土破坏的状态，砂土一直重复松散-压密-松散的状态。

由图 4-19 也可以看出，每次冲击的位移峰值都不一样，且回弹峰值也不一样，所以砂土的合理冲击预压次数为一次即可。

3）荷载-位移曲线。由前两节土体的荷载和位移时程曲线可以看出，荷载峰值与相对应的位移峰值存在着时间间隔，换句话说，位移的变化存在着滞后现象，而这一现象属于岩土类材料动力学的特征。表 4-16 是两种土体位移、荷载达到峰值的时间关系。

表 4-16 两种土体位移、荷载到达峰值的时间

土体类别	荷载峰值时间/ms	位移峰值时间/ms	滞后时长/ms
黏土	0.12	12.00	11.80
砂土	0.13	9.00	8.87

按照最大压缩量所对应的荷载和位移，可以绘制在相同能量冲击条件下两种土体的动态 $P-S$ 曲线，如图 4-20 所示。

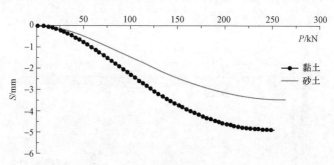

图 4-20 两种土体的 $P-S$ 曲线

从图 4-20 可知，两类土体压缩阶段位移响应时间大小关系为砂土＜黏土，这是因为黏土和砂土本身内部结构性质不同，砂土黏聚力为 0，而黏土具有一定的黏聚力，土体在受到冲击荷载初期，其弹性阶段不明显，且两类土体曲线变化趋势相同；在与之对应的不同的变形阶段定义不同的变形模量，分别为初始动态变形模量 $E_{id,i}$、线性段动态变形模量 E_{id} 和平均动态变形模量 $E_{id,m}$。

4）土体动态参数计算。

a. 动态变形参数。表 4-17 和表 4-18 表示在相同冲击能量下黏土和砂土得到的动态变形参数。

表 4-17　　　　　　　　　黏土典型动态变形参数统计　　　　　　　（MPa）

编号	初始动态变形模量 $E_{id,i}$	线性段动态变形模量 E_{id}	平均动态变形模量 $E_{id,m}$
1	214.02	89.88	178.34
2	277.84	107.08	185.63
3	386.55	182.79	255.21
4	197.83	93.79	176.73

从表 4-17 可以看出，黏土的动态变形模量大小随着冲击次数的增加而变化，这说明随着冲击次数增加，黏土的内部性质已经发生变化。在进行前三次冲击时，承压板下土体被逐渐压密实，冲击能量主要以应力波的形式在土体中传播，应力波主要以压缩波为主，压缩波就是造成土体加固压密的主要原因，从而致土体内部性质发生改变，动态变形模量增加。但是，当第四次冲击时，微观上表现为土体内部微观裂隙进一步被展开，导致土颗粒之间发生相互错位、滑移、偏转等现象，说明在连续高能量冲击作用下，土体的剪应力已经达到土体的抗剪强度，土颗粒之间的连接重新被打破，宏观上表现为承压板周围土体开始出现隆起的现象，说明承压板底土体发生局部的剪切破坏。这些现象的出现都是随着冲击次数增加而逐渐出现，因此，在进行土体动态测试时要控制冲击次数，这可根据承压板周围土体隆起的情况来判断。

综上，在黏土完成冲击密实后，取 3 次冲击试验得到的动态变形模量的算术平均值作为该测试点土体的动态变形模量，也即该测点的动态变形模量为126.58MPa。

表 4-18　　　　　　　　　砂土典型动态变形参数统计　　　　　　　（MPa）

编号	初始动态变形模量 $E_{id,i}$	线性段动态变形模量 E_{id}	平均动态变形模量 $E_{id,m}$
1	521.96	181.34	283.61
2	201.55	133.61	170.02
3	336.16	160.76	232.48
4	314.29	120.19	187.33

从表 4-18 可以看出，砂土的动态变形模量相对较高，前两次冲击动态变形模量为 157.48MPa，后两次冲击动态变形模量为 140.48MPa，这是因为砂土本身是散粒状，难压缩，黏聚力为 0，当砂土受到连续冲击时，会一直处于压密-松散的循环状态，很难被压密实，所以动态模型模量会一直呈现出增加-减少-增加-减少的状态，这也是砂土本身的特性决定的。

故在砂土完成冲击密实后，取 2 次冲击试验得到的动态变形模量的算术平均值作为该测试点土体的动态变形模量，也即该测试点的动态变形模量为157.48MPa。

从以上两个表可以看出，在同一次试验中，初始动态变形模量＞平均动态变形模量＞线性段动态变形模量，这也和动态 P–S 曲线的三个变化阶段相对应。初始动态变形模量表示冲击荷载开始作用于土体的变形特性，其值一般较大，在该阶段位移加速增长，这是由于土体受到冲击荷载时的惯性效应造成的，和静载作用效果不同；线性段动态变形模量是按照动态 P–S 曲线中直线段计算得来的，在这一阶段，土体的应力应变呈线性关系，而平均动态变形模量是3 个阶段的综合反应。故衡量土体在动载下的变形特性时，应根据不同的需求选取不同的参数。

b. 动态承载力特征值。实践中，根据强度控制原则的相应特点，常采用相对沉降量控制法确定承载力特征值，并且该相对沉降量是一个经验性较强的指标。

针对承载力特征值的计算，文献［123］指出相对沉降控制量原则具有相当的科学性和客观性；同时土体的动态力学响应较静态快[123]，一般的动态变形模量是静态变形模量的数倍至 10 倍左右（与土压缩性有关），故低压缩性土取静态特征值的 1/10，即 $S=0.001b$ 具有一定的合理性。

综上所述，再结合土体新型动力平板载荷试验和土体在冲击荷载下力学响应具有应变率效应的特点，尝试性地取 $S=0.001b$ 所对应的荷载作为动态承载力特征值的计算荷载，用于评价土体在冲击荷载作用下的承载能力。

在土体动力平板载荷试验过程中，根据上述内容及动态承载力特征值的定义，采取相对沉降控制原则，结合室外新型动力平板载荷试验和土体在冲击荷载下的力学响应具有应变率效应的特点，尝试性地取 $S=0.001b=0.3mm$ 所对应的荷载计算动态承载力特征值，表 4–19 列出了不同土体在相同能量冲击作用下动态承载力特征值的算数平均值。

表 4–19　　　　　　　动 态 承 载 力 特 征 值

土体类别	动态承载力特征值/kPa	备　注
黏土	375.06	取 3 次冲击下的动态参数计算平均值
砂土	785.26	取 2 次冲击下的动态参数计算平均值

由试验结果分析可知，合理的冲击次数对于获取准确的土体动态参数是至关重要。综合本论文试验情况，可以得出：在土体完成预压密实后，2～3 次冲击试验所得的动态参数的算数平均值可以作为该测试点的土体动态参数。其

中对于砂土，冲击次数取 2 次为宜；对于黏土，冲击次数取 3 次为宜。

表 4-20 和表 4-21 适用于广东省地基承载力特征值的经验值[125]。

表 4-20　　　　　　　　一般黏性土承载力特征值的经验值　　　　　　（kPa）

第一指标孔隙比 e	第二指标液性指数 I_L					
	0	0.25	0.50	0.75	1.0	1.2
0.50	450	410	370	(340)	—	—
0.60	380	340	310	280	(250)	—
0.70	310	280	250	230	190	160
0.80	260	230	210	190	160	130
0.90	220	200	180	160	130	100
1.0	190	170	150	130	110	—

表 4-21　　　　　　　砂土承载力特征值的经验值 f_{ak}　　　　　　（kPa）

土名		密实度		
		稍密	中密	密实
砾砂、粗砂、中砂		160～240	240～340	>340
细砂、粉砂	稍湿	120～160	160～220	>220
	很湿		120～160	>160

根据本章试验土体的基本物理力学参数，结合表 4-19～表 4-21 可取黏土的静态承载力特征值的经验值为 280kPa，砂土的为 150kPa。由此可知，动态承载力特征值较传统静态承载力特征值的经验值大。在本试验条件下，对于黏性土而言，动态承载力特征值约是静态承载力特征值的经验值 1.5 倍；对于砂土而言，动态承载力特征值约是静态承载力特征值的经验值 5 倍。这是由于岩土类材料具有明显的应变率（或加载率）效应[3]，即与静载相比，土体在冲击荷载条件下的动态强度有明显的提高；孔隙水的消散也可以解释这一现象，土体受到快速冲击荷载作用（0.67ms），在这么短时间内，孔隙水来不及消散，由于水的不可压缩性，导致了土体宏观表现出承载能力增大。

5）土体竖向应力-应变曲线。图 4-21 是相同能级冲击荷载作用下黏土和砂土的应力-应变曲线。

从图 4-21 中可以看出，应变相同时，砂土所需的应力比黏土要大，这也符合砂土和黏土本身的特性。可以将该应力-应变曲线分成三个阶段，第一阶段为初始段，第二阶段为中间段，第三阶段稳定段，其中，第二阶段可认为是线性段。说明土体在冲击荷载初期应变不明显，随着应力的增大，应变逐渐增加，直至应变不发生变化。

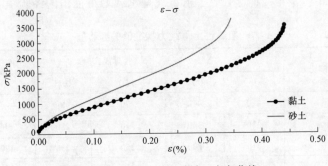

图 4-21 两种土体的应力-应变曲线

6）影响深度。影响深度是决定被检测地基、路基深度的重要因素，也是动、静力平板试验的一项主要指标。本节主要内容是研究高能冲击荷载作用下新型动力平板载荷试验的影响深度。

为测试 TDE-300 提供的冲击荷载对两种回填土体的影响深度，分别在地槽上各进行 4 次冲击试验，每次都进行能级为 500V 且冲击荷载不小于 250kN 的冲击试验。

当对黏土进行冲击时，以冲击荷载为 257.23kN 为例，分析在冲击瞬间黏土竖向附加动应力随深度的变化规律。根据 4 次试验结果得出各层黏土竖向附加动应力算术平均值见表 4-22。

表 4-22 不同深度黏土竖向附加动应力值

方向	埋深/cm	应变仪通道	传感器编号	传感器率定系数	平均应变	附加动应力/kPa
竖向	30	1	108	0.051 726	1632.47	84.44
	40	2	109	0.051 028	834.96	42.61
	60	3	107	0.046 894	331.51	15.55
	80	4	101	0.049 177	102.86	5.06
	100	5	121	0.051 609	40.65	2.10
	110	7	511	0.034 289	34.61	1.19
	120	8	512	0.031 921	22.74	0.73
	130	9	513	0.035 988	0.00	0.00
侧向	20	10	102	0.042 782	0.00	0.00
	40	11	521	0.027 29	0.00	0.00
	60	12	522	0.026 733	65.61	1.75

从表 4-22 可以看出，埋深 20cm、40cm、60cm、80cm、100cm、110cm 和 120cm 黏土竖向附加动应力（σ）峰值分别为 84.44kPa、42.61kPa、15.55kPa、5.06kPa、2.10kPa、1.19kPa 和 0.73kPa，表明黏土竖向附加动应力随深度增加而减小，在同一深度处的附加动应力不同，沿荷载作用线上的附加动应力最大，向两侧则逐渐减小。

下面以砂土为例进行说明，当对砂土进行冲击时，冲击荷载为 271.48kN，分析在冲击瞬间黏土竖向附加动应力随深度的变化规律，如图 4-22、图 4-23 所示。

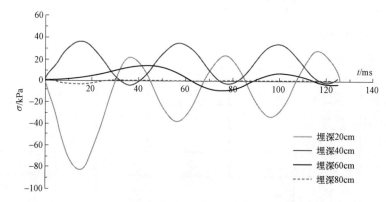

图 4-22　（20～80cm）砂土竖向附加动应力变化

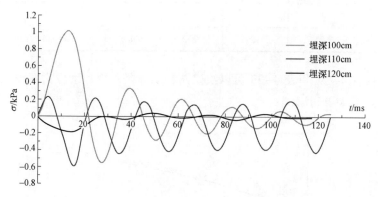

图 4-23　（100～120cm）砂土竖向附加动应力变化

从图 4-22 和图 4-23 可以看出，埋深为 20cm、40cm、60cm、80cm、100cm、110cm 和 120cm 砂土竖向附加动应力（σ）峰值分别为 82.11kPa、35.86kPa、13.48kPa、3.77kPa、1.04kPa、0.53kPa 和 0.19kPa，表明竖向附加动应力随深度递减；同时沿冲击方向不同深度的动应力达到峰值也具有时滞性，经过一段时间的波动后很快趋于稳定，这表明应力波在土体中有一个自地表向深处传播的过程，也可以推测，在传播过程中，承压板与砂土接触面之间产生应力波，应力波对土体起到拉伸作用。

根据 4 次试验结果得出各层砂土竖向附加动应力算术平均值见表 4-23。

由表 4-23 可知，砂土竖向附加动应力随深度的增加而减小；在同一深度处的附加动应力不同，沿力作用线上的附加动应力最大，向两侧则逐渐减小。

表 4-23　　　　　　　　不同深度砂土竖向附加动应力值

方向	埋深/cm	应变仪通道	传感器编号	传感器率定系数	平均应变	附加动应力/kPa
竖向	30	1	108	0.051 726	1587.49	82.11
	40	2	109	0.051 028	702.67	35.86
	60	3	107	0.046 894	287.48	13.48
	80	4	101	0.049 177	76.60	3.77
	100	5	121	0.051 609	20.10	1.04
	110	7	511	0.034 289	15.56	0.53
	120	8	512	0.031 921	5.80	0.19
	130	9	513	0.035 988	0.00	0.00
侧向	20	10	102	0.042 782	0.00	0.00
	40	11	521	0.027 29	134.74	3.68
	60	12	522	0.026 733	54.32	1.45

根据表 4-22 和表 4-23 可以绘出两种土体竖向附加动应力随深度变化的曲线，如图 4-24 所示。

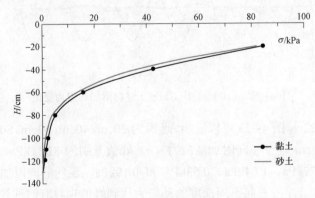

图 4-24　两种土体附加动应力随深度变化曲线

由图 4-24 分析可知，冲击能量在黏土中比在砂土中传播速度要快，并且冲击能量大部分耗散在 100cm 的土层内。在本试验的条件下，电磁激发自控式平板动力荷载试验仪施加冲击力为 257～271kN 时的影响深度为 120～130cm。随着冲击力进一步增加，其影响深度可与通常平板载荷试验影响深度相当。

7）土体的应变率效应。根据试验可知，土体在冲击荷载条件下具有明显的应变率（或加载率）效应，由于土体动态变形模量和土体的应变率有一定的关系，故引进参数 α[123]。

以砂土为例，为寻求土体应变率 $\dot{\varepsilon}$ 与动态变形模量 E_{id} 的具体关系，即：

$$\alpha = \alpha(\dot{\varepsilon}) \tag{4-5}$$

对土体应变率 $\dot{\varepsilon}$ 与土体动态变形模量 E_{id} 进行数值拟合，发现两者呈对数关系。动态变形模量与应变率拟合关系如图 4-25 所示。

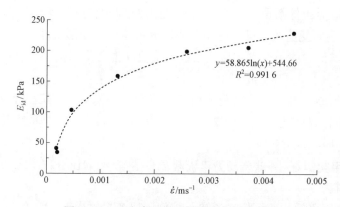

图 4-25 动态变形模量与应变率拟合关系

如前所述，基于动态变形模量计算公式如下

$$E_{id} = \omega(1-\mu^2)\frac{P_1}{S_1} \tag{4-6}$$

将参数 α 引入式（4-6），可以得到修正的动态变形模量公式：

$$E_{id} = (2.38\ln\dot{\varepsilon} + 22.08)\omega(1-\mu^2)\frac{P_1}{S_1} \tag{4-7}$$

由图像可知土体的应变率越大，动态变形模量就越大。

（5）小结

主要阐述了土体新型动力平板载荷试验方案，以及对土体新型动力平板载荷试验测试结果进行分析，得出以下结论：

1）结合现场试验数据，分析黏土和砂土在受到高能冲击荷载作用下荷载、位移的全过程响应情况。荷载时程曲线一般由荷载峰值、震荡衰减阶段和反弹阶段组成，这些信息较全面地反映了在高能量冲击荷载作用下土体的力学响应与变形特性。

2）在位移时程曲线分析中发现，两类土体压缩阶段位移响应时间的大小关系为：砂土＞黏土，土体的位移响应经历了压缩和震荡两个阶段，其中砂土为高频震荡，且其震荡时间占总时间 85% 以上；两类土体的不可恢复变形大小为：黏土＜砂土。土体受到冲击荷载后位移最大峰值到达时间滞后于荷载最大峰值到达时间，并且滞后时间因土体性质而异。

3）通过对高能冲击作用下两类不同土体的荷载与位移全过程响应特点的分析，绘制出了两种土体的 P–S 曲线，在相应不同的变形阶段确定了相应的变形模量，分别为初始动态变形模量 $E_{id,i}$、线性段动态变形模量 E_{id} 和平均动态变形模量 $E_{id,m}$；并计算不同土体的动态变形参数。

4）通过对土体新型动力平板载荷试验测试结果分析，绘制出了两种土体的竖向应力–应变曲线，可以更加全面地分析土体的变形特性。

5）在本试验的条件下，高能自控式平板动力荷载试验仪（TDE–300 型）的影响深度为 120～130cm。

6）根据砂土拟合出动态变形模量与应变率的关系式，从而建立修正的动态变形模量计算公式见式（4–7），该式表明岩土材料为典型的率敏感材料，可为以后的研究提供参考。

3. 应用实例 3——新型动力平板载荷与 E_{vd} 试验对比分析

（1）引言

为了克服落锤式弯沉仪法的缺点，德国研究提出了 E_{vd} 测试（即轻型落锤仪法，LFG 或 PFWD），作为新的路基压实质量控制标准——动态变形模量 E_{vd} 标准。然而，E_{vd} 测试具有冲击荷载较小（检测深度较小）、检测指标单一、实际可检测土类有限以及严格限定冲击荷载持续时间等不足。为此，李彰明课题组研发了效率更高、冲击荷载更大、检测指标多样的高能自控式动力平板荷载试验仪（TDE–300 型）[126]，且最近发展至 TDE–500 型，冲击力最大可达 500kN。本试验项目就是利用 TDE–300 型仪器进行的，并与 E_{vd} 试验进行对比分析。

（2）土体 E_{vd} 试验技术

1）试验条件及要求。

a. E_{vd} 试验土体的适用范围是粒径小于荷载板直径 1/4 的各种土体或土体中夹杂石块的混合填料。

b. 测试深度区间为 40～50cm。

c. 在保证测试面平整的前提下，也要保证其倾斜度在 5° 以下。

d. 要保证测试面水平不能有高低起伏现象，否则要用少许细砂找平。

e. 正式开始试验时，要观察周围环境情况避开震源。

2）E_{vd} 试验仪器简介。E_{vd} 试验使用的仪器叫作动态变形模量测试仪，也叫轻型落锤仪。它主要由加载装置和沉陷测定仪两部分[122]组成，如图 4-26 所示。

加载装置主要包括五部分：挂钩装置、落锤、导向杆、阻尼装置和荷载板。其总质量和落锤质量分别为 30kg 和 10kg，最大荷载值为 7.07kN，承载板直径为 30cm，厚度为 20cm，外形尺寸

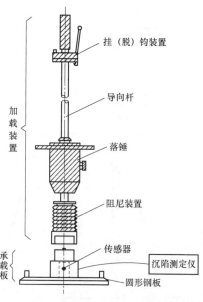

图 4-26　轻型落锤仪（E_{vd}）结构示意图

ϕ300mm×1300mm。轻型落锤仪中沉陷测定仪作用是将荷载板在瞬间冲击下产生的最大变形（沉降值）S（mm）测出来。

3）E_{vd} 测试原理。E_{vd} 动态平板载荷测试[122]的基本原理是：将落锤从特定的高度自由下落至阻尼装置上产生一定冲击荷载 σ，而沉陷测定仪则采集保存下来由此产生的土体的变形（荷载板沉降值）值 S，再用式（4-8）计算得 E_{vd} 值（MPa）。

$$E_{vd} = 1.5r\sigma / S \qquad (4-8)$$

式中　E_{vd}——动态变形模量，MPa；

　　　　r——承载板半径，mm；

　　　　σ——动应力，MPa；

　　　　S——承载板沉降值，mm；

　　　　1.5——承载板形状影响系数。

（3）新型动力平板载荷试验与 E_{vd} 试验结果对比分析

1）动态参数对比。E_{vd} 试验的动态变形模量和位移值是通过自带的自动采集系统，连续冲击三次之后，自动采集直接打印出试验结果及曲线图，没有具体的计算过程。E_{vd} 试验的最大冲击荷载值为 7.07kN。E_{vd} 测试结果及曲线图如表 4-24、图 4-27 所示。

表 4-24　　　　　　　　　　E_{vd} 测 试 结 果

S（1）=0.907mm	V（1）=207.1mm/s	S/v=4.35ms
S（2）=0.938mm	V（2）=215.1mm/s	
S（3）=0.891mm	V（3）=206.1mm/s	E_{vd}=24.67MN/m²
S（m）=0.912mm	V（m）=206.1mm/s	

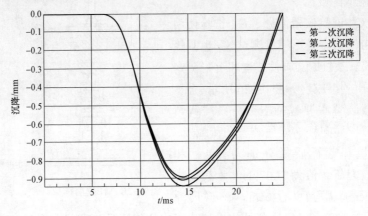

图 4-27　E_{vd} 测试曲线图

由数据和曲线图可知，E_{vd} 试验测试深度较小，动态变形模量也较小。

通过 TDE-300 型试验可以计算出在自由落体状态下砂土的动态参数，在进行 TDE-300 型试验时，先对砂土进行 1～2 次预压，然后再正式进行冲击试验，正式试验时，要至少进行三次自由落体的冲击试验。TDE-300 型测试结果见表 4-25。

表 4-25　　　　　　　　TDE-300 型自由落体测试结果

冲击次数	荷载/kN	位移/mm	初始变形模量/MPa	动态变形模量/MPa	平均变形模量/MPa
第一次	17.19	0.17	308.46	138.78	199.39
	54.04	0.98			
	81.05	1.24			
第二次	19.04	0.16	363.01	193.68	287.19
	51.42	0.67			
	83.79	0.89			
第三次	16.68	0.15	339.22	219.08	285.86
	59.77	0.75			
	83.40	0.89			
每次第三击平均值	82.75	1.01	336.90	183.85	257.48

由数据可知,第一次冲击砂土位移量最大,说明刚开始砂土属于松散状态;第二次、第三次冲击,砂土位移量基本一样,说明随着冲击次数的增加,砂土逐步趋于压密状态。另外,从这三次动态模量的变化,可得出在加载不同阶段或者应变不同阶段,动态模量是不同的。同时,结合 4.2 小节试验数据可知,做完自由落体冲击,紧接着就进行能级为 500V 的冲击,500V 第一次冲击的荷载值为 271.48kN,位移量为 2.92mm,这说明随着荷载的增大砂土原来的压密状态重新被打破,变成松散状态;说明砂土内部结构为松散–压密–松散,处于一个内部结构重新排列的过程。

TDE–300 型自由落体试验,砂土的位移时程曲线如图 4–28 所示。

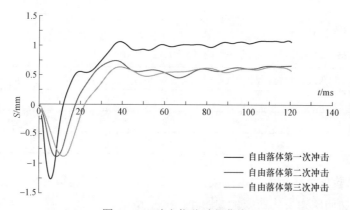

图 4–28　砂土位移时程曲线

由图 4–28 曲线可知,TDE–300 型可以同时得到冲击作用下位移随时间的变化值,可以记录土体压缩的全过程,可以进行过程分析,也可以检测地基土体的动态变形模量以及动态承载力特征值,而 E_{vd} 则不能。

2)影响深度对比。外荷载是影响土体平板载荷试验的一项重要因素,它也是检测土体影响深度的关键因素,对于地基、路基深度具有重要作用。本节将分别讨论在同样试验条件下,新型动力平板载荷试验和 E_{vd} 试验的影响深度。

为确保试验的对比分析,E_{vd} 的试验条件一定要和 TDE–300 试验条件相同。试验前,将电源、动态应变仪、桥盒及土压传感器连接好,确认无误后,方可开始试验。试验现场图如图 4–29 所示。

为测试 E_{vd} 冲击的影响深度,分别在砂土地槽上各进行三次冲击试验,可以直接得出每一次的位移(沉降)值以及其平均值,还有其 E_{vd} 值。同时,动态应变仪同步采集应变值。

根据三次试验结果得出砂土竖向附加动应力算术平均值见表 4–26。

（a）　　　　　　　　　　　　　　　（b）

图 4-29　E_{vd} 试验现场图

表 4-26　　　　　　　　　　　　E_{vd} 附 加 动 应 力 值

埋深/cm	应变仪通道	传感器编号	传感器率定系数	平均应变 μ	附加动应力/kPa
20	1	108	0.051 726	193.79	10.02
40	2	109	0.051 028	40.28	2.06
60	3	107	0.046 894	0.00	0.00

　　E_{vd} 试验提供的最大冲击荷载值为 7.07kN，通过试验数据可以绘出不同深度砂土附加动应力变化曲线，如图 4-30 所示。

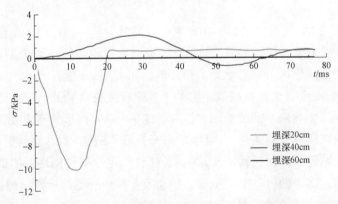

图 4-30　E_{vd} 不同深度砂土附加动应力变化

　　由图 4-30 可以看出，埋深为 20cm 和 40cm 砂土的附加动应力（σ）峰值分别为 10.02kPa 和 2.06kPa，埋深为 60cm 的土压传感器则完全没有响应，由此可知，竖向附加动应力随深度递减，故 E_{vd} 试验的绝大部分能量是耗散在埋深 40cm 多一点的土层内。

由 4.2 小节可知，根据 TDE-300 型试验处理结果与表 4-26，可以绘出砂土在两种不同冲击设备作用下竖向附加动应力随深度的变化曲线，如图 4-31 所示。

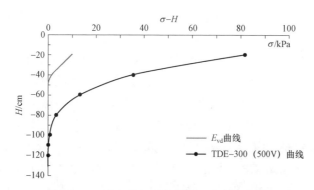

图 4-31 砂土附加动应力随深度变化曲线

由图 4-31 分析可知，TDE-300 型试验的影响深度在 120～130cm，而 E_{vd} 试验影响深度在 40～50cm，可以说明 TDE-300 型试验的影响深度比 E_{vd} 试验要大两倍多。故 TDE-300 型更能测试较深层土体的力学响应，对研究各类土体在冲击作用下的力学响应提供了新的测试手段。

3）应变率效应研究。由 4.2 小节可知，在其他条件一定时，土体的应变率和动态变形模量成正比。

对比 4.2 小节，对两种试验进行分析可知：

a. 测试土体都为均匀的砂土，TDE-300 型（即 300kN 冲击力下）的影响深度为 120～130cm，而 E_{vd} 的影响深度为 40～50cm，表明 TDE-300 能够更大限度地激发深层土体的力学响应。

b. TDE-300 型可以瞬间提供较大的冲击力，可以给土体较大的加载速率，而 E_{vd} 提供的冲击力较小，同时加载速率也较小；加载速率越大，相对应的应变率也越大，所以动态变形模量就越大。

c. 当土体受到较大的冲击力时，加载速率增大，土体承载能力增强，相应动态变形模量就增大。

综上可知，说明 TDE-300 型提供的较大冲击力，能够更大限度地激发深层土体的力学响应，为岩土工程原位试验及研究土体的动态参数提供了又一种更好的测试手段。

4.4 软基原位测试参数与土性力学参数关系

1. 引言

随着中国特别是沿海地区基本建设大规模展开，不可避免地遇到大量的软土地基以及超软土地基。这种地基性质的掌握对于地基处理以及建构筑物的设计必不可少，因而静力触探测试（Cone Penetration Test，CPT）成为一种软基特别是平板载荷试验达不到的深度处可资利用的手段，用以测定尖锥阻力、侧摩阻力与比贯入阻力等土性基本参数。这些参数只能用于推定地基（土）承载力[127]，而不能测定地基重要性质参数——不排水抗剪强度和灵敏度，这两种参数是通过十字板原位剪切试验（In-Situ Vane Shear Test，VST）获得。然而，无论是 CPT 还是 VST 均在某种程度上反映了土体抵抗剪切力的性状，因而有理由相信 CPT 参数与 VST 参数之间存在一定的对应关系。实际上，已有不少业界人士做了这方面努力[128~134]。然而，对于饱和超软土（Saturated Ultra Soft Clays），相关工作很为少见；特别是这些工作大多数为一些对试验数据的统计拟合，未能考虑其本质的物理联系以及各参数的物理意义。在此将基于孔穴扩张过程的弹塑性分析，根据饱和软黏土的触探特性，试图建立 CPT 与 VST 参数的理论关系，并利用李彰明负责的一个大型超软基处理工程项目的 CPT 与 VST 试验，进行这些参数关系的分析对比，进而为超软土体性质的进一步认识与理解提供依据，也为节省相关试验费用及提高效率提供途径。

2. 饱和软黏土参数基本公式建立

（1）经验方法

经过大量试验及研究，人们将大量测试数据经数理统计分析，确定静力触探探头锥尖阻力或比贯入阻力与黏性土的不排水抗剪强度呈某种线性的函数关系。其典型的统计拟合关系式见表 4-27[130-133]。

表 4-27 的经验关系可总结为单一的线性关系通式：$q_c = A_1 c_u + B_1$，$p_s = A_2 c_u + B_2$；其中统计拟合系数 A_1 与 A_2 为正值常数；拟合系数 B_1 与 B_2 则可正可负，除了 Robertson，P.K 视为与测点的深度有关外，其他均认定为常数。不难看出，这些经验关系尽管给出了一些场地或区域相关参数的关系，除了具有相当的场地局限性，其系数表达的物理内涵大多缺乏，不同关系甚至存在逻辑冲突问题。简而言之，经验表达式系数一般仅为一个拟合系数，物理力学内涵不清楚，也无法通过已有的力学参数确定，进而基本没有进一

步的修正及发展的基础。因此，有必要从一般的理论基础上发展及建立参数基本关系式。

表 4-27 q_c、p_s 与 c_u 的经验关系

经验关系式	适用条件	来源
$c_u = 0.071q_c + 1.28$	$q_c < 700\text{kPa}$	同济大学
$c_u = 0.039q_c + 2.7$	$q_c < 800\text{kPa}$	铁路总公司
$c_u = 0.069\,6p_s - 2.7$	$p_s = 300 \sim 1200\text{kPa}$ 饱和软黏土	武汉静探联合组
$c_u = 0.054\,3q_c + 4.8$	$q_c = 100 \sim 800\text{kPa}$ 上海、广州软黏土	四川建研所
$c_u = 0.030\,8p_s + 4.0$	$p_s = 100 \sim 1500\text{kPa}$ 新港软黏土	一航设计研究院
$c_u = 0.05p_s$	新港软黏土	铁三院
$c_u = 0.057\,9p_s - 1.9$	$p_s = 200 \sim 1100\text{kPa}$ 徐州饱和软黏土	江苏省第一工业设计院
$c_u = 0.056\,4p_s + 1.8$	$p_s < 700\text{kPa}$	铁四院
$c_u = 0.057p_s$	滇池泥炭、泥炭质土	湖南水电勘察设计院
$c_u = (q_c - \sigma_c)/N_c$ σ_c 探头处土自重应力； N_c 承载力经验系数， $N_c = 9 \sim 19$	—	林宗元
$q_u = c_u N_c + \sigma_{v0}$ N_c 为对黏土的无量纲锥头阻力系数，σ_{v0} 为上覆压力	—	Robertson, P.K.& Campanella, R.G
$c_u = 0.063q_c - 1.91$	$100\text{kPa} < q_c < 800\text{kPa}$	李彰明
$c_u = 0.042p_s + 3.74$	$50\text{kPa} < p_s < 600\text{kPa}$	

（2）基于空间轴对称塑性理论的公式建立

根据饱和软黏土的特性与静力触探过程特点，假设：

1）静力触探过程可视为孔穴扩张过程的弹塑性问题。

2）采用 Coulomb 强度准则，并假设触探不排水过程中饱和软黏土内摩擦角 $\theta = 0$。

3）孔穴扩张中进入塑性区的土体弹性体积变化相对小，可忽略。

上述 3 个假设可得到圆柱孔穴扩张后孔穴壁面（亦即触探探头外侧面）$r = R_u = D/2$ 处的径向扩张压力[134]：

$$p_u = \sigma_r^{R_u} = c(\ln I_r + 1) = c\left[\ln\frac{E}{2(1+\nu)c} + 1\right] \tag{4-9}$$

$$I_r = \frac{E}{2(1+v)c}$$

式中　c——黏聚力；

　　　E——弹性模量；

　　　u——泊松比。

注意，上述解适合静力问题。当考虑动力作用效应时，可在平衡方程中计入惯性项，亦可按同样方法可求出动态的扩张应力等。这可为动力触探参数理论关系式的建立提供基础。此外，当考虑土体内摩擦角效应时，在其他条件相同下，按照同样方法，也可求解出孔穴壁面处的径向扩张压力；但其中须求出塑性区的体积变化，这也就带来一些不确定性以及需进行迭代计算。在此仅针对饱和软黏土（$\varphi \approx 0$），暂且不考虑其他土类。

现对触探探头取平衡条件得：

$$\pi\left(\frac{D}{2}\right)^2 q_c + \pi DL_c f_s = \pi\left(\frac{D}{2}\right)^2 \sigma_z \qquad (4-10)$$

即

$$q_c + \frac{4L_c}{D}f_s = \sigma_z \qquad (4-11)$$

式中　q_c，f_s——分别是静力触探的 Cone resistance（尖锥阻力）与 Sleeve friction（侧摩阻力）；

　　　L_c——触探探头有效摩擦长度；

　　　D——探头直径。

于是，侧摩阻力 f_s 可从径向扩张压力（乘以摩擦系数）得到：

$$f_s = \mu\sigma_r^{R_u} = \mu c\left[\ln\frac{E}{2(1+v)c}+1\right] \qquad (4-12)$$

式中　μ——触探探头与周围土体间的摩擦系数。

触探问题在力学上讲是一个空间轴对称问题。触探探头侧面与底面（对应柱坐标 $r=R_u$ 与 $z=h$ 面）为主平面，按空间轴对称问题平衡方程，即有 $\frac{d\sigma_z}{dz}=-\gamma z$，解之并按边界条件定常数得：$\sigma_z = -\gamma z^2/2 = -\gamma h^2/2$

由上述探头平衡条件即可得到锥尖阻力 q_c 计算关系式：

$$q_c = \sigma_z - \frac{4L_c}{D}f_s = -\frac{\gamma h^2}{2} - \frac{4L_c}{D}\mu c(\ln I_r +1) \qquad (4-13)$$

式中　γ——土体自然重度；

　　　h——触探点探头所处深度。

式（4-13）中右侧符号为负，表明锥尖阻力 q_c 与 σ_z 作用方向相反。

无论是单桥探头还是双桥探头，其静力触探贯入方式相同，故比贯入阻力 p_s 为

$$p_s = q_c + mf_s \qquad (4-14)$$

式中　m——单桥探头与双桥探头侧面有效测触面积（Friction sleeve surface area）的比值；对于同种锥底截面规格的单桥探头与双桥探头，即为单桥探头与双桥探头侧面有效测触长度比；对于锥底截面积 10（cm²）标准探头，$m = 57/179 \approx 0.318$。

对于十字板剪切参数，不妨先回顾其基本原理及计算。

十字板剪力试验是在钻孔拟测试深度土中插入规定形式和尺寸的十字板头，施加扭转力矩，将土体剪切，测定土体抵抗剪切的最大力矩，通过换算得土体不排水抗剪强度值（假定 $\varphi = 0$）。旋转十字板头时，在土体内形成一个圆柱形剪切面，假设该圆柱侧表面及上、下面上各点抗剪强度相等，则在极限状态下，土体产生的最大抗剪力矩 M 由圆柱侧表面的抗剪力矩 M_1 和圆柱上、下面的抗剪力矩 M_2 两部分组成，即 $M = M_1 + M_2 = (P_f - f) R$；而剪切力 $C_u = 2M / \left[\pi D^2 \left(\dfrac{D}{3} + H \right) \right]$，进而获得十字板剪切强度 C_u：

$$C_u = \frac{2R}{\pi D^2 \left(\dfrac{D}{3} + H \right)} (P_f - f) \quad \text{或} \quad C_u = K_c (P_f - f) \qquad (4-15)$$

式中　K_c——十字板系数，对一定规格的十字板剪力仪为常数；

　　　P_f——剪损土体的总作用力，kg；

　　　f——轴杆与土体间的摩擦力和仪器机械阻力，kg；

　　　R——施力转盘半径，cm。

对于饱和软黏土，可设内摩擦角 $\varphi = 0$，按 Coulomb 强度准则，有 $C_u = \tau = c$，将其代入式（4-12）与式（4-13），即可求出 f_s 与 q_c，它们建立了饱和软黏土静力触探参数与十字板剪切强度之间的关系。

灵敏度系数 $S_t = c_u / c_u'$，其中 c_u 为原状土的不排水抗剪强度值，c_u' 为扰动土的不排水抗剪强度值。

原状土的灵敏度也可以用双桥静力触探摩阻比 $\left(R_f=\dfrac{f_s}{q_c}\times100\%\right)$ 来估算。

Schmertmann（1978）提出 $S_t=N_s/R_f$，于是

$$S_t=N_s/R_f=N_sq_c/f_s \tag{4-16}$$

N_s 为无量纲系数，Robertson 和 Campanella（1988）[14]通过对静力触探解释结果和实验室结果比较得出，N_s 平均值为 6。NS Rad 和 TomLunne（1986）通过研究显示 N_s 值的变化范围为 5～10，平均值为 7.5。Tom Lunne（1997）认为，N_s 值取决于矿物、OCR 和其他函数，对所有的黏土不能给出一个唯一的 N_s 值。

式（4-16）也就建立了十字板剪切试验灵敏度系数与静力触探参数之间的关系。

对于比贯入阻力 P_s，则可先由十字板剪切强度 c_u 计算出 q_c 与 f_s，再直接利用式（4-14）计算 P_s。

到此为止，可由式（4-12）～式（4-14）与式（4-16）分别求解得到侧摩阻力 f_s、锥尖阻力 q_c、比贯入阻力 P_s 与灵敏度 S_t 四个重要参数；其中前三个参数是理论解，而最后一个参数 S_t 解中则计入了一个半经验系数。注意到，这些公式就强度参数而言均是非线性的，而不是一般经验关系式所表达的线性。

由式（4-12）与式（4-13）还可分别由侧摩阻力 f_s 与锥尖阻力 q_c 求出弹性模量 E：

$$E=2(1+v)\,ce^{\left(\frac{f_s}{\mu c}-1\right)}$$
$$E=2(1+v)\,ce^{\frac{D}{4\mu cL_c}\left(q_c-\frac{\gamma h}{2}-1\right)} \tag{4-17}$$

因此，式（4-17）有效地解决软基深部地基承载力（深部荷载试验）确定困难的问题。

3. 工程应用

（1）现场工程条件

该工程软基处理面积为 18.6 万 m^2，场地内地质条件很差，如图 4-32 所示，原为人工围成大小不等的鱼塘，后吹填处理。土层分布及物理指标见表 4-28。该场地采用静动力排水固结法[3]处理，处理过程中视该场地各区段条件与要求分 3～4 遍点夯与 1 遍普夯。

图 4-32 地基处理前现场照片

（2）试验方法与设备

试验前根据场地地质条件和工作条件，结合工程对测试深度的要求，选择触探仪器设备；包括根据探头的最大贯入阻力，选择触探机的贯入推力吨位，并准备好保证推力的反力系统。

采用 Yilmaz（1991）表 4-29 所示的建议，按土层条件选择不同能力的探头，见表 4-30。

表 4-28   各 土 层 分 布 及 性 状

土层名称	厚度/m	土 层 描 述
人工吹填土	0.0～5.5	分布很不均匀，以淤泥为主，含水量高
淤泥	3.5～20.5	平均为12.0m，海陆交互相海冲（淤）积成因，流塑状态，含水率为45.8%～114%，平均值为75.0%；孔隙比为1.517～2.992，均值为2.087
粉质黏土	0.7～9.5	冲洪积成因，可塑状态，具有一定的地基承载力，地基容许承载力建议值为160kPa
砂质黏性土	1.0～12.7	残积成因，褐黄色、褐红色为主，硬塑，局部可塑状，为花岗岩风化而成
全风化花岗岩	2.1～10.5	灰白、褐红色为主，岩芯呈坚硬土柱状，遇水易崩解
强风化花岗岩	0.7～13.2	紫红、青灰色，岩芯呈土夹岩块或碎块状，岩质软

表 4-29   探 头 选 择

土层条件		q_c/MPa	探头能力/kN
黏土	极软	5～12.5	10～25
	软～中等	12.5～25.0	25～50
	中等～硬	25.0～50.0	50～100
密砂		＞75	≥150

表4-30 探头几何参数

锥头截面面积 A /cm²	探头直径 D/mm	锥角 α/(°)	单桥探头	双桥探头	
			有效侧壁长度 L_1/mm	摩擦筒侧壁面积/ cm²	摩擦筒长度 L_c/ mm
10	35.7	60	57	200	179

监测仪器及精度：

1) 监测点测设仪器：Leica 徕卡 TC307 全站仪；精度＜1/4s。

2) 单桥静力触探探头：DQ-10Y，量程 0～30kN，精度 10N。

3) 双桥静力触探探头：SQ-10Y，量程 0～30kN，精度 10N。

4) DY-2000 型多用数字测试仪：测试精度不大于±0.5%±1 个字。

探头均按规程进行标定，以检验并保证探头的质量。对于各传感器的起始感应量和灵敏度，见表 4-31。

整个场地内设计大致均匀地布置各孔触探点，每孔用单桥或双桥探头分工前（施工开始前）、工中（第一遍点夯完成后）、工后（普夯完成 15d 后）三次进行触探试验，触探深度为 8～11m。本试验用全站仪进行监测点设置，确保测试过程中布点的前后一致性。

表4-31 探头起始感应量和灵敏度

起始感应量/kPa　　　灵敏度 触探参数	Ⅰ级 最大贯入阻力 2.5～5.0MPa	Ⅱ级 最大贯入阻力 7.0～12.0MPa	Ⅲ级 最大贯入阻力 12.0～20.0MPa
p_s, q_c	10～20	30～50	50～100
f_s	0.1～0.2	0.3～0.5	0.5～1.0
u	2	5	10

在静力触探点同一平面位置同时进行十字板剪切试验。十字板板头参数：H—100mm，D—50mm，板厚—3mm；十字板剪切探头：SB-1Y，量程 0～30kN，精度 1Nm。每点于地表以下（原始地面）2m 或 4m、6m、8m 深处进行十字板剪切试验。

由于工前场地条件极差，相当部分测点难以实施，故在此主要采用工中第一遍点夯完成后的测试数据。

（3）试验结果及其与计算结果分析比较

1) 原位试验结果。

典型静力触探测试曲线如图 4-33 所示，典型的十字板测试结果曲线如

图 4-34 所示。

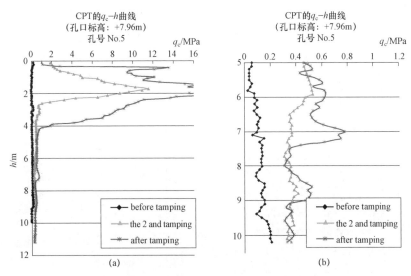

图 4-33 典型静力触探测试曲线

（a）q_c-h（深度）曲线；（b）q_c-h 放大曲线

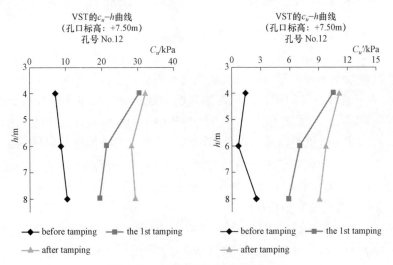

图 4-34 典型十字板剪切测试曲线

图 4-33 与图 4-34 表明了这种超软土在加固前、中及之后的力学强度的特性及变化，也表明了加固效果很明显。

2）触探参数实测值与理论值对比分析。

根据土工试验，相关参数为：$c = 8.4\text{kPa}$，$E = 1.31\text{MPa}$，$v = 0.35$，$\gamma = 18.5\text{kN/m}^3$，$\mu = 0.085$；测试探头几何参数 $L_c = 179\text{mm}$，$D = 35.7\text{mm}$。灵敏

度计算参数按 Robertson 建议值取 N_s=6。计算深度为 0.5～8m。由于黏性土透水性差，自重应力按水土合算考虑，应力按每 0.1m 计算一次 q_c、f_s 值。

理论分析值与典型实测数据对比分析曲线如图 4-35 和图 4-36 所示。

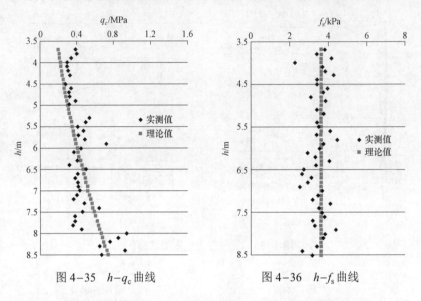

图 4-35　$h-q_c$ 曲线　　　　　图 4-36　$h-f_s$ 曲线

由图 4-35 和图 4-36 可见实测静力触探参数指标变化规律如下：

a. 静力触探在饱和软土中贯入过程中，q_c-h 曲线是一条随深度 h 缓慢增长的曲线，其斜率并非常数，但斜率变化不很大；f_s 随深度 h 基本保持不变。

b. 关于临界深度问题，通过观察多组曲线，认为探贯入饱和软土时临界深度并不明显。这主要是由于软黏性土与其他土的性质差异造成的；由于饱和软黏土内摩擦角 φ 很小，随着深度的增加，抗剪强度与摩阻力仍然变化不大。

该图也清楚地表明了理论值与实测值间具有相当好的一致性。

3）各参数关系的实测值与理论值对比分析。

a. q_c-c_u 关系及其分析比较。

图 4-37 实测数据表明了 q_c-c_u 具有正相关性，但有所偏离线性，理论计算显示输入的弹性参数等值对计算结果产生影响，但总体上理论与实测具有一致性。

b. f_s-c_u 关系及其分析比较。

图 4-38 中实测数据表明了 f_s-c_u 总体呈非线性趋势，理论计算在一定范围内（c_u<40kPa）与实测值具有较好的一致性，表明理论公式适合于饱和软黏土。

c. p_s-c_u 关系及其分析比较。

图 4-39 中实测数据表明了 p_s-c_u 曲线特性综合了 f_s-c_u 与 p_s-c_u 曲线两者

的特性，理论值与实测值同样具有较好的一致性。

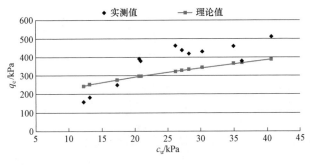

图 4-37 q_c-c_u 关系曲线

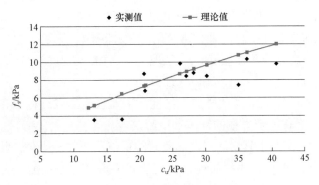

图 4-38 f_s-c_u 关系曲线

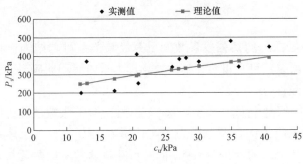

图 4-39 p_s-c_u 关系曲线

d. S_t-c_u 关系及其分析比较。

从图 4-40 可知，随着土体剪切强度的增大，灵敏度会降低；然而，该实测数据表示存在这样类型软土，随着土体剪切强度增大，灵敏度基本保持不变。这表明基于 Schmertmann 等学者经验而建立的十字板灵敏度公式只能表达随着土体剪切强度增大灵敏度会降低土的性质，有关灵敏度的理论关系还有待于进一步建立。

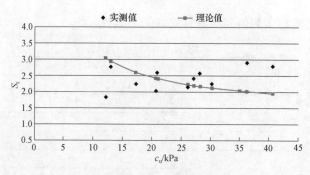

图4-40　S_t-c_u关系曲线

从上述实测与理论计算结果比较来看，两者对于饱和软黏土具有较好的一致性。存在偏差的原因为软黏土复杂的力学特性，包括：

1）在作出理论前提假定时有所简化，诸如将土体假设为简单的弹塑性体。

2）未考虑触探过程中复杂的力学现象，诸如产生孔隙水压力（若考虑则可在触探锥尖阻力中计入孔压加以修正）等。

3）工程现场软土本身性质的变异性，诸如软土形成过程中存在贝壳等残遗物的影响，这有待于大量的样本加以解决。

然而，对于土体工程，面对这么复杂的自然形成软黏土体，其实测与理论计算结果具有较好一致性；而理论公式建立了重要的原位测试力学量间的关系，可为工程设计应用节省高额测试费用及时间，也为理论进一步发展提供了途径。

4. 小结

（1）静力触探与剪切强度参数间已有经验关系可总结为一种线性关系通式，其中常数项系数可正可负，其系数物理力学内涵不明确甚至有冲突，且具有明显场地局限性。

（2）静力触探是空间轴对称问题，在圆柱空穴扩张塑性理论下可建立静力触探参数（锥尖阻力 q_c、侧摩阻力 f_s 与比贯入阻力 p_s）与土体弹性参数与黏聚力等力学参数之间的理论关系式，同时可获得这些触探参数与十字板剪切参数之间关系。

（3）上述所获理论关系式就强度参数而言均是非线性的，而不是一般经验关系式所表达的线性。

（4）这些理论计算结果与珠江三角洲地区实际大型软基工程处理的原位触探与十字板剪切试验数据对比，显示了 q_c-c_u、f_s-c_u 与 p_s-c_u 等理论与测试结果之间具有一致性，表明了建立的理论公式是可行而实用的。而基于前人经验而建立的十字板灵敏度半经验公式只能表达随着土体剪切强度增大灵敏度会降低的土性，有关灵敏度的理论关系还有待于进一步建立。

（5）由这些导出的理论公式，可通过弹性参数与黏聚力这些常规力学参数或十字板剪切参数直接确定触探参数；反之亦然，包括可由侧摩阻力 f_s 或锥尖阻力 q_c 直接求出弹性模量 E。这为节省高额测试费用，特别是因场地等条件限制而难以测试某些力学量难题的解决提供了有效方法，也为理论进一步发展提供了新途径。

4.5　结构性土地基沉降预测分析

1. 结构性土变形规律

如前面第 2、3 章所述，湛江黏土具有强结构性，湛江海相淤泥也具有一定结构性。在此利用本项目中代表性 65 组淤泥的压缩曲线、73 组黏土的压缩曲线（表 4-32）进行压缩变形分析讨论。为便于讨论分析，将上述曲线转换为 e-$\lg p$ 曲线。由淤泥压缩曲线可看出，在竖向应力 $p=25$kPa 前段由于只有两级荷载，呈直线分布，而后段为曲线，而湛江黏土的压缩曲线在结构应力拐点前近似为直线，后段则为曲线分布。由于其结构性的存在，压缩曲线并不能用全段曲线或单一的曲线函数模拟，如图 4-41～图 4-44 所示；这是由于黏土在结构屈服应力的前后压缩性突变所致。根据变性特征，采用线性函数模拟压缩第一阶段，指数函数模拟第二阶段即土结构破损发展阶段；但需确定具体的转折应力，确定方法尚存争议，且与后面工程应用无直接关系，故在此暂不进行讨论。此类结构性土压缩曲线的数学模拟如下：

模拟土初期变形阶段：

$$y = Kx + b \qquad\qquad (4-18)$$

模拟土结构破损发展阶段

$$y = A + Be^{Cx} \qquad\qquad (4-19)$$

式中　K、b、A、B、C——分别为反映土体两个压缩阶段基本性质的待定参数。

表 4-32　　　　　　　　　分 析 样 本 概 况 表

土类	子样数	异常点数	初始孔隙比	液限	分布深度/m
淤泥	65	7	$e_0 \geqslant 1.5$	$I_L \geqslant 1$	2.00～18.00
黏土	73	18	$1 \leqslant e_0 < 1.5$	$0.25 \leqslant I_L \leqslant 1$	1.05～42.00

模拟如图 4-41～图 4-44 所示。

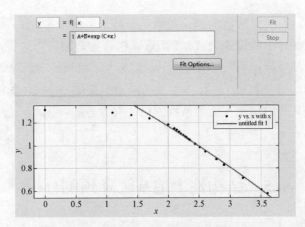

图 4-41   编号 616 黏土压缩曲线模拟结果

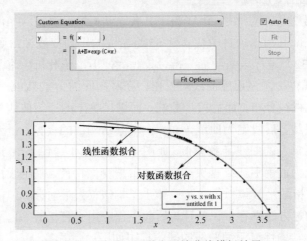

图 4-42   编号 942 黏土压缩曲线模拟结果

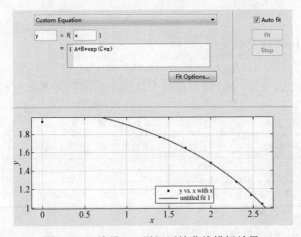

图 4-43   编号 612 淤泥压缩曲线模拟效果

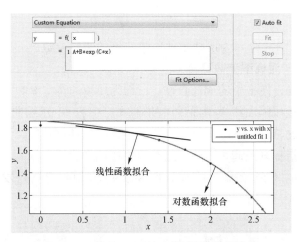

图 4-44 编号 568 淤泥压缩曲线模拟效果

由这些图可知，无论是淤泥还是黏土，由先行与对数函数构成的分段数学模型均能很好地模拟结构性土压缩曲线。其中，曲线部分斜率的值逐渐增大，符合结构破损阶段中土的压缩性逐渐增大的力学特性。

2. 结构性土变形数学模型建立

根据湛江典型土压缩曲线，就工程描述精度，可做如下假设：

（1）结构性土在结构破损发展前，土结构抵抗外力变形为弹性变形，压缩曲线表现为直线段，压缩性指标不随应力变化。

（2）随着应力不断增大，结构性土所受的力到达并超过结构破损起点应力，该阶段土变形为结构抵抗外力和结构破损并存的弹塑形变形，在压缩过程中土的压缩性随着应力增大而增大，呈非线性态。

（3）实际压缩曲线第三阶段土结构性强度已完全损失，呈现非连续变形性质，不再由连续介质力学描述。

于是，可构建相应结构性土压缩变形数学模型如下：

初期变形阶段（类似于土的再压缩曲线）：

$$e = K \lg p + e_0 \quad (p < \sigma_p) \tag{4-20}$$

进而可以得到：

$$\frac{\mathrm{d}e}{\mathrm{d}(\lg p)} = -K = C_e \tag{4-21}$$

式中 C_e——土的再压缩指数；

σ_p——土的结构破损起点应力。

结构破损发展阶段（土的初始压缩曲线）：

$$e = A + Be^{C \lg p} \quad (p \geqslant \sigma_p) \qquad (4-22)$$

式中 A、B、C——分别为反映土体压缩特征的待定参数。

3. 结构性淤泥模型参数确定

由上述可知,模型中的 K、A、B、C 均为模型的待定参数,而待定参数的定值问题一直是压缩曲线模型曲线中的难题,而每一个压缩曲线因土样各异,而呈现出不同的特征,因此找出每个曲线中参数的共同特征,并使其与土样的基本物理力学指标联系起来,并注意数学模型的拟合误差问题,这是十分必要的,通过湛江地区 58 条淤泥的压缩曲线的参数的回归分析,发现参数存在以下关系,如图 4-45~图 4-48 所示。

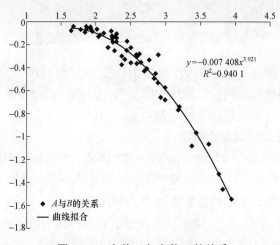

图 4-45 参数 A 与参数 B 的关系

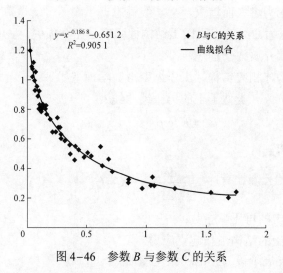

图 4-46 参数 B 与参数 C 的关系

根据总结的 58 条淤泥的压缩曲线，发现参数之间存在近乎理想的数学关系，由概况表 4-32 可以看出，其变异点数并不多，函数关系之间存在很强的相关性。其中，A 与 B 的关系相关性为 94%，B 与 C 关系的相关性为 90%，数学模型中的函数关系是压缩性的量化，说明湛江地区淤泥压缩性在空间分布上存在一定的共性。而根据这种关系，可知参数 A 与参数 B 的关系为：

$$B \approx -0.007\,408A^{3.921} \qquad (4-23)$$

参数 B 与参数 C 的关系为：

$$C \approx (-B)^{-0.186\,8} - 0.651\,2 \qquad (4-24)$$

A、B、C 关系全部被确定，根据这种关系，则参数之间的量化转换得以实现；这些关系表明此三个系数实际独立量只是一个，但独立系数的物理力学含义需要弄清。

以下探讨上述土的压缩性系数与土的基本物理力学特征的相关性及系数的物理力学含义。在探讨系数与土物理力学指标的关系如图 4-47 所示。

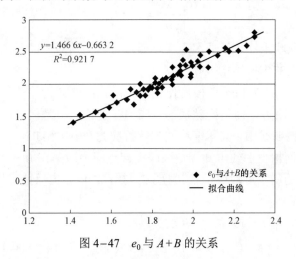

图 4-47 e_0 与 $A+B$ 的关系

由图 4-47 可以看出，淤泥压缩曲线的参数 A 与参数 B 之和与 e_0 相关性较强，相关性达 92.17%，e_0 与 $A+B$ 的关系有：

$$A+B \approx 1.466\,6e_0 - 0.663\,2 \qquad (4-25)$$

根据而初始孔隙比有：

$$e = \frac{d_s(1+\omega)\rho_w}{\rho} - 1 \qquad (4-26)$$

式中 e——土的天然孔隙比；

d_s——土的相对密度；

ω ——土的含水率；

ρ_{w} ——水的密度；

ρ ——土的密度。

上述关系完全确定了土的 e–$\lg p$ 曲线在结构破损发展阶段的曲线数学模型的参数。土的初始孔隙比是其基本物理性质的综合反映，而上述结果证明其阶段的压缩性直接与该基本物理指标相关。与此同时，在参数与上述指标进行单一的相关性分析时亦存在相关关系，具体为：$A+B$ 与含水率的相关性为78.67%，与土的相对密度的相关性为82.48%。根据初始孔隙比 e_0 与 $A+B$ 的关系，其强相关性表明其结构性土的压缩变形性质并不是靠单一的物理指标决定，而是多种物理指标综合作用的结果，三个系数之间的关系进行转化定值，其近乎理想的关系能够客观地揭示出了淤泥压缩性本身性质，其较强的相关性使计算误差大大降低，得出理想的曲线模拟效果。

对于 e–$\lg p$ 曲线的 K 参数，即初始段斜率，根据 K 与参数 $A+B$ 的关系，有

$$\frac{e_0 - e_{\mathrm{p}}}{\lg p} = K = C_{\mathrm{e}} \tag{4-27}$$

式中　e_{p}——原状土样压缩曲线中拐点即转折应力所对应的孔隙比；

C_{e}——土的再压缩指数。

由于淤泥在 $p=25\mathrm{kPa}$ 前段简化为直线段，因此认为其转折应力为前段或落于 $p=25\mathrm{kPa}$ 附近，而结构破损起点应力在理论上应是前段直线与后段曲线的交点，在淤泥曲线中，其压缩曲线的转折应力在 $p=25\mathrm{kPa}$，无法具体确定破损起点应力，而根据曲线可知，结构破损起点应力应落在 $0\sim25\mathrm{kPa}$ 中，因此将前两级荷载的斜率近似等于 C_{e}，发现 C_{e} 与参数 $A+B$ 也保持着相当的相关性，如图 4-48 所示。

直线中的斜率 K 与系数 $A+B$ 的关系：

$$C_{\mathrm{e}} \approx K \approx 0.179\,4(A+B)^2 - 0.704\,8(A+B) + 0.800\,3 \tag{4-28}$$

则 C_{e} 值通过参数 A 与参数 B 的和进行转化确定。因此数学模型中各项参数中的值均能被确定。参数 A 与参数 B 的和是贯穿整个公式关系的基本因素，从理论上说，应为初始压缩曲线 $p=0\mathrm{kPa}$ 时对应的初始孔隙比，其淤泥压缩数学模型的求解过程如下：

根据土的环刀法、比重瓶法等基本物理试验计算出其天然孔隙比，其天然孔隙比 e_0 与 $A+B$ 的关系有：

$$A+B = 1.467e_0 - 0.663 \tag{4-29}$$

根据 A 与 B 的关系，把式（4-29）整合为：

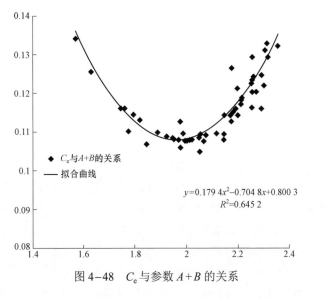

图 4-48　C_e 与参数 $A+B$ 的关系

$$B = -0.007\ 4A^{3.921} \tag{4-30}$$

$$A = \mathrm{arc}(1.467e_0 - 0.663 - A + 0.007\ 4A^{3.921} = 0) \tag{4-31}$$

根据式（4-31）可求出 A、B 参数的值。而参数 B 与 C 的关系有：

$$C = (-B)^{-0.187} - 0.651 \tag{4-32}$$

则可根据 B 值求出 C。因此，土的结构破损阶段则可求出，如式（4-33）：

$$e = A + Be^{C\lg p} \quad (p \geqslant \sigma_p) \tag{4-33}$$

$$\frac{\mathrm{d}e}{\mathrm{d}(\lg p)} = BCe^{C\lg p} \tag{4-34}$$

具体的函数关系已得到确定，曲线部分可根据相关数学公式求取最小曲率点，选取曲线中较为近似直线部分作延迟线，再根据 Casagrande 作图法求得相应的压缩指数及结构屈服应力。

参数 A 与参数 B 的和与参数 K 存在以下关系：

$$C_e = K = 0.179(A+B)^2 - 0.705(A+B) + 0.8 \tag{4-35}$$

则可直接求出再压缩曲线的斜率 K，因此土的结构变形阶段如式（4-36）：

$$e = K\lg p + e_0 (p < \sigma_p) \tag{4-36}$$

$$K = C_e \tag{4-37}$$

则分段式全部确定。在模拟过程中，参数与参数之间的关系性会造成误差的积累，综合反映为数学模型揭示的函数关系出现不同的误差。D_1 和 D_2 的误差值实际上是由土样的 e_0 与参数 $A+B$ 的线性关系的误差型导致的，因此其误差值亦与截距性质相同,这实际上是由于试验条件存在自然随机因素、变异因素及人为操作等因素影响,使试验数据出现误差;此误差修正值不影响压缩曲线求导的结果,即不影响其压缩性指标值,如式(4−38)和式(4−39):

$$e = K \lg p + e_0 + D_1 (p < \sigma_p) \qquad (4−38)$$

$$e = A + Be^{C \lg p} + D_2 \ (p \geq \sigma_p) \qquad (4−39)$$

而在土结构变形阶段,由于土结构变形的速率即再压缩指数受诸多因素的影响,即一部分受前期固结作用的影响,另一部分受土中氧化铁胶结物和有机质等成分的影响,因此机理复杂,目前没法从机理上去解释其现象,但根据 C_e 与初始压缩曲线的 e_0(即参数 A 与参数 B 的和)有着一定的相关性,并采用了二次函数关系进行模拟,根据点数分布可知,土样中大部分在二次函数的上升阶段,即初始压缩曲线的初始孔隙比越大,其再压缩指数越高,但是二次函数前段,初始孔隙比越大,其压缩性反而越小,表明仅凭这单一的指标不能直接量化土结构变形速率。初始压缩曲线中其参数的回归分析相关性强,其模拟误差小,而再压缩曲线中的参数关系在回归分析中的离散性相对较大,需对压缩曲线的模拟效果进行误差分析,其具体误差分析见表 4−33(以 25 个淤泥土样为例)。

表 4−33　　试验曲线压缩指数 C_e 与计算的压缩指数误差分析

土样编号	e_0	试验曲线的 C_e	计算的 C_e	差值绝对值	相对误差
002	1.522	0.104	0.134 161	0.030 16	0.290 009
003	1.987	0.106	0.122 736	0.016 74	0.157 887
004	1.784	0.118	0.108 314	0.009 686	0.082 09
005	1.819	0.122	0.107 969	0.014 031	0.115 01
006	1.677	0.103	0.114 437	0.011 44	0.111 037
504	1.935	0.121	0.114 582	0.006 418	0.053 05
505	1.822	0.095	0.108 013	0.013 01	0.136 975
506	1.994	0.109	0.124 19	0.015 19	0.139 359
537	1.990	0.105	0.123 362	0.018 36	0.174 881
539	1.832	0.093	0.108 13	0.015 13	0.194 291
540	1.940	0.084	0.115 202	0.031 2	0.371 447
576	1.947	0.143	0.116 125	0.026 875	0.187 94
578	1.892	0.139	0.110 531	0.028 469	0.184 81
579	1.825	0.092	0.108 024	0.016 024	0.174 17

续表

土样编号	e_0	试验曲线的 C_e	计算的 C_e	差值绝对值	相对误差
596	1.814	0.111	0.107 981	0.003 019	0.027 2
598	1.741	0.067	0.109 953	0.042 95	0.641 092
599	1.692	0.108	0.113 174	0.005 17	0.047 906
600	1.740	0.084	0.109 96	0.025 96	0.309 044
617	1.781	0.093	0.108 415	0.015 42	0.165 754
618	1.987	0.089	0.122 736	0.033 74	0.379 057
620	1.933	0.099	0.114 346	0.015 34	0.155 010
630	1.867	0.068	0.109 147	0.041 15	0.605 106
632	1.849	0.138	0.108 484	0.029 516	0.183 88
633	1.764	0.069	0.108 925	0.039 93	0.578 625
651	2.029	0.108	0.132 945	0.024 95	0.230 976

　　根据表 4-33 可以看出，其计算数值与曲线计算值相差的差值不大，而对其进行误差分析，其相对误差为 5.305%～64.109 2%，而根据统计的 58 个土样得出以下误差统计结果：相对误差在 2.305%～19.429 1%的有 37 个，其占比为 65.73%；误差在 20.077 6%～63.379 3%的有 21 个，其占比为 40%。

4. 淤泥压缩曲线模型模拟效果验证及分析

　　上述是基于室内试验数据得出的数学模型，需验证其模拟效果，本节中将其室内压缩曲线和数学模型的计算模拟曲线的结果进行对比，其具体模拟效果如图 4-49～图 4-57 所示，下列为本项目工程中取自不同批次的淤泥土样压缩曲线模拟，土样概况见表 4-34。

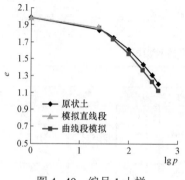

图 4-49　编号 1 土样

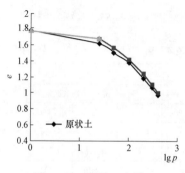

图 4-50　编号 2 土样

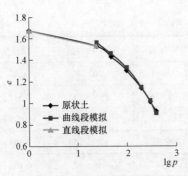

图 4-51　编号 3 土样

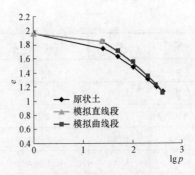

图 4-52　编号 4 土样

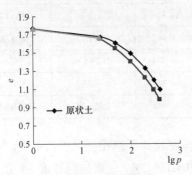

图 4-53　编号 5 土样

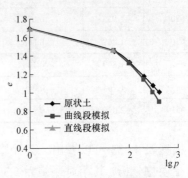

图 4-54　编号 6 土样

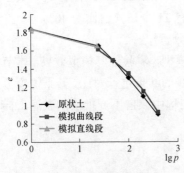

图 4-55　编号 7 土样

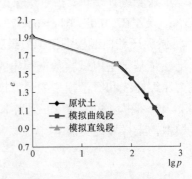

图 4-56　编号 8 土样

表 4-34　　　　　　　数学模型验证土样试验数据

各验证点编号值									
本工程数据	雷州市企水渔港				文献[55]数据			升级改造工程	
p/kPa	1	2	3	4	5	6	7	8	9
0	1.987	1.784	1.677	1.96	1.764	1.692	1.843	1.915	2.028
25	1.862	1.618	1.532	1.746	1.667	—	—	—	—
50	1.773	1.506	1.431	1.629	1.599	1.449	1.65	1.605	1.823
100	1.627	1.379	1.305	1.477	1.494	1.324	1.494	1.447	1.652

续表

各验证点编号值								
本工程数据	雷州市企水渔港			文献[55]数据			升级改造工程	
p/kPa	1	2	3	4	5	6	7	8	9
200	1.383	1.187	1.14	1.307	1.327	1.171	1.307	1.238	1.418
300	1.215	1.066	1.012	1.201	1.198	1.073	1.102	1.136	1.293
400	1.086	0.974	0.918	1.126	1.1	1.004	0.902	1.039	1.198

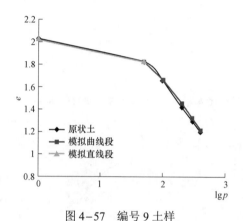

图 4-57　编号 9 土样

由图 4-49～图 4-57 可见，导出的压缩性 e-$\lg p$ 曲线数学模型对于本项目中不同批次、类似区域有关工程和文献[55]中的淤泥均取得了很好的模拟效果；还可以看出，整个分段模型中，其曲线部分的模拟效果较直线部分好。其可能原因为：① 这是由于淤泥曲线前段只是一级荷载下的变形，其直线受其荷载的大小影响并对具体的结构屈服强度所在位置缺乏考虑。② 其所求的再压缩曲线是本身天然结构性的反映，淤泥土样内在的结构性本身存在差异。③ 虽然本批次淤泥采用薄壁取土器和静压法钻取，但由于其淤泥土本身的结构不稳定易受扰动，不同扰动的淤泥在表现结构变形阶段的压缩性就会呈现出散乱无规律的现象。而构建的数学模型是依据曲线后端的结构破损阶段合理推算出再压缩曲线阶段所表现的结构性，其模拟效果虽有误差，但总体验证效果良好。

5. 结构性黏土模型参数确定

根据初定的数学模型的分段函数的形式，先对 13 个黏土土样（分布深度为 4～20m）进行了拟合，应用相同的思路分析其黏土的数学模型参数的相关关系，判断其拟合式子参数的关系与淤泥拟合式子的参数关系的形式，如图 4-58 和图 4-59 所示。

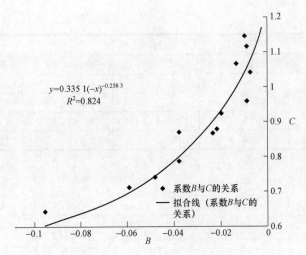

图 4-58   模型参数 B 与参数 C 的关系

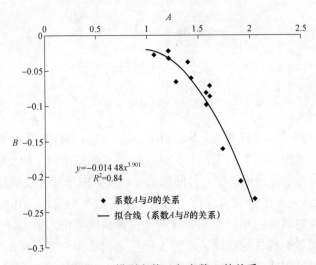

图 4-59   模型参数 A 与参数 B 的关系

由图 4-58 可知，运用该数学模型 [式（4-30）和式（4-31）] 的形式得出的参数 B 与参数 C 关系的形式与淤泥淤泥压缩曲线拟合式子相似，其相关性较强，为 82.4%。其关系如下：

$$C \approx 0.335\ 1(-B)^{-0.258\ 3} \tag{4-40}$$

而在图 4-59 中，其拟合式子显示参数 A 与参数 B 之间的关系形式与淤泥压缩曲线拟合式子相似，相关性为 84%，其关系如式（4-41）：

$$B \approx -0.014\ 48A^{3.901} \tag{4-41}$$

综上所述，对于湛江海相淤泥或是湛江黏土，运用数学模型拟合得出的参数具有较好的相关关系，且形式类似，证明其数学模型能一定程度地解释其土体压缩的特性。另外，黏土拟合式子的系数之间的相关性并不如淤泥拟合式子的强，可能原因：淤泥采用薄壁取土器和静压法采取，而黏土采用固定活塞式取土器和重锤少击法采取，虽然固定活塞式取土器能够较大程度地保证取样质量，但钻进过程中黏土由于受到重锤的震动等导致的结构扰动程度较淤泥大，而参数 A、B、C 主要反映黏土结构破损的速率，扰动程度不同土样的破损速率也存在不同，导致了参数 A、B、C 的分布随机性更大，其关系的相关程度削弱。

考虑到系数与系数的关系式误差会积累到压缩曲线数学模型中，而黏土的拟合式子参数 A、B、C 在软件拟合过程中自动取值，其存在的随机性较大，不利于把握数学模型的整体误差，为了进一步分析其总体误差的大小及其系数与土样基本物理力学指标的关系，结合式（4-41）中的函数关系，对各土样中的拟合值形成函数式子的固定关系，保持 A、B、C 之间的函数关系不变，即将拟合式子的形式转化为单一变量 A 的函数式进行拟合，这样就把整个参数关系链的误差归一到 A 的取值，减少其拟合过程中取值的随机性，并为拟合带来方便；A 的取值决定了其土体本身的压缩特性；同样地，根据黏土中初始孔隙比 e_0 与系数 $A+B$ 的关系［式（4-44）］，将相应式子中参数 A 与参数 B 的和与初始孔隙比 e_0 的关系进行分析，如图 4-60 所示。

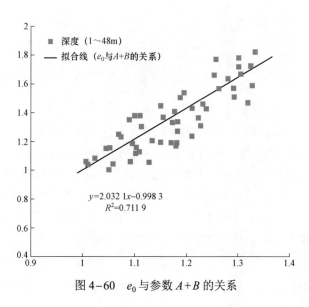

图 4-60　e_0 与参数 $A+B$ 的关系

从图 4-60 可以看出，黏土的天然孔隙比 e_0 与参数 A、B 和的关系与淤泥类似，但其关系较淤泥的离散，相关性关系为 71.19%，揭示了土的天然孔隙比与压缩曲线的结构破损呈现一定的线性关系，土的天然孔隙比越大，则压缩性越大。其内在土团粒、单粒之间形成的排列联结、胶结联结越多，即土结构对于应力的灵敏性越强，当超过临界应力后，其结构破损后的压缩性越强。其参数与天然孔隙比的参数关系式为：

$$A + B \approx 2.032\ 1e_0 - 0.998\ 3 \qquad (4-42)$$

考虑到其数学模型要运用到工程实际中，直接通过上述的线性函数计算，其误差较大，模拟效果相对较差，不符合工程应用的要求。而根据其土样的基本性质进行了综合考虑，如图 4-61 所示。

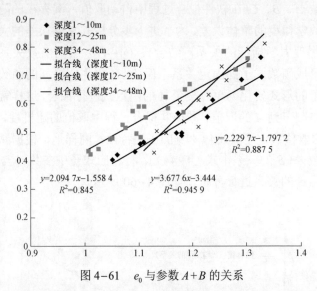

图 4-61 e_0 与参数 $A+B$ 的关系

图 4-61 揭示的是湛江地区黏土的天然孔隙比与参数 A、B 之和的关系还受深度的影响，在深度一定的范围内，其压缩性呈现出一定的共性，土中可见其分布深度为 1~10m 的土样的数据点总体处在分布深度为 12~25m 土样的下方，而分布深度为 34~48m 土样的点分布在两个不同深度范围的土样点之间，呈现更"陡"的直线上升趋势，表明了湛江地区黏土的压缩性不仅受初始孔隙比影响，还与深度分布具有较强的相关性，其中分布深度为 1~10m 的土样关系相关性为 88.75%，具体函数关系：

$$A + B \approx 2.229\ 7e_0 - 1.797\ 2 \qquad (4-43)$$

而分布深度为 12~25m 的土样关系相关性为 84.5%，具体函数关系为：

$$A + B \approx 2.094\ 7e_0 - 1.558\ 4 \qquad (4-44)$$

分布深度为 34~48m 土样关系相关性为 94.59%，具体函数关系为：

$$A + B \approx 3.677\ 6e_0 - 3.444 \qquad (4-45)$$

对于这种关系，不同的深度分布其关系式的形式一致，但具体数据不同，这应该与黏土层的上覆有效应力有关，而根据项目中的小荷量级高压试验结果，其大部分土样所求得的结构拐点（屈服）应力小于其上覆有效应力或与其相当，并根据湛江地区黏土所处地层分布及所处年代沉积环境分析，在此期间所沉积的土基本没有受到剥蚀，也未受过人工堆载，判断湛江地区东海岛钢铁基地厂区内黏土普遍为正常固结土和欠固结土，一般为自然沉积，所受上覆应力为自重应力；而土的结构性来源于以下两方面：① 土固体颗粒间析出的可溶盐的结晶、离子氧化物或有机质等胶体形成的结构性；② 土颗粒之间在受压过程中，水分被挤压排除致使土颗粒之间的结合水膜变薄、土粒间联结加强（水胶作用）而形成的结构性；而结构屈服压力为先期固结压力和结构强度之和。因此，结构性土的初始压缩曲线的压缩性受深度影响较大。我们认为，淤泥的中天然孔隙比 e_0 与数学模型系数之间的关系不受深度影响，其天然孔隙比反映的结构信息以胶结联结为主导，而黏土的相应关系受深度一定影响，与前述试验结果总体有一致性。

黏土的再压缩曲线斜率 K 与参数之间的关系如图 4-62 所示。

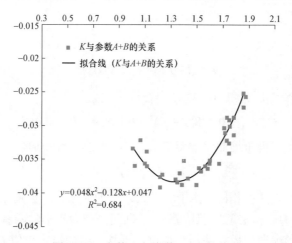

图 4-62　参数 K 与参数 $A+B$ 的关系

根据 e_0，求出各个深度对应的参数 A、B，并将其相加与参数 K 进行分析，K 为再压缩曲线的斜率 C_e。由图 4-62 可知，其参数之间的关系与淤泥式子的相关关系一致，但由于其再压缩曲线受取土及运送等的扰动，其天然结构性受到不同程度的扰动，相比淤泥的压缩特性在地区呈现一定的普遍性的特点，黏土由于其受深度和本身成分及其胶结作用的影响，其在地区分布呈现出相对较大的差异性，其相关性为 68.4%，但依然揭示了其相关关系的良好性，其具体关系式如下：

$$C_e = K = 0.048(A+B)^2 - 0.128(A+B) + 0.047 \tag{4-46}$$

其黏土压缩数学模型的求解过程如下：

根据土的环刀法、比重瓶法等基本物理试验计算出其天然孔隙比，其天然孔隙比 e_0 与 $A+B$ 的关系有：

$$A + B = 2.23e_0 - 1.797 \quad （深度为 1～10m） \tag{4-47}$$

$$A + B = 2.095e_0 - 1.56 \quad （深度为 12～25m） \tag{4-48}$$

$$A + B = 3.678e_0 - 3.444 \quad （深度为 34～48m） \tag{4-49}$$

根据 A 与 B 的关系，把式（4-47）～式（4-49）整合为：

$$B = -0.014\,5A^{3.901} \tag{4-50}$$

$$1.467e_0 - 0.663 - A + 0.007\,4A^{3.921} = 0 \tag{4-51}$$

其他深度可代入相应参数按上面的形式依次求得。

根据式（4-50）和式（4-51）可求出 A、B 参数的值。而参数 B 与 C 的关系有：

$$C = 0.335(-B)^{-0.258} \tag{4-52}$$

则可根据 B 值求出 C。因此土的结构破损阶段则可求出，如式（4-53）：

$$e = A + Be^{C\lg p} \quad (p \geqslant \sigma_p) \tag{4-53}$$

参数 A 与参数 B 的和与参数 K 存在以下关系：

$$C_e = K = 0.048(A+B)^2 - 0.128(A+B) + 0.047 \tag{4-54}$$

则可直接求出再压缩曲线的斜率 K，因此土的结构变形阶段如式（4-55）：

$$e = K\lg p + e_0 \quad (p < \sigma_p) \tag{4-55}$$

与淤泥的数学模型相同，由于各参数之间的关系计算会造成误差积累，可通过数学模拟与压缩曲线的对比方法，根据同一应力水平的两者孔隙比差值加以修正，对数学模型的模拟曲线整体进行平移，即加上修正值 D_1 和 D_2。此误差修正值不影响压缩曲线求导的结果，即不影响其压缩性指标值，如式（4-56）和式（4-57）：

$$e = K\lg p + e_0 + D_1 (p < \sigma_p) \tag{4-56}$$

$$e = A + Be^{C\lg p} + D_2 (p \geqslant \sigma_p) \tag{4-57}$$

6. 黏土压缩曲线模型的模拟效果验证及分析

上述是基于室内试验数据得出的数学模型，需验证其模拟效果，以下将其室内压缩曲线和数学模型的计算模拟曲线的结果进行对比,其具体模拟效果如图 4-63~图 4-69 所示,下列为本项目工程中取自不同批次的淤泥土样压缩曲线模拟,其验证土样概况见表 4-35。

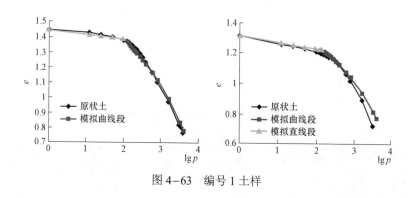

图 4-63　编号 1 土样

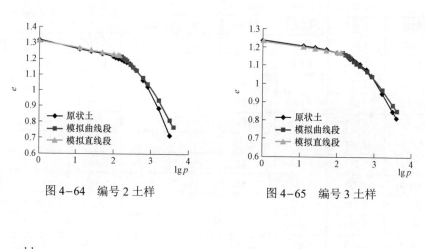

图 4-64　编号 2 土样　　　　　　　图 4-65　编号 3 土样

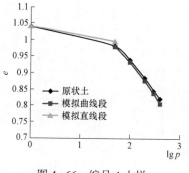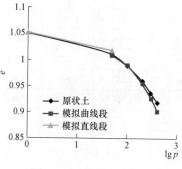

图 4-66　编号 4 土样　　　　　　　图 4-67　编号 5 土样

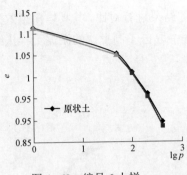

图 4-68　编号 6 土样

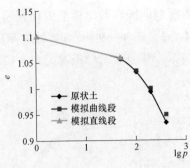

图 4-69　编号 7 土样

表 4-35　　　　　　　　　　　数学模型验证的土样试验数据

各验证点编号值							
本项目小荷量级高压试验				雷州市企水渔港升级改造工程			
p/kPa	1	2	3	p/kPa	4	5	6	7
0	1.452	1.312	1.232	0	1.039	1.051	1.113	1.10
12.5	1.432	1.258	1.206	50	0.98	1.01	1.052	1.056
25.0	1.418	1.245	1.196	100	0.938	0.987	1.012	1.031
50.0	1.402	1.230	1.186	200	0.882	0.958	0.960	0.993
100.0	1.379	1.210	1.168	300	0.845	0.935	—	—
125.5	1.370	1.202	1.162	400	0.819	0.918	0.895	0.933
138.0	1.364	1.197	1.157	—	—	—	—	—
150.5	1.357	1.195	1.154	—	—	—	—	—
163.0	1.351	1.191	1.15	—	—	—	—	—
175.5	1.345	1.188	1.147	—	—	—	—	—
188.0	1.338	1.184	1.142	—	—	—	—	—
200.5	1.332	1.182	1.140	—	—	—	—	—
213.0	1.325	1.179	1.138	—	—	—	—	—
225.5	1.319	1.176	1.134	—	—	—	—	—
275.5	1.293	1.163	1.125	—	—	—	—	—
325.5	1.268	1.15	1.117	—	—	—	—	—
400.0	1.233	1.126	1.106	—	—	—	—	—
600.0	1.165	1.067	1.078	—	—	—	—	—
800.0	1.105	1.020	1.042	—	—	—	—	—
1600.0	0.971	0.888	0.946	—	—	—	—	—
3200.0	0.812	0.716	0.846	—	—	—	—	—
4000.0	0.763	0.678	0.811	—	—	—	—	—

续：附注以上土样分布深度为 4.5～17.5m。

由图 4-63～图 4-69 可以看出，根据深度位置，选择相应的系数进行计算，其数学模型也能够很好地模拟黏土的压缩曲线；基于 55 个黏土土样计算的再压缩指数 K 值与试验曲线结果进行了误差分析：计算值的相对误差总体为 1.03%～42.84%，其相对误差在 1.25%～18.429 1% 的有 39 个，其占比在 70.9%；误差在 28.25%～42.84% 的有 16 个，其占比为 29.1%。由于根据深度等对系数进行了细致的划分，其再压缩曲线（e-lg$p$ 曲线直线段）的斜率与模型参数之间的关系更准确，因而再压缩曲线的模拟效果比淤泥好。根据深度对系数进行划分是一种近似方法，不同工程中深度相同的黏土其数学模型的系数不一定相同，但可明确其数学模型能揭示其深度对结构性的相互作用的机理，并对此进行量化，而验证结果证明：导出的经验系数在湛江地区适用性较强，具有工程实用价值。

7. 小结

（1）总结及论述了典型结构性土的 e-lg$p$ 曲线模型的形态特点及压缩性变化特征，建立了分段式特点的压缩变形数学模型，反映了压缩性在结构强度前后有较大的变化。

（2）分析统计了该区黏土、淤泥的压缩特性及系数，综合评价了其压缩性水平，讨论了该区内淤泥、黏土的一维固结试验的室内压缩曲线特点，包括拐点前后的曲线变化及其斜率的变化，并据之前所总结的结构性土的成分及微观结构等因素，从结构损伤的角度讨论了土的结构在压缩工程中的压缩性变化。

（3）将上述分段式数学模型模拟结果与试验曲线进行对比验证，验证结果表明该淤泥数学模型很好地模拟了试验曲线。并对两种土类获得如下结果：在该数学模型中，淤泥天然孔隙比和参数的线性关系与深度无关；而在黏土的相关关系却在很大程度上受深度影响。

以上结果对于进一步发展土的结构性效应理论研究提供了基础及参考。

4.6 关于土结构性强弱定量描述问题

介质宏观力学行为源于其微、细观行为，反之微细观行为规律可解释甚至预测宏观力学行为，土结构性问题本质是微细观问题，故弄清土结构性问题在学术上具有重要意义。在工程实践中，土结构性问题较易导致难以预测的工程后果；地基基础通常处于共同作用状态，结构性强的地基土抵抗力丧失具有较明显的突发性，在一定外部条件下，应变率或应力率急剧变化而导致地基土体介质破坏及基础失效，因而，土结构性相关研究具有重要工程意义及实用价值。

然而，目前有关土结构强弱的定量描述却存在问题。按通常定义，土结构性是指土颗粒和孔隙的性状、排列形式（几何特征）及其颗粒之间的相互作用（联结特征）。在实际应用中，目前普遍存在两方面问题：

（1）有关结构性的关系式只是反映联结特征，尽管其与几何特征有一定关联性。

（2）进一步的问题是，在对联结特征的定量刻化中，忽略了颗粒及孔隙关联形成的几何特征导致的力学效应与胶结、初始含水率等因素导致的力学效应的区别。例如，对于饱和土，有关联结特征的关系式只是表述为原状土与重塑土之间强度相对比值或一定荷载下某种变形的相对比值；这些表述无法解释一些特殊土的试验结果，如:公认某些区域（如雷州半岛及湛江）的黏土结构性强，但其原状土与重塑土之间强度比值并不大于同一区域的结构性相对较弱的淤泥；换而言之，相对于湛江海相淤泥，湛江组黏土结构性更强而灵敏度却并不更高。

因此，有必要对结构性强弱的定量描述加以改进。

由土结构性基本定义可以看出，结构性由两方面构成，一是构成结构性要素的颗粒及颗粒团关联的（颗粒与孔隙的大小、形状与排列）几何特征，二是这些颗粒及颗粒团相互作用的（物理力学相互作用）联结特征。由大量对比试验，我们认识到土的几何特征丧失造成的抗力损失变化与颗粒相互作用改变引起的抗力变化及诱因并不是一一对应的；直接而具体的物理基础为：颗粒相互作用不仅与几何特征、颗粒本身性状有关，而且与颗粒间的胶结介质特性等有关；我们最新的试验研究还发现，用以表征土结构性的灵敏度与土的初始含水率明显相关（目前尚不十分清楚结合水联结作用在何条件下可忽略）。

进而，对于饱和黏土，可以原状与重塑状态下的颗粒及孔隙关联形成的几何特征导致的土体强度对应的某种能量比值来定义，从而较完整准确地反映结构性强弱，这种能量应扣除胶结与结合水连接的作用能。当仅采用土灵敏度刻化结构性时，还应考虑初始含水率的影响。限于本书内容范围，在此不展开论述。

重大工程应用

5.1 案例 1：国家特大工程宝钢湛江典型 区段——纬三路软基处理

基于前述各项研究成果，我们针对国家重大工程项目宝钢湛江基地工程进行了大规模推广应用。以下对代表性典型区段进行介绍。

5.1.1 工程概况及条件

宝钢湛江基地首期工程位于湛江市东海岛，占地为 12.59km²，其中海积平原区等淤泥区共计约 5.25km²，海相淤泥厚度为 0.6～25.0m。该区采用了以静动力排水固结法为主的软基处理方法，并以其中位于 Ⅱ 区的纬三路作为首个处理工程试验场地。下面仅对湛江市东海岛纬三路地基预处理试验段进行介绍。

纬三路沿长度方向贯穿海积平原区域（Ⅱ区）、东侧砂堤砂地（Ⅲ区），分别具有淤泥、松散砂等不利地质条件。该路分两段，东西全长约为 4250m，南北宽约为 70m（含管线范围），分别从龙腾料场内已有纬三路向西向东两边延伸，为贯穿厂区内部东西向的主干道。纬三路场地地形总体上较为平缓，其中最东段的砂堤砂地地貌单元地面的黄海高程变化在 3.81～16.4m 之间。该路西段主要为水下浅滩、海漫滩、海积平原、人工堆积和剥蚀台地地貌，东段主要为海积平原和砂堤砂地地貌，靠近龙腾料场的小部分区域为人工堆积区和玄武岩台地地貌的边缘。

该场地内分布的主要地层有第四系全新统人工填积层（Q^{ml}）、冲洪积层（Q_4^{al+pl}）、风成海积层（Q_4^{m+eol}）、海积层（Q_4^m）、残坡积层（Q_4^{el+dl}），上更新统湖光岩组（Q_3^y），以及下更新统湛江组海陆交互相沉积层（Q_1^{mc}）。其中，第四系全新统海积层（Q_4^m）主要土层为淤泥（地层代号⑤$_{1-1}$、⑤$_{1-2}$），灰色—黑灰色，含大量腐植物、螺壳，有臭味，主要分布于纬三路的水下浅滩、海漫滩、海积平原地貌区域。该淤泥层平均厚度为 9.4m；⑤$_{1-2}$ 层位于⑤$_{1-1}$ 层下部，⑤$_{1-1}$ 层层揭露厚度 0.90～10.90m，平均厚度为 5.25m，层顶标高为 −2.66～3.02m，平均标高为 0.55m；⑤$_{1-2}$ 层层揭露厚度为 0.60～11.60m，平均厚度为 4.15m，层顶标高为 −10.47～2.66m，平均标高为 −4.18m；其厚度变化大，工程性能极差，属高压缩性、低强度、高灵敏度土层，是拟建场地内需要重点加固处理的软弱地基土层。有关物理力学指标见表 5−1～表 5−3。

表 5−1　　　　　　　　　　　淤泥层基本物理指标

时代成因	地层代号	土层名称	含水率 ω_o（%）	天然重度 γ/kN/m³	天然孔隙比 e_o	液限 W_L（%）	塑限 W_p（%）	塑性指数 I_p	液性指数 I_L	压缩系数 a_{vp}=100～300kPa /MPa
Q_4^m	⑤$_{1-1}$	淤泥	70.8	15.3	1.918	62.5	33.2	28.3	1.31	1.83
	⑤$_{1-2}$	淤泥	68.6	15.5	1.898	61.5	33.6	27.9	1.29	1.80

表 5−2　　　　　　　　　　　淤泥层压缩与强度标准值表

时代成因	地层代号	岩土名称	压缩系数 a_{vp}=100～300kPa /MPa	压缩模量 E_{sp}=100～300kPa /MPa	三轴快剪（UU）指标		直剪快剪		无侧限抗压强度		十字板抗剪强度 C_U	
					凝聚力 C /kPa	内摩擦角 φ（°）	C /kPa	Φ（°）	原状土 qu/kPa	重塑土 qu'/kPa	原状土 /kPa	残余土 /kPa
Q_4^m	⑤$_{1-1}$	淤泥	1.83	1.59	10.9	0.2	9.6	3.2	22.1	5.8	16.11	5.3
	⑤$_{1-2}$	淤泥	1.80	1.64	13.1	0.2	9.8	3.3	26.3	5.8	21.3	7.43

表 5−3　　　　　　　　　　　淤泥层承载力特征值 f_{ak} 表

时代成因	地层代号	土层名称	密度状态	按土工试验确定 /kPa	按静力触探确定 /kPa	按标贯 N 确定 /kPa	经验范围值 /kPa	建议值 /kPa
Q_4^m	⑤$_{1-1}$	淤泥	流塑	38	39		35～50	40
	⑤$_{1-2}$	淤泥	流塑				45～55	45

此外，根据液化判别结果并结合场地工程地质条件，综合判定场地第四系风积海积细中砂层（地层代号④$_1$）中等液化，即该层地基土的存在液化问题。

根据指挥部要求，纬三路在施工期间应首先具备通车条件。因此，利用纬三路进行软基处理和工程试验研究，确定合适的软基处理方法，为大面积软基处理提供依据。

纬三路试验段的具体概况及图示如图5-1所示。

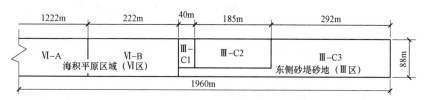

图5-1　纬三路地质概况图

5.1.2　地基处理原则与目标

1. 地基处理原则

地基处理原则如下：

（1）充分利用场地现有资源，尽量使场地内的砂、土资源形成自平衡（自循环）。

（2）确保安全，消除淤泥区填土时稳定性不足的问题。

（3）控制场地沉降，降低场地软硬差异，从而减小上部建筑的差异沉降。

（4）降低施工难度，加快施工进度。

（5）结合场地淤泥厚度及拟建道路使用要求，采用不同手段，进行适度预处理，尽量避免后（二次）处理，大幅降低工程投资。

2. 地基预处理目标

地基预处理目标如下：

（1）场地稳定性提高，不至于在填土过程中导致场地失稳（使极限填土高度由4.0m增大到7.0m）。

（2）纬三路路堤工后沉降（从路面竣工后算起至设计年限内）不大于300mm。

（3）地基（含填土层）承载力特征值不低于100kN/m²。

（4）使上部深厚填土、下部淤泥土性得到明显改善，为后续施工和投资控制创造前提条件。

5.1.3　地基处理方案及步骤

纬三路试验段长度共1960m，共分A、B、C三个试验区域，各区域的软基处理方法如下：

（1）A区，长为1222m，宽为88m，属淤泥区，采用静动力排水固结法。

（2）B区，长为222m，宽为88m，属淤泥区，采用堆载预压法。

（3）C1 区，长为 40m，宽为 68m，属下部带淤泥层的砂堤区，采用堆载预压法。

（4）C2 区，长为 185m，宽为 68m，属下部带淤泥层的砂堤区，采用静动力排水固结法。

（5）C3 区，长为 291m，宽为 68m，属砂堤区，采用填土加分层振动碾压法。

纬三路地基预处理的基本步骤如下：

（1）静动力排水固结法（A 区）。

1）铺垫细中砂（厚为 1～2m，取自本场地砂堤砂地的细中砂）。

2）设置排水板（按淤泥厚度确定间距）。

3）设置盲沟、抽水井。

4）分层填土。

5）夯击结合抽降水。

（2）堆载预压法（B 区）。

1）铺垫细中砂（厚为 1～2m，取自本场地砂堤砂地的细中砂）。

2）设置排水板（按淤泥厚度确定间距）。

3）堆载填土并碾压。

（3）砂堤区域（C 区）。

根据地勘报告，C 区内下部有深厚淤泥、薄层淤泥和较厚砂层三种情况，采用不同的处理方式。

1）C1 区采用堆载预压法（下部淤泥层较厚）。

2）C2 区采用堆载预压法加表层夯击法（考虑夯击对砂土液化影响试验，下部淤泥层较薄）。

3）C3 区采用分层填土加表层碾压（较厚砂层）。

5.1.4　监测方案及测点布置

为了观察、了解与分析地基处理下的固结状态及加固效果，进行了沉降、深层土体位移、孔隙水压力监测及土体原位测试、土体室内试验。

纬三路试验段共设置了 10（1～10 号）个监测断面，根据全路段长度、淤泥层或相关软土深度依次埋设传感器，以反映试验场地各代表区段力学响应特征并满足试验结果数据统计的基本要求。1～8 号剖面处于静动力排水固结法试验范围（A 区），9 号剖面为静力排水固结法试验范围（B 区），10 号剖面为静动力排水固结法（处理砂堤以下淤泥）范围（C1 区），详见图 5-2 与图 5-3 所示。

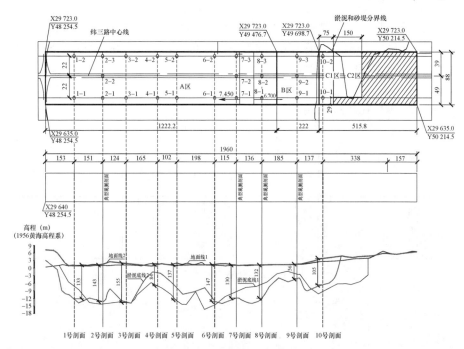

图 5-2 试验路断面图

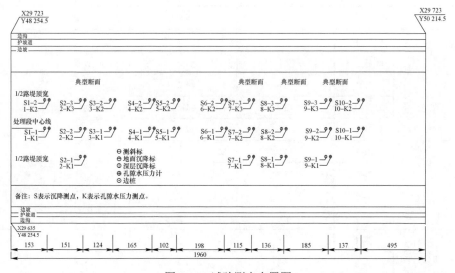

图 5-3 试验测点布置图

在每个监测断面取 2～3 个点进行沉降、深层土体位移、孔隙水压力监测及土体原位测试、土体室内试验。2 号（淤泥厚为 14m）、6 号（淤泥厚为 13m）、7 号（淤泥厚为 13m）、8 号（淤泥厚为 10m）、9 号（静力堆载区）剖面为典型监测断面（每剖面 3 个测点），其他剖面为非典型监测断面（每剖面 2 个测点），典型与非典型监测断面标识见图 5-4。每个测点水平按间距为纬三路段宽度的 1/3 依次布置，而同一测孔则沿土层深度按间距 2～4m 埋设单个传感器，其总体埋设的深度在 1.8～15m。

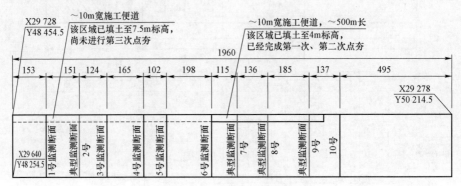

图 5-4　试验测点布置图

各监测断面的所属区域、淤泥层厚度、砂堤区砂层厚度、排水板间距、处理方法见表 5-4。

表 5-4　　　　　　　　　　各监测断面情况一览表

剖面编号	测点号	淤泥厚度/m	排水板间距/m	软基处理方法
1 号	1-1	8.8	1.2	静动力排水固结法
	1-2	7.4	1.2	
2 号	2-1	12.8	1.2	静动力排水固结法
	2-2	13.3	1.2	
	2-3	15	1.2	
3 号	3-1	14.3	1.2	静动力排水固结法
	3-2	13.4	1.2	
4 号	4-1	5.3	1.2	静动力排水固结法
	4-2	6.7	1.2	
5 号	5-1	11.6	1.2	静动力排水固结法
	5-2	14.3	1.2	
6 号	6-1	12.8	1.2	静动力排水固结法
	6-2	16.1	1.2	
7 号	7-1	12.2	1.2	静动力排水固结法
	7-2	13	1.2	
	7-3	8.8	1.2	

剖面编号	测点号	淤泥厚度/m	排水板间距/m	软基处理方法
8 号	8-1	10.2	1.2	静动力排水固结法
	8-2	10	1.2	
	8-3	8.5	1.2	
9 号	9-1	4.1	1.4	静力排水固结法
	9-2	3.7	1.4	
	9-3	3.2	1.4	
10 号	10-1	10	1.2	静动力排水固结法，2250t/m 点夯二遍
	10-2	12	1.2	

主要监测仪器及精度如下：

（1）孔隙水压力传感器：KY-1，量程为 0～1MPa，精度为 1kPa。

（2）DY-2000 型多用数字测试仪：测试精度不大于 ±0.5%±1 个字。

（3）DTC-2010B 型多通道现场测试数显仪：测试精度不大于 ±0.25%±1 个字。

上述仪器及传感器在安设前或使用中均按规范通过严格标定及检验。

5.1.5　地基处理工艺流程

（1）A 区（深厚淤泥区）

A 区淤泥层、黏土层深厚；采用静动力排水固结法对软基进行处理；处理方案为先铺砂垫层后堆土至原定标高，进行第一、二遍点夯，而后继续堆土，至设计标高后进行第三、四遍点夯，再普夯及推平碾压。

（2）B 区（淤泥区）

2009 年 11 月初，B 区填至 4.0m 标高，完成碾压；2010 年 3 月初填土至 6.7m 标高，完成碾压。

（3）C 区（砂堤区）

2009 年 9 月初，C1 区推至 4.0m 标高，完成碾压；2010 年 3 月填土初推至 6.7m 标高，完成碾压。

5.1.6　测试及监测结果

各断面监测结果如下：

1. 1 号监测断面

该处原为鱼塘，地势低。清表后，填砂 2.7m。其中，1-1 测点破坏，1-2

测点正常。沉降历时曲线见图5-5，关键工况实测沉降情况见表5-5。

表5-5　　　　　　　监测点1-2关键工况实测沉降情况

工况	砂垫层结束	填至2.5m	填土至4m	第一次点夯	第二次点夯	填土7.5m	第三次点夯	第四次点夯	最后一次记录
时间	09-9-8	09-11-1	9-11-18	9-12-7	9-12-14	9-12-26	10-1-16	10-2-28	10-5-15
总沉降量/mm	—	50	110	173	194	264	299	400	520
期间沉降量/mm		50	60	63	21	70	35	101	120
平均速率/（mm/d）		0.93	3.53	3.32	3.00	5.83	1.67	2.35	1.58

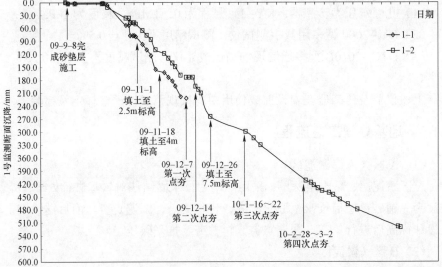

图5-5　1号监测断面时间-沉降曲线

1-2测点处淤泥厚度为7.4m，堆土标高为7.5m，已达到设计标高，但测点位于便道附近，尚未进行第三次夯击，旁边区域第三、四次点夯夯击点距离该测点10m以上。第一次、第二次夯击期间，该断面沉降速率分别为3.0mm/d和5.83mm/d。两次夯击时间相差较短，夯击后，沉降速率显著增大。1-2测点2010年5月15日实测沉降量/淤泥层厚度=420/7400=6%。随着便道区域第三次、第四次点夯的进行，1-2测点的沉降还会有所增长。

2. 2号监测断面

2-1、2-2、2-3测点，沉降历时曲线见图5-5。各关键工况沉降及沉降速率见表 5-6～表 5-8。2-2 测点处淤泥厚度为 13.3m，实测沉降为 1313mm。2-2 测点沉降量/淤泥层厚度＝1313/13 300＝10%；2-1 测点沉降量/淤泥层厚度＝1185/12 800＝9%；2-3 测点沉降量/淤泥层厚度＝907/15 000＝6%。

表 5-6 监测点 2-1 关键工况沉降数据

工况	砂垫层结束	填至2.5m	填土至4m	第一次点夯	第二次点夯	填土7.5m	第三次点夯	第四次点夯	最后一次记录
时间	9-8-26	9-10-31	9-11-17	9-11-21	9-12-16	9-12-26	10-1-22	10-3-4	10-5-22
总沉降量/mm	0	40	103	118	263	363	650	930	1185
期间沉降量/mm	—	40	63	15	145	100	287	280	255
平均速率/（mm/d）	—	0.61	3.71	3.75	5.80	10.00	10.63	6.83	3.23

表 5-7 监测点 2-2 关键工况沉降数据

工况	砂垫层结束	填至2.5m	填土至4m	第一次点夯	第二次点夯	填土7.5m	第三次点夯	第四次点夯	最后一次记录
时间	9-8-26	9-10-31	9-11-17	9-11-21	9-12-16	9-12-26	10-1-19	10-3-2	10-5-25
总沉降量/mm	3	61	120	136	310	431	760	1082	1313
期间沉降/mm	—	58	59	16	174	121	329	322	231
平均速率/（mm/d）	—	0.88	3.47	4.00	6.96	12.10	13.71	7.67	2.75

表 5-8 监测点 2-3 关键工况沉降数据

工况	砂垫层结束	填至2.5m	填土至4m	第一次点夯	第二次点夯	填土7.5m	第三次点夯	第四次点夯	最后一次记录
时间	9-8-26	9-10-31	9-11-17	9-11-21	9-12-16	9-12-26	10-1-16	10-2-28	10-5-15
沉降量/mm	0	37	134	156	303	364	520	722	907
期间沉降/mm	—	37	97	22	147	61	156	202	185
平均速率/（mm/d）	—	0.56	5.71	5.50	5.88	6.10	7.43	4.70	2.43

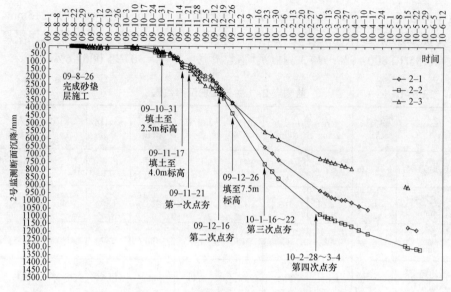

图 5-6 2 号监测断面时间-沉降曲线

图 5-6 中 2-2 测点沉降数据表明：第一次、第二次点夯结束后，沉降速率很快，分别达到 7mm/d 和 12.1mm/d。填土至 7.5m 标高后一段时间，沉降速率达到 13.71mm/d。第三次、第四次夯击后，淤泥沉降速率分别为 7.67mm/d 和 2.75mm/d。第四次夯击，当天监测沉降速率为 6.5mm/d。

3. 3 号监测断面

堆土已至标高 7.5m。3-1、3-2 测点各关键工况沉降及沉降速率见表 5-9。其中，3-2 测点在 2010 年 2 月撞坏。3-1 测点于 2010 年 5 月 15 日测量后撞坏，但撞坏时填土施工各工序已完成。

表 5-9 监测点 3-1 关键工况沉降数据

工况	砂垫层结束	填至2.5m	填至4m	第一次点夯	第二次点夯	填至7.5m	第三次点夯	第四次点夯	最后一次记录
时间	09-8-24	9-10-27	09-11-6	9-11-28	9-12-9	9-12-19	10-1-22	10-3-2	10-5-15
总沉降量/mm	0	73	112	179	233	295	506	800	982
期间沉降量/mm		73	39	67	54	62	211	294	182
平均速率/(mm/d)	—	1.14	3.90	3.05	4.91	6.20	6.21	7.54	2.46

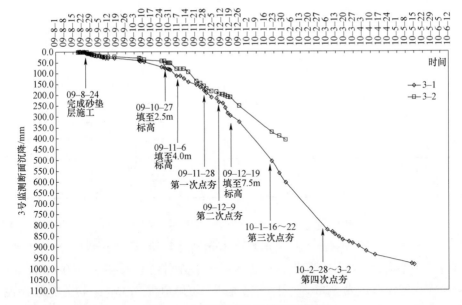

图5-7　3号监测断面沉降历时曲线

图5-7中3-1测点处淤泥厚度为14.3m,5月15日实测沉降值为982mm。计算最终沉降量为 897～1256mm。3-1 测点沉降量/淤泥层厚度=982/14 300=7%。第三次夯击后,沉降速率达到 7.54mm/d。第四次夯击当日沉降速率也达到 7mm/d。

4. 4号监测断面

该处原为农田,已完成填土至标高 7.5m。4-1、4-2测点,各关键关键工况的沉降及沉降速率见表5-10、表5-11。

表5-10　　　　　　　　　　监测点 4-1 关键工况沉降数据

时间	砂垫层结束	填至2.5m	填至 4m	第一次点夯	第二次点夯	填至7.5m	第三次点夯	第四次点夯	最后一次记录
工况	09-8-23	09-9-28	9-10-30	9-11-24	9-12-9	10-2-5	10-2-24	10-3-3	10-5-15
总沉降量/mm	1	48	95	187	223	450	521	556	713
期间沉降量/mm	—	47	47	92	36	227	71	35	157
平均沉降速率/（mm/d）	—	1.31	1.47	3.68	2.40	3.91	3.74	5.00	2.15

表 5-11　　　　　　　　监测点 4-2 关键工况沉降数据

时间	砂垫层结束	堆填至2.5m	堆填至4m	第一次点夯	第二次点夯	填至7.5m	第三次点夯	第四次点夯	最后一次记录
工况	09-8-23	09-9-28	9-10-30	9-11-24	9-12-9	10-2-5	10-2-20	10-3-1	10-5-15
总沉降量/mm	2	25	62	134	177	295	329	346	414
期间沉降/mm		23	37	72	43	118	34	17	68
期间沉降速率/（mm/d）	—	0.64	1.16	2.88	2.87	2.03	2.27	1.89	0.91

4-2 测点位于便道附近，堆填至 7.5m 标高后，尚未进行第三次夯击。旁边区域的第三、四次夯击点距离该测点 10m 以上，所以该断面第三次夯击后，沉降速率不大。第三次、第四次夯击沉降速率分别是 1.75mm/d 和 0.91mm/d。4-1 测点淤泥厚度为 5.3m，5 月 15 日实测总沉降值为 713mm。其沉降量/淤泥层厚度＝713/5300＝13.5%。4-2 测点沉降量/淤泥层厚度＝414/6700＝6%。

5. 5 号监测断面（损坏较早，略）

6. 6 号监测断面

该处原为农田，已填土至标高 7.5m。6-1、6-2 测点沉降历时曲线如图 5-8 所示，各关键工况的沉降及沉降速率见表 5-12 和表 5-13。

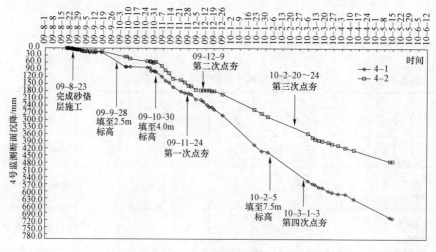

图 5-8　4 号监测断面沉降历时曲线

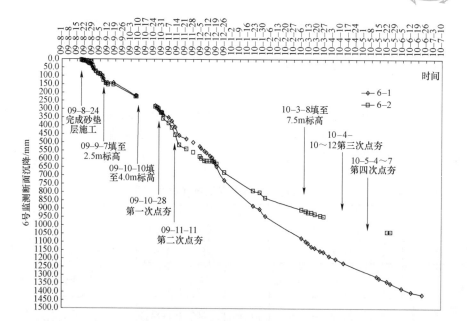

图5-9　6号监测断面沉降历时曲线

表5-12　　　　　　　监测点6-1关键工况沉降数据

工况	砂垫层结束	堆填至2.5m	堆填至4m	第一次点夯	第二次点夯	填至7.5m	第三次点夯	第四次点夯	最后一次记录
时间	09-8-24	09-9-7	9-10-10	9-10-28	9-11-11	10-3-8	10-4-12	10-5-7	10-6-13
总沉降量/mm	20	100	218	306	409	1096	1225	1290	1416
期间沉降量/mm	—	80	118	88	103	687	129	65	126
期间沉降速率/（mm/d）	—	5.71	3.58	4.89	7.36	5.87	3.69	2.60	3.41

表5-13　　　　　　　监测点6-2关键工况沉降数据

工况	砂垫层结束	堆填至2.5m	堆填至4m	第一次点夯	第二次点夯	填至7.5m	第三次点夯	第四次点夯	最后一次记录
时间	09-8-24	09-9-7	9-10-10	9-10-28	9-11-11	10-3-8	10-4-10	10-5-4	10-5-25
总沉降量/mm	11	104	225	298	456	914	970	1009	1039
期间沉降量/mm	—	93	121	73	158	458	56	39	30
期间沉降速率/（mm/d）	—	6.64	3.67	4.06	11.29	3.91	1.70	1.63	1.43

6-1 测点实测沉降量达到 1416mm（2010.6.13）。沉降量/淤泥厚度＝1415/1280＝11%。6-2 监测点 2010 年 5 月 25 日实测沉降量 1039mm，沉降量/淤泥厚度＝1039/16 100＝7%。

7. 7 号监测剖面

该处原为农田，除便道区域标高暂为 4m 外，其余区域均以堆填至 7.5m 标高。7-1、7-2、7-3 测点，各关键工况沉降及沉降速率见表 5-14～表 5-16，沉降历时曲线如图 5-10 所示。

表 5-14　　　　　　　　　　监测点 7-1 关键工况沉降数据

工况	砂垫层结束	堆填至2.5m	堆填至4m	第一次点夯	第二次点夯	填至7.5m	第三次点夯	第四次点夯	最后一次记录
时间	9-8-18	9-9-7	9-10-8	9-10-31	9-11-6	10-3-15	10-4-15	10-5-10	10-6-23
总沉降量/mm	8	91	166	319	341	734	811	890	1003
期间沉降量/mm	—	83	75	153	22	393	77	79	113
期间沉降速率/（mm/d）	—	4.15	2.42	6.65	3.67	3.05	2.48	3.16	2.57

表 5-15　　　　　　　　　　监测点 7-2 关键工况沉降数据

工况	砂垫层结束	堆填至2.5m	堆填至4m	第一次点夯	第二次点夯	填至7.5m	第三次点夯	第四次点夯	最后一次记录
时间	09-8-18	09-9-7	9-10-8	9-10-31	9-11-6	10-3-15	10-4-10	10-5-7	10-5-25
总沉降量/mm	7	84	162	271	279	671	907	944	984
期间沉降量/mm	—	77	78	109	8	392	236	37	40
期间沉降速率/（mm/d）		3.85	2.52	4.74	1.33	3.04	9.08	1.37	2.22

表 5-16　　　　　　　　　　监测点 7-3 关键工况沉降数据

工况	砂垫层结束	堆填至2.5m	堆填至4m	第一次点夯	第二次点夯	填至7.5m	第三次点夯	第四次点夯	最后一次记录
时间	9-8-18	09-9-7	09-10-8	9-10-31	9-11-6	10-3-15	10-4-10	10-5-4	10-6-23
总沉降量/mm	7	65	119	155	172	523	602	656	768
期间沉降量/mm	58	54	36	17	351	79	54	112	—
期间沉降速率/（mm/d）	2.90	1.74	1.57	2.83	2.72	3.04	2.25	2.24	—

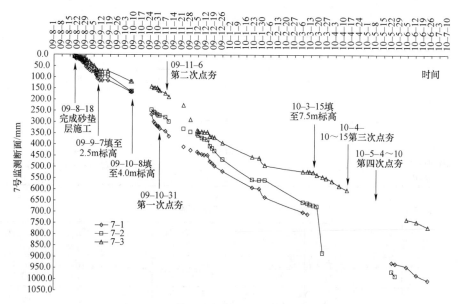

图 5-10　7 号剖面沉降历时曲线

（7-2 测点实测数据有突变，原因不明）

7-2 测点淤泥厚度为 13m，2010 年 5 月 25 日实测沉降为 984mm。计算最终沉降 893～1251mm。7-2 测点沉降量/淤泥厚度=8%。7-3 测点位于便道附近，尚未填土至设计标高，第三次强夯，旁边第三、四次强夯夯击点距离该测点 10m 以上，沉降量和沉降速率相对较小。7-3 测点沉降量/淤泥厚度=768/8800×100%=9%。7-1 测点沉降量/淤泥厚度=1003/12 200×100%=8%。

8. 8 号监测断面

该处原为农田，除便道区域标高暂为 4m 外，其余区域均以堆填至 6.7m 标高。8-1、8-2、8-3 测点，各工况期间沉降及沉降速率见表 5-17～表 5-19。沉降历时曲线如图 5-11 所示。

表 5-17　监测点 8-1 关键工况沉降数据

工况	砂垫层结束	堆填至2.5m	堆填至4m	第一次点夯	第二次点夯	填至7.5m	第三次点夯	第四次点夯	最后一次记录
时间	9-8-12	9-8-29	9-10-11	9-10-28	9-11-18	10-3-25	10-4-15	10-5-10	10-6-23
总沉降量/mm	—	33	148	206	306	583	621	671	733
期间沉降量/mm		33	115	58	100	277	38	50	62
沉降速率/（mm/d）	—	1.94	2.67	3.41	4.76	2.18	1.81	2.00	1.41

表 5-18 监测点 8-2 关键工况沉降数据

工况	砂垫层结束	堆填至2.5m	堆填至4m	第一次点夯	第二次点夯	填至7.5m	第三次点夯	第四次点夯	最后一次记录
时间	9-8-12	9-8-29	9-10-11	9-10-28	9-11-18	10-3-25	10-4-13	10-5-8	10-5-25
总沉降量/mm	—	33	144	199	275	581	618	680	718
期间沉降量/mm	—	33	111	55	76	306	37	62	38
期间沉降速率/（mm/d）		1.94	2.58	3.24	3.62	2.41	1.95	2.48	2.24

表 5-19 监测点 8-3 关键工况沉降数据

工况	砂垫层结束	堆填至2.5m	堆填至4m	第一次点夯	第二次点夯	填至7.5m	第三次点夯	最后一次记录
时间	2009-8-12	2009-8-29	09-10-11	9-10-28	9-11-18	2010-3-25	2010-4-10	2010-4-13
总沉降量/mm	—	30	128	139	209	445	482	492
期间沉降量/mm	—	30	98	11	70	236	37	10
期间沉降速率/（mm/d）	—	1.76	2.28	0.65	3.33	1.86	2.31	3.33

注：施工工序未结束 8-3 测点即已破坏。

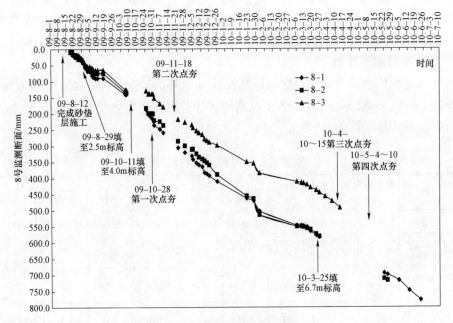

图 5-11 8号剖面沉降历时曲线

　　8-2 测点淤泥厚度为 10.0m，计算最终沉降为 924～1293mm，2010 年 5 月 25 日实测沉降为 718mm。8-2 测点沉降量/淤泥厚度=7%。8-1 测点沉降量/淤泥厚度=733/10 200=7%。

9. 9 号监测剖面

　　该处原为农田，除便道区域标高暂为 4m 外，其余区域均以堆填至 6.7m 标高。9-1、9-2、9-3 测点，各工况期间沉降及沉降速率见表 5-20，沉降历时曲线见图 5-12。

　　代表性的 9-3 测点沉降量/淤泥厚度=279/3700=7.5%。

表 5-20　　　　　　　　监测点 9-3 关键工况沉降数据

工况	砂垫层结束	堆填至 2.5m	堆填至 4m	堆填至 6.7m	最后一次记录
时间	2009-7-23	2009-8-31	2009-11-2	2010-3-8	2010-3-31
总沉降量/mm	—	42	154	262	279
期间沉降量/mm	—	42	112	108	17
期间沉降速率/（mm/d）	—	1.08	1.78	0.86	0.74

注：完成施工工序的测点。

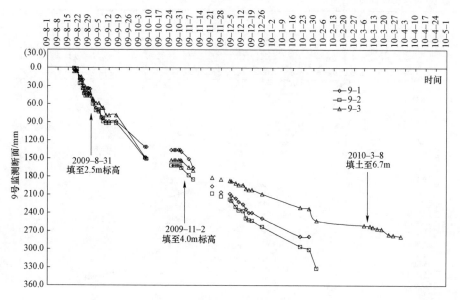

图 5-12　9 号剖面沉降曲线

10. 10 号监测断面

该处原为农田,均已堆填至 6.7m 标高。10-1、10-2 测点,各工况期间沉降及沉降速率见表 5-21、表 5-22 与图 5-13。

该剖面地处砂堤砂地。原场地标高为 6.2m,后挖出上部松散砂至标高 4~5m,打设塑料排水板,分层填土、砂,并分层碾压,堆土至 6.7m 标高。(此部分内容需要时可参见"纬三路软基预处理试验研究中间报告"。)

表 5-21　　　　　　　　　监测点 10-1 关键工况沉降数据

工况	推至 4m 标高	堆填至 6.7m 标高	最后一次记录
时间	2009-8-7	2009-11-20	2010-4-13
总沉降量/mm	—	267	451
期间沉降量/mm	—	267	184
期间沉降速率/(mm/d)	—	2.54	1.28

表 5-22　　　　　　　　　监测点 10-2 关键工况沉降数据

工况	推至 4m 标高	堆填至 6.7m 标高	最后一次记录
时间	2009-8-7	2009-11-20	2010-3-26
总沉降量/mm	—	370	591
期间沉降量/mm	—	370	221
期间沉降速率/(mm/d)	—	3.52	1.75

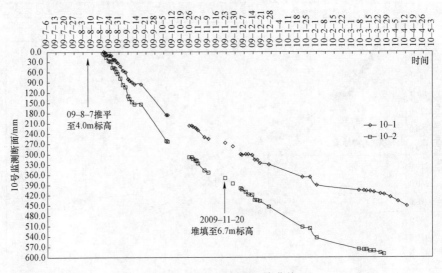

图 5-13　10 号剖面沉降曲线

5.1.7 工程质量及效果评估

1. 从柱状图推算的沉降量

从地质勘察的柱状图看,砂垫层的底标高分别为填土面下 10m、8.9m、8.0m 和 7.2m。与原始淤泥面标高比,估计填土后淤泥土层发生的沉降在 1m。

2. 固结度

表 5-23 为各测点的最后记录实测沉降与计算最终沉降的比较。一般说来,淤泥土层的沉降为取经验系数 $\xi=1\sim1.4$ 的值,所以固结度(这里以实测沉降与计算最终沉降之比反映)总体上已超过了 80%。

表 5-23   实测沉降与计算最终沉降对比表

测点号	实测沉降/mm	最后实测记录日期	计算最终沉降/mm		固结度（%）	
			$\xi=1$	$\xi=1.4$	$\xi=1$	$\xi=1.4$
1—1	—	—	933	1306	—	—
1—2	520	10.5.15	692	969	75	53
2—1	1185	10.5.22	897	1256		94
2—2	1313	10.5.25	881	1233		~100
2—3	907	10.5.15	889	1245		75
3—1	982	10.5.15	897	1256		78
3—2	—	—	901	1261	—	—
4—1	713	10.5.15	665	931		77
4—2	414	10.5.15	897	1256	46	—
5—1	—	—	708	992	—	—
5—2	—	—	901	1261	—	—
6—1	1416	10.6.13	924	1293		~100
6—2	1039	10.5.25	851	1190		87
7—1	1003	10.6.23	934	1307		77
7—2	984	10.5.25	893	1251		79
7—3	768	10.6.23	915	1281	84	—
8—1	733	10.6.23	897	1256	82	—
8—2	718	10.5.25	924	1293	78	—
8—3	—	—	796	1115	—	—
9—1	—	—	466	652	—	—
9—2	—	—	446	625	—	—
9—3	—	—	426	597	—	—
10—1	—	—	210	294	—	—
10—2	—	—	240	336	—	—

3. 填土后淤泥性能指标的改善程度

淤泥土层地质勘察委托中冶武勘院完成。勘察结论如下：

"淤泥层通过预处理后，顶部厚为 0.8～1.4m 的淤泥已改良为可塑黏土，其标贯击数 8～9 击；中部厚为 3～6m 的淤泥改良为淤泥质黏土，其孔隙比减少到 1.436（根据纬三路详勘报告，预处理前为 1.918），含水率由预处理前 70.8%减少到 53.4%，十字板强度预处理前平均值为 16.11kPa，预处理后为 30.60kPa；下部淤泥仍为淤泥，但孔隙比也减少到 1.801，含水率由预处理前 70.8%减少到 65.3%。十字板强度预处理前平均值为 16.11kPa，预处理后为 26.52kPa。"

紧邻勘察孔的预处理前后十字板强度比较如图 5-14 所示。

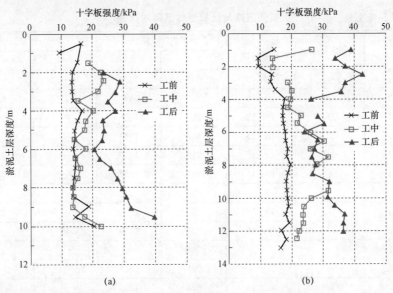

图 5-14　预处理前后淤泥土层十字板强度对比

（a）工后 WY05 孔 VS 工前 8-3 孔；（b）工后 WY03 孔 VS 工前 6-2 孔

4. 小结

淤泥土层处理作用至少可分两个方面：一是让淤泥由于填土作用发生的沉降在施工期，而使地下管线、道路等的使用期沉降大幅度降低，保证使用期正常运行；二是改善淤泥的性能指标，提高强度，在施工期、使用期可综合利用这种性能改善和提高强度，如降低基坑支护结构的费用等。纬三路软基预处理取得良好的效果，达到预处理目标。填土和淤泥土层符合有关公路规范的要求，并且工后沉降较小。主要试验结论如下：

（1）纬三路试验区域淤泥土层的最大实测沉降超过 1.4m。据实测数据统计，淤泥土层的沉降量与淤泥土层厚度的比值（测点平均值）已超过 8%。纬三路试验区域淤泥土层在填土自重压力作用下的固结度（实测沉降与计算沉降的比值）已超过 80%。与湛江某堆场场地采用其他地基处理方法的效果比较，并结合前述 1.1 节（问题的提出与意义）第二段论述与 2.1 节（水性变化——结合水转化为自由水的荷载条件）尾段论述，可见对于湛江软黏土地基处理，静动力排水固结法相对目前其他方法具有显著优势。

（2）纬三路试验区域淤泥层顶部厚为 0.8～1.4m 的淤泥已改良为可塑黏土，其标贯击数 8～9 击。中部厚为 3～6m 的淤泥改良为淤泥质黏土，其孔隙比减少到 1.436（预处理前为 1.918），含水量由预处理前 70.8%减少到 53.4%，十字板强度 30.60kPa（预处理前平均值为 16.11kPa）。下部淤泥仍为淤泥，但孔隙比也减少到 1.801，含水量由预处理前的 70.8%减少到 65.3%。十字板强度预处理前平均值为 16.11kPa，预处理后为 26.52kPa。

（3）填土以稍密状态为主，局部有中密状态。填土压实系数 λ_c 范围值为 0.89～0.95 之间，平均值为：深度 0～1.5m 段为 0.933；1.5～2.5m 段为 0.923；2.5～3.5m 段为 0.914；3.5～4.5m 段为 0.911；4.5～5.5m 段为 0.906。

综上所述，有次序地利用场平填土，利用现场细中砂水平向排水，设置塑料排水板竖向排水，与其上的填土共同构成免费加载系统和低费用排水系统，采用静动力固结方法处理湛江钢铁工程场地淤泥土层是合理的、符合现场实际的选择。这种方法使填土密实度达到有关标准的要求，淤泥土层性能较大改善，工后沉降大幅度降低，可达到花小钱赚大钱，提高工程质量，降低工程风险、工程投资的目标。

5.2 案例 2：广州重点工程——某成品油库区淤泥地基处理

5.2.1 工程概况及条件

拟建仓储区位于广州南沙小虎岛，该仓储区主要用于储存和经营油品及液体化工品，该区总面积约为 67.2 万 m^2，均采用静动力排水固结法进行软基处理。该工程设计、监测、施工样板与整个场地指导及质量控制均由本著者负责，其中一期工程区域、化工品库区的淤泥地基处理可参见本著者其他著作。在此，本案例仅以其中占地面积为 22.8 万 m^2 的成品油库区淤泥地基为例进行介绍。

该区域场地原多为鱼塘，塘底标高+2.00m 左右，已由以淤泥为主的冲填土回填，性质极差。根据勘察报告，主要覆盖土层从上至下依次为人工冲填土，海陆交互相海冲（淤）积成因的淤泥，冲洪积成因的粉质黏土、淤泥质土、粉细砂和中粗砂，残积成因的砂质黏性土，下伏基岩为燕山期的花岗岩。该工程软基处理范围内地质条件很差，整个处理场地地表以下均分布有淤泥层，仅淤泥软土层厚度为 1.60～25.80m，平均厚度达到 11.91m；最大含水量达到 122%，平均值为 74.2%；孔隙比为 1.52～2.94，平均值为 1.95；淤泥顶面埋深浅，标高+1.31～+6.47m，平均标高为+6.02m；地下水位高（距地表普遍为 0.50～0.80m）。区内有关工程地质与水文地质条件可参见该区岩土工程详勘报告与初勘报告。

需要说明的是，该次软基处理主要在雨期施工，降雨量比往年同期增加90%以上；此外，施工单位实际采用的塑料排水板为再生料。

5.2.2 方案设计与选择

1. 场地地基处理要求

（1）按变形要求进行控制，所有处理后地基变形要求：

使用期内，最大工后沉降≤300mm，差异沉降≤0.3%。

（2）软基处理后交工面地基承载力满足以下要求：

车场（含区内道路等其他构筑物）和道路 f_{ak}≥120kPa；油灌区 f_{ak}≥80kPa。

（3）交工面以下地基压实标准：深度 0～80cm，＞93%；深度 80～150cm，＞90%。

（4）软基处理交工面高程为+7.50m。

（5）本工程工期为 100 个日历天（包括吹填工程，但不含由于砂源问题吹砂断供时间），软基处理工期为 90 个日历天。

（6）质量验收：

1）进行现场荷载板载荷试验以确定处理后地基承载力及变形模量；荷载板可为圆形或正方形，面积不小于 1m²。

2）进行静力触探、十字板剪切或钻孔取土的土工试验作为软土深部质量验收辅助手段，即进行工后与工前软基土物理力学参数比较。

2. 处理方案

软基处理工程方法很多，根据本工程条件及要求特点，为节省投资、保证质量、缩短工期，对该软基处理工程采用静动力排水固结法。

根据该仓储区情况及特点，罐区拟采用桩基础。鉴于该区荷载、原地层及软土分布、冲填土、各期工程工期安排等条件特点，从使用、质量、经济与工期等综合考虑，该区内均作软基处理。软基处理采用静动力排水固结法，根据各区段的特点，实施不同的具体工法，各区段面积及方案工法见表 5-24。该区静动力排水固结法总工期控制在 100 天内。

表 5-24 成品油库区分区与工法对应表

成品油库区总面积 22.800 万 m²				
各处理区段分布			面积/万 m²	软基处理方法
油罐区	油罐区（一）	分区（1）	0.506	工法 2：静动力排水固结法 [相应于交工面下的填土静压＋水平排水体系＋插塑料排水板（1.4m×1.4m，平均插深为 15.7m）＋2 遍点夯及 1 遍普夯（普夯可结合地表铺石砂进行）；实行过程控制与施工点控制]
		分区（2）	2.563	
	油罐区（二）	分区（3）	2.543	
		分区（4）	2.721	
		分区（5）	3.403	
		分区（6）	0.879	
	总面积		12.615	
	车场区（含区内道路等其他建构筑物）		6.254	工法 1：静动力排水固结法 [相应于交工面下的填土静压＋水平排水体系＋插塑料排水板（1.4m×1.4m，平均插深为 15.9m）＋4 遍点夯及 1 遍普夯；实行过程控制与施工点控制]
	管线区（含区内建构筑物）		1.175	
	道路（除车场外的其他所有道路）		2.756	
各工法软基处理面积/万 m²：	工法 1 10.185	工法 2 12.615	合计 22.800	

3. 各工法及工艺流程

工法 1 和工法 2 工艺流程如图 5-15 所示。

4. 工艺参数要求

（1）水平排水体系

1）若施工场地低洼处有积水，则首先将积水抽、排干净，进行晾晒。

2）在铺设排水体系之前须清除现有场地表面的杂草、小树丛、植被等，消除质量隐患。

3）须形成各施工小区现有地表面的自然排水坡度。

4）施工中，除了按图中标注设置排水、截水沟外，在施工面还应形成一定密度（根据排水机具功能、地形情况等；暂按平均每 1 万 m² 设置长为 120～150m 的引水沟计）的引水（沟）体系。

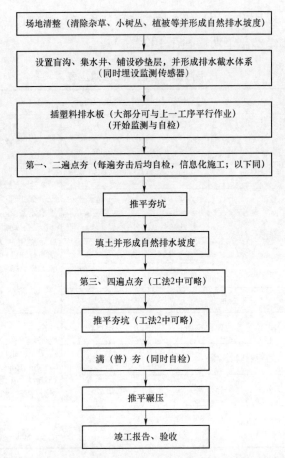

图 5-15   静动力排水固结法（工法 1 和工法 2）施工流程图

5）若场地周边存在横向补给水情况，则必须采取措施加以隔断（可利用场地周边排水沟，沟底加深至低渗透的淤泥层顶面）。

砂垫层：厚度 1.0m（局部区域可视地质条件变化而作相应的适当调整），采用中粗砂或瓜米石，平均含泥量＜5%，最大含泥量＜8%。

盲沟：盲沟沟宽 0.4m，其底面最浅处须比砂垫层底面低 25cm，盲沟顶面标高与其两侧现有地面标高相同，盲沟底面以 1%的排水坡度往集水井方向加深；盲沟渗滤材料严格按照要求采用粒径为 4～7cm（或 3～5cm）、大小均匀、长径比（或各向尺寸）尽量接近的碎石，含泥量不超过 3%；误差要求：平面设置≤10cm；沟底标高≤5cm；盲沟高度≤5cm；盲沟宽度≤5cm。

盲沟的渗滤材料用无纺透水性土工布完全包裹，沿沟的长度方向土工布的接头搭接长度不短于 80cm，在盲沟交叉处不短于 120cm；沿沟的横向方向包裹搭接长不小于 30cm。

土工布可选用 200g/m² 针刺无纺土工布，其技术要求应满足：断裂延伸率≥25%；抗拉强度≥6.5kN/m；CBR 顶破强度≥0.9kN；渗透系数≥2×10⁻²cm/s。

集水井：盲沟纵向每隔设定距离设置 1 口集水井，施工期间须对集水井加以维护及保护。集水井由 12 根 ϕ16mm 纵向钢筋及每间隔 200mm 设一根 ϕ10mm 横向加强箍形成外径为 ϕ490mm 的钢筋滤水笼，外包 4 目的铁纱网和塑料砂网，滤水笼外填碎石作为滤料。各井位滤水钢筋笼长度根据预计填土厚度（须比最高填土顶面高出 40～60cm）与盲沟深度确定，集水井底面须比周围盲沟深。

有关要求：平面位置误差≤5cm；井底标高误差≤20cm；集水井孔口须超出孔口位置最高填土面的高度为 50cm，周边用碎石等滤水材料围裹，井底用土工布包封；集水井须与盲沟连通良好；抽排水：整个施工及交工前期间须及时抽水，用口径为 50.8mm 或更大口径的（要求采用带自动抽水装置的型号）潜水泵将集水井中的水抽至工程区以外由排水、引水沟引走，夯击完成后至少再抽水 28 天；集水井的水深不宜超过 60cm；及时记录抽水时间和井水变化并反馈信息。

（2）竖向排水体系

插设塑料排水板，成品油库区的插板间距按 1.4m×1.4m 正方形布置（淤泥厚度大且埋深浅的或有特殊要求的局部区域可按 1.2m×1.2m 布置），插设至软土下卧层不少于 0.3m（一般情况取 0.5m）；插设深度（从砂垫层顶面计起）7.6m≤h≤18.0m，全区平均为 15.7m；其中车场区平均插板深度约为 15.6m，管线区平均插板深度约为 17.4m，油罐区（一）平均插板深度约为 12.3m，油罐区（二）平均插板深度约为 16.8m。塑料板上端高出砂垫层 20cm（在填土前，高出部分需沿水平向摆放埋入砂垫层中）。

特别说明：

1）若该区所提交的地质资料中处理场地冲填土（以中细砂为主）的深度及质量与实际情况明显不同（如砂厚度较薄、含泥量较大）时，插板间距调整为 1.2m，正方形布置，其他参数不变。

2）软土下卧层有中粗砂夹层情况的插板深度的控制：在不了解下卧层的横向补给水的情况下，插板只需插过软土层不回带即可，不要进入软土下卧层中粗砂夹层。

塑料排水板应有足够的抗拉强度，沟槽表面平滑，尺寸准确，须保持要求的过水面积，抗老化能力在两年以上，并且具有耐酸碱性、抗腐蚀性。塑料排水板质量、品格要求应依据有关规范标准，依据插板深度不同选用，其性能应不低于表 5-25 中的要求。

表 5-25   塑料排水板的规格与技术要求

项目 \ 插入深度 L/m		10	15	20	25	备注
材质	芯带	聚乙烯、聚氯乙烯、聚丙烯				
	滤膜	涤纶，丙纶等无纺织物				
断面尺寸	宽度/mm	≥100				
	厚度/mm	≥4.0				
复合体抗拉强度/（kN/10cm）		≥1.3				延伸率为 10%的强度
通水能力 q_w/（cm³/s）		≥30				
滤膜拉伸强度/（kN/m）	干	1.5	1.5	2.5	2.5	延伸率为 10%的强度
	湿	1.0	1.0	2.0	2.0	延伸率为 15%的强度
滤膜渗透性	渗透系数/(cm/s)	≥5×10⁻³				
反滤特性	等效孔径	<0.08				
抗压屈服强度/kPa	带长小于 5m	250				
	带长大于 5m	350				

注：按相关的规范中 B 型板要求执行。

插板施工技术要求：

1）排水板插设布点须按行、按排编号进行插入记录；布点偏差小于 50mm。

2）插板垂直偏差不超过插板长度的 1.5%。

3）入孔插板必须完整无损。

4）插板不能有回带现象，若有回带，则在附近 150mm 内补插；另找出回带原因（如插销材料质量问题等），采取必要的改进措施。

5）插板施工时，插板机应配有便于识别插入长度的记录装置，记录每根插板的长度、孔深等。

6）采用合适排水板板靴，保证其强度并能防止或尽量减少插入过程中软土回灌插管内。

（3）填土（静力覆盖层）

铺设的填土应满足下列要求：

1）土料选择：宜采用砾质黏土或山土，也可采用砂（交工面以下、砂垫层表面以上宜覆盖一定厚度山土）或石粉；当采用晾干后再填筑的冲填土（含水率不大于 16%）时，要求其含泥量不大于 18%。

2）填土的密实度必须满足要求，要求压实度不小于 85%（对于工法 1 区，要求交工面以下 80cm 内压实度不小于 90%）。

3）填土及碾压过程中，注意保护现场布设的各种监测、检测以及抽排水设施，不得损坏。

（4）夯击工艺参数确定

参数确定原则：

1）信息化施工。根据施工（插板深度、插入反力及导管带土情况、每击夯沉量、各击夯沉量相对大小以及每遍工序下高程测量等）记录及观察、动力触探自检、监测反馈的信息，结合地段工程地质条件、控制工艺参数，必要时经认可后调整工艺参数。

2）少击多遍、循序渐进、逐步提高软土承载力（须摒弃传统强夯的加固思想）。

a. 最大单点夯击能：锤重 $W=120 \sim 150kN$，落距 $H=10 \sim 15m$，$WH_{max}=1200 \sim 2250kN \cdot m$。

b. 夯点布置与夯击遍数：

工法 1 区段：

第一、二遍为点夯，以 5.5m 间距正方形布置，两遍间夯点错开分布使得夯能均匀分布，夯击能量为 600～1350kN·m，2～5 击，试夯确定。

第三、四遍为点夯，以 4.5m 间距正方形布置，两遍间夯点错开分布使得夯能均匀分布，夯击能量为 1200～2250kN·m，2～6 击，试夯确定。

第五遍为普夯，以 0.75 倍夯锤直径点距和行距搭夯，夯击能量为 450～900kN·m。

工法 2 区段：

第一、二遍为点夯（局部区域可视地质条件变化增加 1 遍点夯），以 5.5m 间距正方形布置，两遍间夯点错开分布使得夯能均匀分布，夯击能量 600～1350kN·m，2～5 击，试夯确定。

第三遍为普夯，以 0.75 倍夯锤直径点距和行距搭夯，夯击能量为 300～900kN·m。

c. 夯击间隔时间：以超静孔压完全或基本消散为控制标准，淤泥厚度不大于 10m 时，超静孔压基本消散时间预计为 10 天；当淤泥厚度大于 10m 时，消散时间一般会有所增加。

d. 收锤标准：点夯击数由现场土体变形情况与孔压决定。一般情况下，要满足最后一遍点夯时的后两击平均夯沉量不大于 10cm，而其他遍数中该平均夯沉量应允许更大一些；总的原则是：要使地基土在夯击能作用下继续密实，不致整体破坏而在夯坑附近隆起。

e. 夯击面坡度

各处理小区填土或冲填土表面要形成 0.8%～1.5%的坡度，向邻近的引水沟和排水沟倾斜；降雨时及降雨后，要及时将雨水排、引出处理场地。

特别注意：

（a）根据条件变化，对不同施工区段可适当调整参数，原则上排水速度越快，施加能量可越大、施加间隔时间越短。

（b）采用连续施工方案施工，从施工起点到终点，前一遍点夯结束后就进行下一遍点夯，施工顺序与前一遍相同，以在保证有足够夯击间隔时间的同时加快工程进度。

（c）临近建构筑物区，可适当降低夯击能（此情况下可增加 1 遍点夯），并采取必要的减振、隔振技术措施。

5. 设备要求

（1）插板机：可用液压式插板机，扁菱形导管，以减小施工时对周围淤泥的扰动影响并减小涂抹效应，插板后即时向导孔内回填砂；若采用振动式插板机、圆形导管，则必须在插板后即时向导孔内回填砂。

（2）夯锤：质量 $W=120～180kN$，直径为 2.2～2.8m，须采用圆形扁锤，高径比小于 0.5，带多个均匀分布的透气孔，透气孔截面面积与锤底面积之比一般应不小于 2.5%，若有条件则尽量采用李彰明研发的高效能减振锤。

（3）履带式起重机：起重机的起重量一般为锤重的 2.5 倍以上；尽量采用起重力与起重设备自重之比大的履带式起重机。

（4）推土机：120 马力（88.26kW）以上。

5.2.3　施工图设计

1. 主要施工图

（1）图 5-16 地基处理平面分区。

（2）图 5-17 水平排水体系布置图。

（3）图 5-18 插板布置图。

（4）图 5-19（a）工法 1、2 第 1～2 遍点夯布点平面图。

（5）图 5-19（b）工法 1 第 3～4 遍点夯布点平面图。

（6）图 5-20 地基处理普夯夯点布置图。

（7）监测点平面布置图。

（8）盲沟集水井详图。

（9）地基处理地层剖面图。

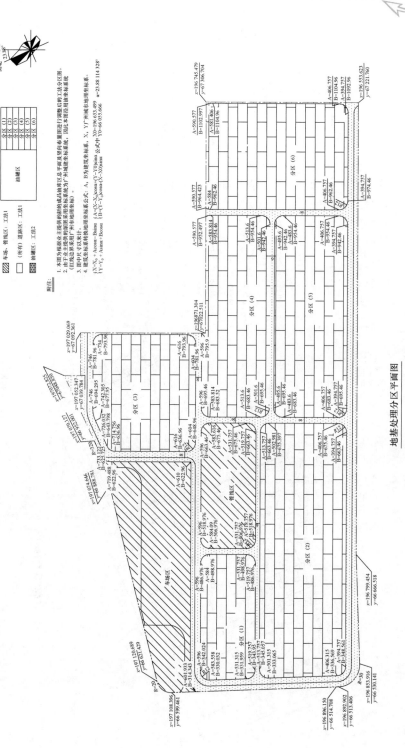

地基处理分区平面图

地基处理平面图

图 5-16 地基处理平面分区

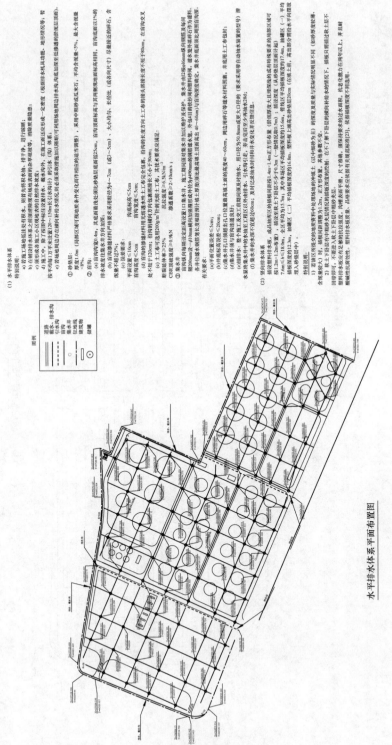

水平排水体系平面布置图

图 5-17 排水体系

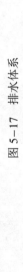

竖向排水体系

新设塑料排水板。成品油库区的插板间距按1.4m×1.4m正方形布置（避浪厚度大且埋深浅的成有特殊要求的局部区域可按1.2m×1.2m布置）。船设至软土下卧层不少于0.3m（一般情况取0.5m）；船设深度（从砂垫层面向计起）7.6m≤h≤18.0m。全区平均为15.7m；其中车场区平均插板深度约15.6m，管线区平均插板深度约16.8m。油罐区（一）平均插板深度约12.3m，油罐区（二）平均插板深度约16.8m。塑料板上端出砂垫层20cm（在城土内），两出部分沿治水平向放放放入砂垫层中）。

特别说明：

1）砂性区所提交的地质资料中处理场地的冲城土（以中细砂为主）的厚度及质量与实际情况明显不同（如砂厚度较大）时，插板间距调整为1.2m，正方形布置。其他参数不变。

2）软土下卧层中粗砂头层情况的插板深度的控制：在不了解下卧层的横向补砂给水的情况下，插板只需插过软土层不回带即可，不要进入软土下卧层中粗砂夹层。

塑料排水板应有足够的抗弯强度，尺寸难确，沟槽表面平滑，并且耐酸碱性抗腐蚀性。塑料排水板质量、品格要求应根据有关规范标准。依据插板深度不同选用，其他应不低于下列技术要求：

插板施工技术要求：

(a)排水板应在总现施行，按排编号进行插入记录。布点偏差小于50mm；

(b)入孔插板应保证不超过插板长度1.5%；

(c)插板不能有回带现象。若有回带，则在附近150mm内补插，另找出回带原因（如插板材料弯曲等），采取必要的改进措施；

(d)插板机应保有便于识别插入长度的记录装置。记录每根插板的长度、孔深等。

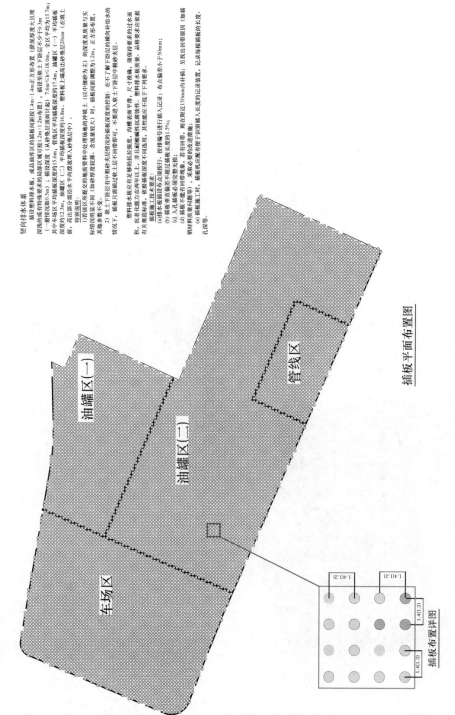

插板平面布置图

图 5-18 插板布置图

夯击工艺参数确定

原则：

a) 信息化施工，根据施工（锤击深度、插入反力及导杆管上墙高等）记录及观察，各边夯沉量、各击夯沉量等）记录及观察，动态随时自控，监测反馈的信息，结合地段工程地质条件，控制工艺参数，必要时经设计认可后调整工艺参数；

b) 少量多遍，循序渐进，逐步提高收工夯能（锤重和收锤前的加固思想）；

①最大单点夯击能：锤重约120~150kN，落距约10~15m，$Whfmax=1200~2250$kN·m；

②夯击遍数与夯击锤数：

a. 第一、二遍为点夯，以5.5m间距正方形布置，夯击能量600~1350kN·m，2~5击，试夯确定；

b. 第三、四遍为点夯，以4.5m间距正方形布置，夯击能量1200~2250kN·m，2~6击，试夯确定；

c. 第五遍为普夯，以0.75倍夯锤直径为搭接距离进行满夯，夯击能量450~900kN·m；

工法区段：

a. 第一、二遍点夯，以5.5m间距正方形布置，两遍间夯点开分布使得夯能得分布均匀，夯击能量600~1350kN·m，两遍间夯点开分布使得夯能均匀分布；

b. 第三、四遍点夯，以4.5m间距正方形布置，两遍间夯点开分布使得夯能得分布均匀，夯击能量1200~2250kN·m，两遍间夯点开分布使得夯能均匀分布；

c. 第五遍为普夯，以0.75倍夯锤直径为搭接距离进行满夯，夯击能量300~900kN·m。

点夯由细数由现场完全或成单夯消数为孔压消，一般情况下要满足最后一遍点夯的最后两击平均夯沉量不大于10cm，直到它们夯中或平均夯沉量应为许更大一致，总原则是：夯使地基土在击夯击作用下渐渐密实，不要整体承环两面各夯沉确近最后。

①夯击时面坡度；

②夯击面坡度，以夯击时体变形指标各次机小区域上或同土表面变形约为0%～1.5%的收敛，同等近的泥水沟和排水沟间距，粗靡上压基本均近处理标准。

以泥浆厚度大于10m槽，消散时间一般合理地。

①收锤标准。

特别注意：

a) 根据条件变化，对不同施工区段可适当调整参数。原则上增大夯速度越快，施加能量可越大。施工时中各边连续施工，从施工起点到到终点各结束后就进行下一遍点夯，可以保证夯区较软的各击间隔时间加快工程进度，施工顺序与每一遍相同，可使当前软夯后能（此情况下可增加1遍点夯），并采取必要的减振、隔振技术措施。

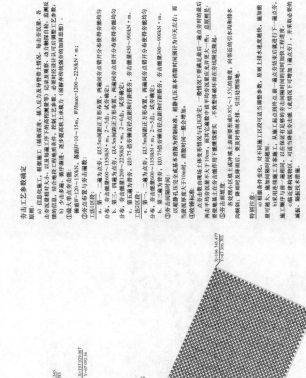

点夯1~2遍布点平面图

点夯1~2遍布点大样图

(a)

图 5-19 第 1～2 遍夯点布置图（一）

夯击工艺参数确定

原则:
a) 信息化施工。根据施工（锤重锤径、插入反力及导管带土情况、插入反力及导管工序下的高程锤测量带）记录夯击数及观察，每击夯沉量、各击夯沉量相对大小，以及每道工序下的高程锤测量带，结合地质工程地质条件，控制工艺参数。必要时按设计认可后调整工艺参数。
b) 少击多遍。循序渐进，逐步提高夯击土承载力（淤泥软土优选夯的加固思想）。

① 最大单夯击能:
锤重约1200~1500kN，落距约10~15m，WHmax约1200~2250kN·m;

② 夯点布置与夯击遍数:
工法区段:
a. 第一、二遍为点夯，以5.5m间距正方形布置，两遍间夯点错开分布使得夯击能均匀分布，夯点能量600~1350kN·m，2~5点，试夯确定；
b. 第三、四遍为点夯，以4-5m间距正方形布置，两遍间夯点错开分布使得夯击能均匀分布，夯点能量1200~2250kN·m，2~6点，试夯确定；
c. 第五遍为普夯，以0.75倍夯锤直径点距和行距搭接夯，夯击能量450~900kN·m。

工法区段:
a. 第一、二遍为点夯，以5.5m间距正方形布置，夯点能量600~1350kN·m，2~5点，试夯确定；
b. 第三、四遍为点夯，以4-5m间距正方形布置，夯点能量1200~2250kN·m，2~6点，试夯确定；
c. 第五遍为普夯，以0.75倍夯锤直径点距和行距搭接夯，夯击能量450~900kN·m。

③ 夯击间隔时间:
夯点夯击完成基本消散为控制标准。超静孔压基本消散时间约计为10天左右，前当超孔隙水压大于10m时，消散时间一般会增加。

④ 收锤标准:
夯点夯击后由夯坑体变形情况与孔压反映。一般情况及下要满足最后一遍点夯时的最后两击平均夯沉量不大于10mm，前其它遍数中该平均夯沉量应允许更大一些。总收锤量：要将地基土在夯点作用下使得连续夯实，不致整体破碎面在夯坑附近密集。

⑤ 夯击加密度:
各处理小区段土或冲填土面需要形变约0.8%~1.5%的坡度，原则上排水速度越快，和排水间隔解析，要及时排降面水位，引出处理场地。

特别注意:
a) 根据条件变化，对不同施工区段可适当调整参数。前一遍点夯结束后载进行下施加遍地时的参数。施加间隔时间越越。
b) 采用连续施夯方案时，从施工起点确施行，以在保证行重的夯后间隔时间的间加。
c) 临近建构筑物，降弱时参与前一遍相同，可通当降低夯击能（此时应下可增加遍点夯），并采取必要的减振、阻振技术措施。

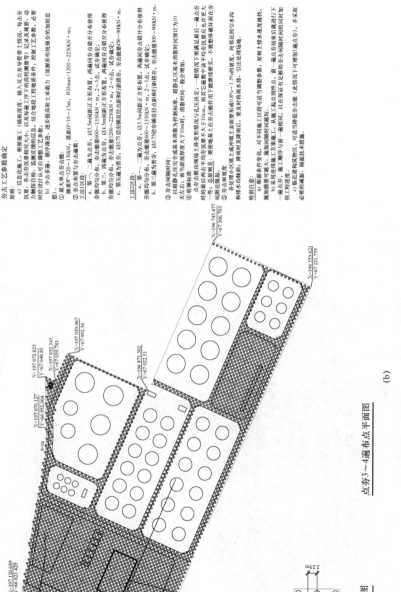

点夯 3~4 遍布点平面图

点夯 3~4 遍布点大样图

(b)

图 5-19　第 3~4 遍夯点布置图（二）

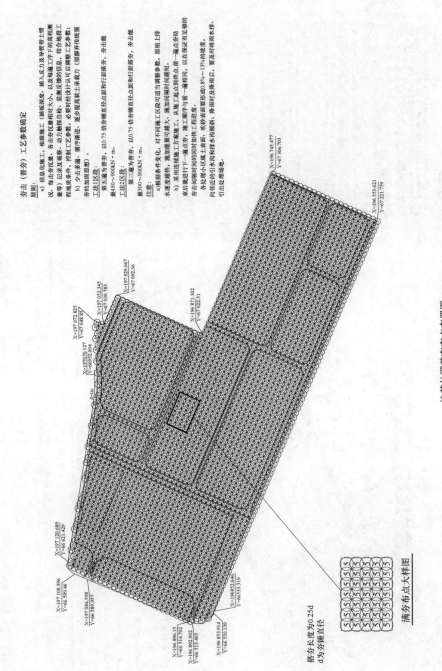

夯击（普夯）工艺参数确定

原则：
a) 信息化施工。根据施工（夯板深度、插入反力及导管带对土增）改。每击夯沉量、各击夯沉量相对大小，以反应每遍工序下的高程测量等）后续及观察、动力触探自检。监测反馈的信息，结合地段工程地质条件，控制工艺参数，必要时经设计认可后调整工艺参数。
b) 少量多遍、循序渐进、逐步提高软土承载力（渐进压缩型夯的加固思想）。

工法Ⅰ区实施：
第几遍为普夯，以0.75倍夯锤直径点距和行距搭夯，夯击能量450~900kN·m。

工法Ⅱ区实施：
第三遍为普夯，以0.75倍夯锤直径点距和行距搭夯，夯击能量300~900kN·m。

注意：
a) 根据条件变化，对不同施工区段可适当调整参数。原则上排水速度慢些。
b) 采用连续施工方案施工，从施工起点到终点前一遍点夯，夯击间隔时间的同时加快工程进度。
各处理小区域土表面，吹砂表面变形成0.8%~15%的坡度，向附近的引水沟和排水沟端排；降雨时及降雨后，要及时排雨水排，引出处理场地。

地基处理普夯夯点布置图

图5-20　普夯夯点布置图

满夯布点大样图

搭夯长度为0.25d
d为夯锤直径

（10）地层剖面线平面布置图

（11）Ⅰ—Ⅰ地层剖面图

（12）Ⅱ—Ⅱ地层剖面图

（13）Ⅲ—Ⅲ地层剖面图

（14）Ⅳ—Ⅳ、Ⅴ—Ⅴ地层剖面图

（15）Ⅵ—Ⅵ、Ⅶ—Ⅶ地层剖面图

（16）Ⅷ—Ⅷ、Ⅸ—Ⅸ、Ⅹ—Ⅹ地层剖面图

以上按上述顺序给出主要施工图见图 5-16～图 5-20。

5.2.4　沉降预测及计算

由于冲击荷载及软土结构残余力等复杂性，动力作用下的软基沉降目前还未有较成熟的计算方法，但可通过动荷载等效换算利用《建筑地基处理技术规范》（JGJ 79—2012）中传统堆载预压法公式估算；其中对应总荷载的地基平均固结度、预压荷载下地基的最终竖向变形量均可按该规范中相关公式计算，夯击荷载等则可转换为当量厚度的静力荷载。然而，对于实际工程问题，相对于淤泥或淤泥质地基，当其顶面距处理表面不远（数米内），且其平均含水率在 60%～90% 之间，对于给定的相对于高等级公路设计荷载，工中沉降量与总沉降有更为可信的经验关系可借用。

5.2.5　工程质量控制及效果评估

1. 工程质量控制方案

按照有关规范、规程与设计要求进行施工过程控制，实施信息化施工，及时分析研究施工、自检中各种反馈的资料信息；并在施工前、中、后进行自检以确保工程项目质量。特别要注意以下几点：

（1）一定要保证场地外来的水（如雨期集中降雨及汇集水）能及时排出，即水的外排通道应满足要求，还必须保证截断场地外的对于处理场地补给水流入。

（2）场地平整时要形成一定的坡度以便场地内的降雨自然排水，任何积水都要及时引出、抽出或舀出场地外排走；降雨前，要设法推平夯坑，必须防止夯坑积水浸泡。

（3）每个要求不同的场地区段，都要进行试夯，要根据最后几击夯沉量的大小及变化，结合夯坑周边隆起或横向挤压情况进行收锤控制。

（4）对于每一种工艺过程，都必须要严格进行检查和记录，有任何偏差或问题必须立即报告，及时处理。

（5）要有专人 24h 巡视检查集水井及排水沟集水、抽水及排水情况并作书面记录，及时将水排至施工场地以外；并尽可能地采用安设造价低的水位浮标触动装置水泵，以便能自动控制抽排水。

（6）按设计要求并结合点的插板情况将塑料排水板插入预定深度，要注意排除孤石或局部硬土造成虚假现象的影响。

（7）为保证工程质量以及及时评价与检验软基处理效果，施工过程中进行轻便动力触探自检以对施工质量进行控制。触探布孔要求为：插板前密度不小于 1 点/1200m²，夯中应视实际情况保持或加大布孔密度；全部夯击完后 10d 内全场区加大密度布置测孔，由此了解全场区加固效果并为竣工验收提供资料；夯前、夯中与夯后的触探布点位置应一致以便比较，少量地基性质较差的地段，应适当加大触探密度及频率。另外，利用现场测试与监测信息及时对地基土及处理效果进行分析评估，进一步指导工程施工。

2. 沉降、孔压与振动监测分析及其过程控制

监测目的如下：

（1）直接指导软基处理信息化施工，并作为参数确定、设计调整的依据，确保工程质量，创优质工程。

（2）评价软基处理加固效果，为工程质量控制提供科学依据。

（3）进一步优化静动力排水固结法施工的工艺及参数。

监测内容如下：

分层沉降观测、孔隙水压力监测、土压力监测、静力触探试验和十字板剪切试验。此外，需进行现场的振动测试，以研究此类条件下冲击振动规律。监测是按该工程项目施工图设计要求进行的，并特别要求如下：

（1）5 种测试与监测点须布置在同一位置，以沉降点为中心，各点位置相距不超过 1m。

（2）测点附近在填土与每次夯击时进行现场监测。

（3）动力作用下，孔隙水压力传感器必须用电阻片式孔压传感器。

（4）测试工作必须严格按国家规范进行。

（5）对于发现的重要问题，随时提出报告。

监测数量如下：

（1）孔隙水压力测试：布置 16 组测点，施工期间每天进行监测，施工后 20 天内每 2 天进行 1 次监测。

（2）分层沉降：同样布置 16 组（实际实施 13 组），施工期间每天进行监测，平均每天 1 次（施工至附近时，应多次），施工后 20d 内每 2d 进行 1 次监测；沉降观测数据要求不低于二等水准观测精度。

（3）土压力测试：同样布置 16 组，施工期间每 2d 进行一次监测，施工后 20 天内每 4 天进行 1 次监测。

（4）十字板剪切测试：共布置 33 组（每组 3 孔），每孔于淤泥层上、中、下各做 3 次。

（5）静力触探：布置量与十字板剪切测试相同，共布置 33 组（每组 3 孔），触探一般应穿过淤泥层。

3. 监测分析与效果评估

施工前、中、后典型的静力触探、十字板剪切测试结果如图 5-21 所示。

由图 5-21 可见，静力触探比贯入阻力 p_s 与侧摩阻力 f_s 均数倍提升，即使处理深部，贯入阻力也是明显；而且随点夯遍数增加，最终提升比随之增加。

由图 5-22 可见，无论是原状土还是扰动土剪切强度都得到显著提高，一般提高 4 倍以上。

4. 工程质量及效果总体评价

可通过如下相对较为可靠方法进行工程施工质量的效果评价：① 沉降监测。② 平板荷载试验以及密实度试验——可进行承载力及密实度评价。③ 钻孔取样土工试验——可进行工前与工后关键物理性质参数比较。④ 静力触探试验、十字板剪切试验与动力触探试验——可进行工前与工后力学性质参数比较。后两类测试可作为深部土性改善效果评价依据。值得注意的是，为评价的客观科学性，除了进行承载力平板荷载试验外，应结合采用至少其他一种判断深部土性改善的测试方法。

有关检测与监测的结果可见表 5-26 和表 5-27。从表中数据及对比可见，该淤泥地基处理出现相对负超静孔压及超固结现象，效果非常好；各物理力学参数指标显著改善，各指标改善程度相对于已公开资料来讲达到国内外领先水平。值得注意的是，在测试深度底部，有关力学指标依然提高了数倍，显见静动力排水固结法加固深度远超出动力固结法与动力排水固结法，即完全不能沿用动力固结法（强夯法）甚止动力排水固结法的经验或关系式来预测或评估静动力排水固结法的加固深度。

此外，根据监理与建设方财务方面统计，除了吹填土的费用，该场地软基处理费用较采用邻近场地真空预压法等软基处理节省一半以上的投资，体现了质量、投资经济、工期的综合显著优势。

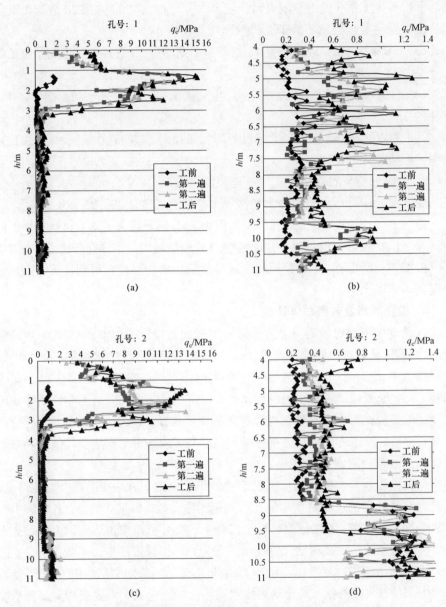

图 5-21 典型静力触探 q_c（锥尖阻力）$-h$、f_s（侧摩阻力）$-h$、
p_s（比贯入阻力）$-h$ 关系曲线（工法 2）（一）

（a）静力触探 q_c-h 关系曲线图（孔口高程为：+7.50m）；（b）静力触探 q_c-h 关系曲线图（孔口高程为：+7.50m）；
（c）静力触探 q_c-h 关系曲线图（孔口高程为：+7.50m）；（d）静力触探 q_c-h 关系曲线图（孔口高程为：+7.50m）

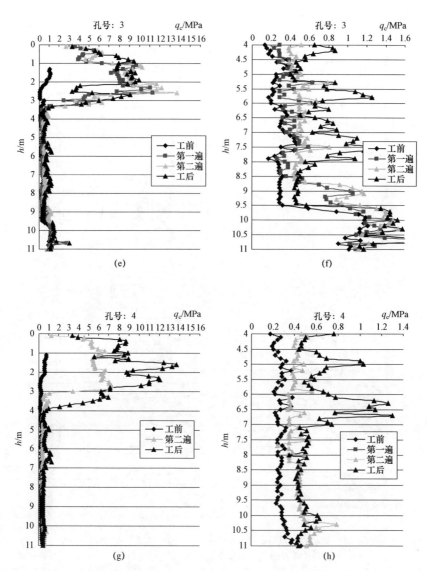

图 5-21　典型静力触探 q_c（锥尖阻力）$-h$、f_s（侧摩阻力）$-h$、
p_s（比贯入阻力）$-h$ 关系曲线（工法 2）（二）

（e）静力触探 q_c-h 关系曲线图（孔口高程为：+7.50m）；（f）静力触探 q_c-h 关系曲线图（孔口高程为：+7.50m）；
（g）静力触探 q_c-h 关系曲线图（孔口高程为：+7.50m）；（h）静力触探 q_c-h 关系曲线图（孔口高程为：+7.50m）

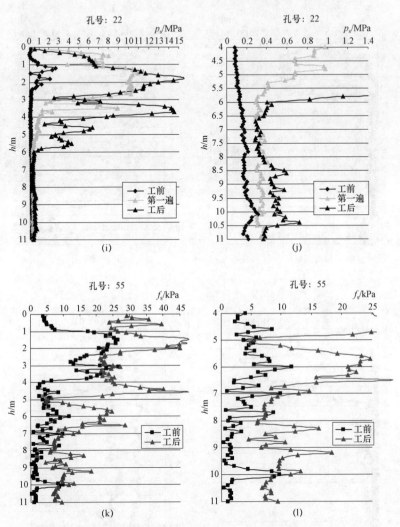

图5-21 典型静力触探 q_c（锥尖阻力）$-h$、f_s（侧摩阻力）$-h$、
p_s（比贯入阻力）$-h$ 关系曲线（工法2）（三）

(i)静力触探 p_s-h 关系曲线图（孔口高程为：+7.50m）；(j)静力触探 p_s-h 关系曲线图（孔口高程为：+7.50m）；
(k)静力触探 f_s-h 关系曲线图（孔口高程为：+7.50m）；(l)静力触探 f_s-h 关系曲线图（孔口高程为：+7.50m）

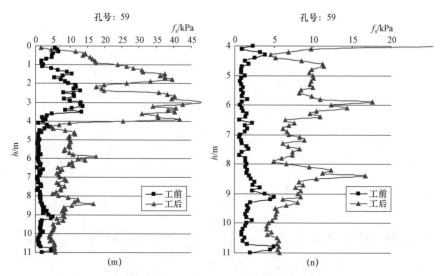

图 5-21　典型静力触探 q_c（锥尖阻力）$-h$、f_s（侧摩阻力）$-h$、
p_s（比贯入阻力）$-h$ 关系曲线（工法 2）（四）

（m）静力触探 f_s-h 关系曲线图（孔口高程为：$+7.50m$）；（n）静力触探 f_s-h 关系曲线图（孔口高程为：$+7.50m$）

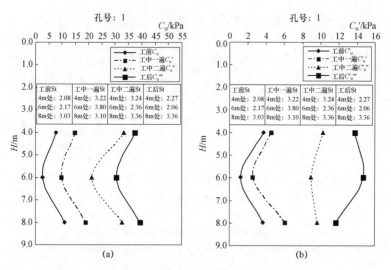

图 5-22　典型十字板剪切强度-埋深之关系曲线（一）

（a）十字板剪切试验 C_u-H 关系曲线（孔口高程 $+7.50m$）；

（b）十字板剪切试验 $C_u'-H$ 关系曲线（孔口高程 $+7.50m$）

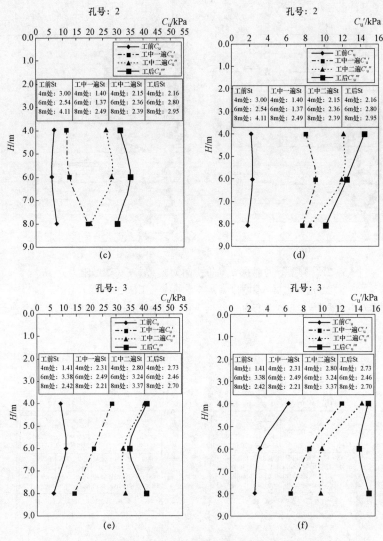

图 5-22 典型十字板剪切强度-埋深之关系曲线（二）

（c）十字板剪切试验 C_u-H 关系曲线（孔口高程+7.50m）；

（d）十字板剪切试验 $C_u'-H$ 关系曲线（孔口高程+7.50m）；

（e）十字板剪切试验 C_u-H 关系曲线（孔口高程+7.50m）；

（f）十字板剪切试验 $C_u'-H$ 关系曲线（孔口高程+7.50m）

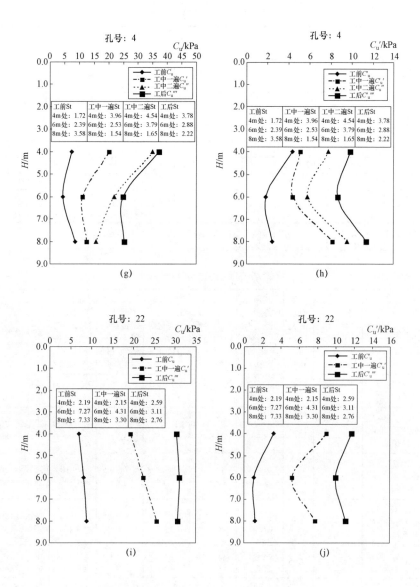

图5-22　典型十字板剪切强度-埋深之关系曲线（三）
　（g）十字板剪切试验 C_u-H 关系曲线（孔口高程+7.50m）；
　（h）十字板剪切试验 C_u'-H 关系曲线（孔口高程+7.50m）；
　（i）十字板剪切试验 C_u-H 关系曲线（孔口高程+7.50m）；
　（j）十字板剪切试验 C_u'-H 关系曲线（孔口高程+7.50m）

表 5-26 监测点工中沉降量统计表

监测点	软土面浅层沉降板沉降量/mm	处理表面总沉降量/mm	所在分区
A1	931	1135	罐区六分区
A2	855	1059	罐区六分区
A3	912	1116	罐区六分区
A4	900	1102	罐区四分区
A5	911	1113	罐区五分区
A6	778	983	罐区四分区
A7	877	1082	罐区五分区
A8	887	1090	罐区五分区
A9	833	1038	罐区三分区
A10	817	1021	罐区三分区
A12	920	1123	罐区二分区

注：1. 监测点 A13、A15 在重型机械施工中损坏，未列入该表；
　　2. 软土面之上土体压缩量按监测网络中小区块均值计入。

表 5-27 软基处理加固效果统计表

区域	实际工法*	工中地表最大沉降量/mm	（工后与工前比）表土层端阻力提高倍数（平均值）	（工后与工前比）表土层侧阻力提高倍数（平均值）	（工后与工前比）淤泥层端阻力提高倍数（平均值）	（工后与工前比）淤泥层侧阻力提高倍数（平均值）	（工后与工前比）淤泥层剪切强度提高倍数（平均值）	地基土载荷试验承载力特征值（该试验由质检部门进行）
20、21 区及道路	工法 2-2	1223	4.0～12.0 (8.8)	3.5～9.5 (7.5)	3.9～9.0 (5.4)	2.5～5.5 (3.3)	2.0～11.0 (4.7)	罐区≥120kPa 道路≥180kPa
17、18、19、23 区及道路（非吹砂区域）	工法 2-2	1145	4.0～14.0 (8.9)	3.2～11.0 (7.8)	3.1～12.0 (5.5)	3.0～6.5 (3.5)	2.2～9.6 (4.9)	罐区≥120kPa 道路≥180kPa
15、16、23 区及道路（非吹砂区域）	工法 2-2	1105	3.0～11.0 (8.3)	3.1～10.3 (7.3)	3.2～11.8 (5.3)	2.7～6.5 (3.4)	2.9～10.8 (4.5)	罐区≥120kPa 道路≥180kPa
16、17、18、19、23 区及道路（吹砂区域）	工法 2-2	1049	3.0～10.0 (7.5)	2.0～8.9 (6.3)	2.9～9.8 (4.7)	2.9～4.5 (3.0)	3.1～11.0 (4.2)	罐区≥120kPa 道路≥180kPa
14、15 区及道路（吹砂区域）	工法 2-2	1095	3.5～11.0 (7.6)	2.3～9.0 (6.6)	3.9～7.7 (4.7)	2.3～4.5 (2.9)	2.5～8.6 (4.1)	罐区≥120kPa 道路≥180kPa
13 区及道路（不包括临设区）	工法 2-2	1095	4.5～10.0 (8.0)	3.4～10.8 (7.0)	3.8～12.0 (4.5)	3.2～5.8 (3.3)	2.6～9.3 (4.0)	罐区≥120kPa 道路≥180kPa
临时设施区	排水体系+点夯、普夯各一遍	795	3.5～8.0 (6.6)	2.3～7.6 (5.8)	2.0～7.2 (3.8)	2.3～4.4 (2.6)	1.7～7.0 (3.4)	（未做载荷试验）
1～9 区及道路	工法 2-2	1243	4.0～13.0 (9.0)	3.5～11.9 (8.0)	3.2～12.0 (5.8)	3.5～5.8 (3.5)	2.1～11.5 (5.0)	罐区≥120kPa 道路≥180kPa

*　根据信息化施工中监测及试验反馈信息，施工效果提前达到要求，故实际采用工法较原工法更简便（少夯或减小插板密度），省工料及省投资。

主要结论与技术指标比较

6.1 结论及主要特点

本书著者李彰明及其团队创建了静动力排水固结法理论与技术体系：① 揭示了软基处理中冲击力作用下土体结合水转化为自由水效应、土体残余力效应、水柱效应及三者协同作用机理，为该法技术研发与工程应用提供了基础及支撑；② 首次建立了软黏土可测定的微观量与宏观力学量广义剪应力、剪应变的关系，为考虑土体内部特征尺度的结构性本构理论及模型提供了直接依据；③ 提出了与土性关联的非结构性整体破坏的荷载施加原理及控制方式，建立了定量控制覆盖静力、夯击动力与排水体系三方面设计参数及相互适应关系计算公式，满足了质量可控的工程建设各方面需求，使得设计、施工质量得到可靠保障及使用便利化；④ 发明了地基土体动力测试新技术，得以编制国际首部《平板动力荷载试验技术标准》，实现了地基动态力学响应及变形模量与承载力特征值完整测试技术，建立了土体基本力学参数关系，为土体力学理论研究与工程质量检验与判定提供了有效手段。⑤ 在淤泥等软土地基处理中大规模成功应用，获得验证。

静动力排水固结法对于结构性、高液限、极低渗透性软黏土的处理，可明显改善该类土体自身排水条件与水性，具有显著优势，已在湛江结构性软黏土地区特大工程等应用成功，具有十分重要的工程实际意义。

6.2 主要技术指标及比较

软基处理效果比较见表 6-1。由表 6-1 可见，衡量软基性能改善情况的相对最为可靠的两个物理指标（孔隙比、含水率）在处理前后的下降量最大的为静动力排水固结法，充分表明了科学运用该法的技术先进性。与此同时，在同等条件下该法实施单位成本及总投资明显低于真空预压法，更远低于真空堆载联合预压法。

表6-1 软基处理效果技术比较（相对最为基本、准确而又重要的关键指标及其处理前后的对比：①、② 地基土体孔隙比、含水率；③ 地基承载力）

日期	工程名称	处理方法	土体名称	平均土层厚度/m	处理前平均孔隙比	处理后平均孔隙比	下降百分比（%）	处理前平均含水率（%）	处理后平均含水率（%）	减少百分比（%）	承载力提高倍数
2006	萧绍一级公路义桥—大庄段[1]	砂井排水堆载预压	淤泥质亚黏土	15.46	1.195	0.982	17.8	42.2	34.2	19.0	—
2005	某220kV变电所[2]·[3]	真空堆载联合预压	淤泥	6	1.754	1.6	8.8	64.5	47.3	26.7	—
			淤泥质黏土	4	—	—	—	64.5	60.4	6.4	—
2006	深圳市宝安区裕安路软基[4]	真空预压法	淤泥	11.6	1.92	1.59	17.2	69.9	57.17	18.2	—
1991	天津岗东突堤[5]	真空预压法	淤泥	—	—	—	—	59.8	46.4	22.4	—
2003	广州市南沙开发区东部某道路软基[1]	动力排水固结法	粉质软黏土	8.9	2.05	1.84	10.2	71.8	66.3	8.0	—
2003	沪青平高速公路[6]	软土强夯联合堆载预压	淤泥质土	5	1.25	1.09	12.8	46.2	39.5	14.5	—
2005	某港口食糖储备仓库[7]	动力固结法	淤泥质土	7	1.218	1.058	13.1	46.4	40.6	12.5	—
2006	南沙泰山石化软基处理工程成品油库区-3期[8]	静动力排水固结法	淤泥	11.9	1.95	1.139	41.6	74.2	52.5	29.2	3~4.5
2006	南沙泰山石化软基处理工程化工品库区-2期[8]	静动力排水固结法	淤泥	12	1.92	1.27	33.9	72.8	49.0	32.7	3~4.5
2010	湛江宝钢基地纬三路	静动力排水固结法	淤泥（中部段）	12~14	1.918	1.436	25.1	70.8	53.4	24.6	见表6-2、表6-3

续表

日期	工程名称	处理方法	土体名称	平均土层厚度/m	处理前平均孔隙比	处理后平均孔隙比	下降百分比(%)	处理前平均含水率(%)	处理后平均含水率(%)	减少百分比(%)	承载力提高倍数
2016	The port project of Ho Chi Minh City（CMIT）	Surcharge Preloading and Vacuum Consolidation method	Soft clay	18	1.7~2	—	—	Layer 1b: 66	Layer 1b: 66~62*	0~6	—

资料来源（在万方数据库、中国期刊网、维普中文期刊数据库等资料中全面搜索查询得到前 7 项数据）：

［1］陈晓斌. 动力排水固结加固软土地基技术研究［D］. 长沙，中南大学，2004.

［2］张效俭，邵长云. 真空堆载联合预压处理地基土性质分析［J］. 岩土工程·勘测，2006（4），17－20.

［3］樊耀星，陈合爱，张长生. 真空预压法加固淤泥地基的效果分析［J］. 南昌大学学报·工科版. 2006，28（4）：397－400.

［4］陈环，严驰，鲍秀清，等. 真空预压加固软基效果分析［J］. 天津大学学报，1991（增刊）.

［5］吴承志. 软土强夯联合堆载预压加固高路堤软基应用研究［J］. 上海公路，2003，1.

［6］师旭超. 动力固结法加固软黏土地基试验研究［J］. 河南科学，2005，23（4）：552－554.

［7］广东有色金属勘察研究院. 广州南沙泰山石化化工品库区、成品油库区淤泥软基处理处理后岩土工程勘察报告，2007 年 5 月（检测负责人陈荣波，单位电话：020－87770340）.

［8］P. V. Long, L. V. Nguyen, & A. S. Balasubramaniam, Performance and Analyses of Thick Soft Clay Deposit Improved by PVD with Surcharge Preloading and Vacuum Consolidation – A Case Study at CMIT, 19th Southeast Asian Geotechnical Conference & 2nd AGSSEA Conference（19SEAGC & 2AGSSEA）Kuala Lumpur 31 May－3 June 2016.

为对处理效果进行检测，纬三路共做了 10 处浅层平板载荷试验，荷载试验选用 0.707m×0.707m（面积 0.5m²）方形承压板。其试验结果汇总见表 6-2 和表 6-3。

表 6-2　　　　　　　　　纬三路软基处理后平板载荷试验结果

试验点号	最大加荷值/kPa	相对应的沉降量/mm	按相对变形确定承载力特征值 S/d=0.01/kPa	相对应沉降量/mm	承载力特征值按最大加荷一半取值/kPa	相对应沉降量/mm	承载力特征值取值/kPa
1	200	15.88	149	8.0	100	2.39	≥100
2	200	13.09	163	8.0	100	2.21	≥100
3	200	20.82	120	8.0	100	5.43	≥100
4	200	17.61	132	8.0	100	4.67	≥100
5	200	5.96	200	8.0	100	0.78	≥100
6	200	10.70	172	8.0	100	2.59	≥100
7	200	11.06	172	8.0	100	2.33	≥100

续表

试验点号	最大加荷值/kPa	相对应的沉降量/mm	按相对变形确定承载力特征值S/d=0.01/kPa	相对应沉降量/mm	承载力特征值按最大加荷一半取值/kPa	相对应沉降量/mm	承载力特征值取值/kPa
8	200	11.35	169	8.0	100	2.62	≥100
9	200	12.20	165	8.0	100	2.52	≥100
10	200	12.64	152	8.0	100	4.41	≥100

表6-3　　　　　　纬三路软基处理后前后十字板剪切成果对比　　　　　　（kPa）

部位	工前 平均强度	工后 平均强度	增长幅度（%）
0.5～-3.0	6.01	11.68	94.42%
-3.0～-9.0	10.03	15.36	53.18%
-9.0～-13.0	11.65	19.27	65.33%
全部	9.34	15.42	65.09%

静动力排水固结法与目前较广泛使用的真空-堆载联合预压处理（其处理造价远远高出静动力排水固结法）国内外最近典型工程的技术比较如下[136,137]。

（1）真空-堆载联合预压处理国内实例～某公路软基处理

基本情况：该工程处理对象为深厚海相淤泥；其上有0.8～4.5m填土，插板总长度为18.5～25m；加压：抽真空+1.4～1.6m堆土及垫层堆载。

处理效果：

1）工中沉降未提供。

2）含水率由工前51.3%～56.1%降至工后35.4%～47.1%，平均下降约20.5%（10.1%～31.0%）。

3）孔隙比由工前1.423～1.526降至工后1.078～1.271，平均下降约18.4%（12.5%～24.2%）。

其表征处理效果含水率与孔隙比下降量均小于广州南沙泰山石化、宝钢湛江静动力排水固结法的相应量，表明了静动力排水固结法的技术优势。

（2）真空-堆载联合预压处理国外实例——印尼苏门答腊岛某电厂工程地基处理

基本情况：该工程主要处理对象为软土（游泥、游泥质黏性土与泥炭质土），其含水量高、压缩性高、承载力低（但未给出具体数据）；处理软土厚度为3～9m；设计处理深度为7～8m；加压：抽真空+3m堆载。

处理效果：工中最大沉降为50cm，约为处理软土厚度的6.25%。其工中沉降与处理软土厚度的百分比明显小于广州南沙泰山石化、宝钢湛江静动力排水固结法的工中沉降，再次表明静动力排水固结法的技术优势。

（3）另外一个国外新实例见以上技术见表 6-1 最后一行。

参 考 文 献

[1] 李彰明. 软土地基加固的理论、设计与施工［M］. 北京：中国电力出版社，2006.

[2] Klaus Kirsch，Alan Bell. Ground improvement（3rd）［M］. CRC Press，2013.

[3] 李彰明. 软土地基加固与质量监控［M］. 北京：中国建筑工业出版社，2011.

[4] 李彰明. 地基处理理论与工程技术［M］. 北京：中国电力出版社，2014.

[5] 李彰明. 地基处理工程技术疑难问题解析［M］. 北京：中国电力出版社，2016.

[6] 戚永双. 静动力排水固结法在软土地基中的应用实例［J］. 中国新技术新产品，2013，12：62.

[7] 李彰明，万灵. 用于软土地基处理的冲击载荷与软土覆盖层厚度控制方法：200910192526.3［P］. 2012－5－30.

[8] 李彰明，冯强. 用于软基快速固结处理的沉降速率控制方法：200910193198.9［P］. 2010－11－15.

[9] DBJ 15－38—2005 广东省地基处理技术规范（2019 版）［M］. 北京：中国建筑出版社，2019.

[10] 中华人民共和国住房和城乡建设部. JGJ 79—2012 建筑地基处理技术规范［S］. 北京：中国建筑出版社，2013.

[11] 席宁中，于海成. 对大面积软弱地基处理技术的辩证思考［J］. 岩土工程学报，2013，35（s2）：584－587.

[12] 李彰明，冯遗兴. 软基处理中孔隙水压力变化规律与分析［J］. 岩土工程学报，1997，19（6）：97－102.

[13] 李彰明，冯遗兴. 动力排水固结法参数设计研究［J］. 武汉化工学院学报，1997（02）：41－44.

[14] 李彰明，冯遗兴. 动力排水固结法处理软弱地基［J］. 施工技术，1998（04）：32＋40.

[15] 郑颖人，陆新，李学志，等. 强夯加固软黏土地基的理论与工艺研究［J］. 岩土工程学报，2000，22（01）：18－22.

[16] 雷学文. 动力排水固结法的理论及工程应用研究［J］. 岩石力学与工程学报，2001（02）：146.

[17] Zhangming Li，Mengdong Li，Qiang Feng. Dynamic response of mud in the field soil improvement with dynamic drainage consolidation［J］. Earthquake Engineering and Soil Dynamics March，2001. USA，Ref，published in the Proc. Of the Conf（Paper No.1.10：1－8）.

[18] 雷学文，王吉利，白世伟，等. 动力排水固结中孔隙水压力增长和消散规律［J］. 岩

石力学与工程学报，2001（01）：79-82.

[19] 孟庆山，汪稔，王吉利. 动力排水固结法处理软土地基孔压和变形问题研究 [J]. 岩石力学与工程学报，2003（10）：1738-1741.

[20] 张俊，杨志银. 动力排水固结法加固软基的若干问题 [J]. 岩石力学与工程学报，2004（S1）：4573-4575.

[21] 雷学文，白世伟，孟庆山，王吉利. 动力排水固结法加固饱和软黏土地基试验研究 [J]. 施工技术，2004（01）：50-52.

[22] 周红波，卢剑华，蒋建军. 动力排水固结法加固浦东机场促淤地基试验研究 [J]. 岩土力学，2005（11）：88-93.

[23] 胡瑞林. 软黏土动力排水固结机理研究综述 [J]. 工程地质学报，2006（01）：45-51.

[24] 林军华，李彰明. 软基处理的静动力排水固结法 [J]. 土工基础，2006（02）：10-13+22.

[25] 邱骏伟，李彰明. 静动力排水固结法中冲击震动传播规律及应用研究 [J]. 建筑技术开发，2007（04）：32-34+111.

[26] 李彰明，林军华. 静动力排水固结法处理淤泥软基振动试验研究 [J]. 岩土力学，2008（09）：2378-2382.

[27] 李彰明，曾文秀，高美连. 不同荷载水平及速率下超软土水相核磁共振试验研究 [J]. 物理学报，2014，63（01）：359-366.

[28] 李彰明，刘俊雄. 高能量冲击作用下淤泥孔压特征规律试验研究 [J]. 岩土力学，2014，35（02）：339-345.

[29] 张大军，李彰明，刘俊雄. 超软土地基静动力排水固结法处理的竖向排水体系影响因素分析 [J]. 施工技术，2014，4304：97-100.

[30] 刘勇健，符纳，林辉. 冲击荷载作用下海积软土的动力释水规律研究 [J]. 岩土力学，2014，35（S1）：71-77.

[31] 钱晓敏，李彰明，曾文秀. 冲击荷载下淤泥地基上覆土层合理厚度试验研究 [J]. 岩土力学，2014，35（03）：841-846.

[32] 刘俊雄，李彰明，张大军. 基于能量原理的静动力排水固结法有效加固深度研究 [J]. 长江科学院院报，2014，3110：134-138+145.

[33] 李彰明，罗智斌，林伟弟，等. 高能量冲击下淤泥土体能量传递规律试验研究 [J]. 岩土力学，2015，36（06）：1573-1580.

[34] 林伟弟，李彰明，罗智斌. 三轴冲击荷载作用下淤泥力学响应研究 [J]. 岩土力学，2015，36（07）：1966-1972.

[35] 席宁中，于海成，席锋仪. 围海造地软弱地基综合处理技术 [J]. 建筑科学，2016，3201：121-128.

[36] 李彰明，王茜，赖建坤，等. 静动力排水固结法最佳冲击能研究及应用 [J]. 施工

技术，2016，4517：20－24.

[37] 李彰明，温子奇，潘继平，等. 高能冲击作用下淤泥水柱效应试验研究 [J]. 地下空间与工程学报，2017，1301：153－160.

[38] 李彰明，赖建坤，李正东，等. 不同竖向排水体下淤泥地基冲击能传递规律模型试验研究 [J]. 工程地质学报，2017，2501：27－35.

[39] 刘勇健，陈浩然，彭建文，等. 冲击荷载下软土的动力响应及结合水变化试验研究 [J]. 地下空间与工程学报，2017，1302：322－329.

[40] 徐文强，曹胜敏. 静动力排水固结法在软土加固中的效果探讨 [J]. 港工技术，2018，55（S1）：127－129.

[41] Skempton，A. W，Northey，R. D. The sensitivity of clays [J]. Geotechnique，1952，3：30－53.

[42] Skempton，A. W，Bjerrum，L. A contribution to the settlement analysis of foundations on clay [J]. Geotechnique，1957，7：168－178.

[43] Terzaghi，K，Peck，R. B. Soil Mechanics in Engineering Practice [M]. London：John Wiley，1967.

[44] Peck，R. B. Hanson，W. E and Thornburn T. H. Foundation Engineering [M]. London：John Wiley，1974.

[45] Mitchell，J. K. Fundamental of Soil Behavior（3rd）[M]. London：John Wiley，2005.

[46] La Rochelle，P.，Trak，B.，Tavenas，F. and Roy，M. Failure of a test embankment on a sensitive Champlain clay deposit [J]. Canadian Geotechnical Journal，1974，11：142－164.

[47] Massarsch，K. R. Lateral earth pressure in normally consolidated clay [J]. Proceedings of 7th European conference on Soil Mechanics and Foundation Engineering，Brighton，1979，2：245－250.

[48] Renshu Yang，Jun Chen，Liyun Yang，etc. An experimental study of high strain－rate properties of clay under high consolidation stress [J]. Soil Dynamics and Earthquake Engineering，2017，92：46－51.

[49] Barron. R. A. Consolidation of fine grained soils by drain wells [J]. Trans. ASCE 1948（113）：718－742.

[50] Jamiolkowski，M. et al. Consolidation by Vertical Drains Uncertainties Involved in prediction of Settlement Rates，Panel Discussion，proc 10th ICSMFE [J]. Stockholm，1981（4）：593－595.

[51] J. Chu，S. W. Yan and H. Yang，Soil improvement by the vacuum preloading method for an oil storage station [J]. Ceotechnique，2000，50（6）：625－632.

［52］ Mohanmedelhassan E，Shang J Q. Vacuum and surcharge combined one – dimensional consolidation of soft clay soils ［J］. Can. Geotech. J.，2002，39（5）：1126 – 1138.

［53］ O. Seguel，R. Horn. Mechanical behavior of a volcanic ash soil（Typic Hapludand） under static and dynamic loading Soil and Tillage Research，May 2005，82（1）：109 – 116.

［54］ Pedro Navas，Rena C. Yu，Susana López – Querol，Bo Li. Dynamic consolidation problems in saturated soils solved through u–w formulation in a LME meshfree framework ［J］. Computers and Geotechnics，2016，79：55 – 72.

［55］ Buddhima Indraratna. Ground Improvement Case Histories ［M］. Elsevier Ltd. 2015.

［56］ Editorial The Third International Meeting on MR Applications to Porous Media［J］. 1996 Magn. Res. Ima. 14 697.

［57］ McDonald PJ，Rodin V，Valori A ［J］. 2010 Cemt. Concr. Res. 40 1656.

［58］ 张昌达，潘玉玲. 关于地面核磁共振方法资料岩石物理学解释的一些见解 ［J］. 工程地球物理学报 3 1. 2006，3（1）：1 – 8.

［59］ 邓克俊. 核磁共振测井理论及应用 ［M］. 东营：中国石油大学出版社，2010.

［60］ 孟庆山，汪稔，陈震. 淤泥质软土在冲击荷载作用下孔压增长模式 ［J］. 岩土力学，2004，25（7）：1017 – 1022.

［61］ 白冰，刘祖德. 冲击荷载作用下饱和软黏土孔压增长与消散规律 ［J］. 岩土力学，1998，19（2）：33 – 38.

［62］ 曾庆军，周波，龚晓南，等. 冲击荷载下饱和软黏土孔压增长与消散规律的一维模型试验 ［J］. 实验力学，2002，17（2）：212 – 219.

［63］ 王安明，李小根，李彰明，等. 软土动力排水固结的室内模型试验研究 ［J］. 岩土力学，2009，30（6）：1644 – 1648.

［64］ 王珊珊，李丽慧，胡瑞林，等.动力排水固结法加固吹填黏性土的模型试验研究［J］.工程地质学报，2010，18（6）：906 – 912.

［65］ 李彰明，杨文龙. 多向高能高速电磁力冲击智能控制试验装置及方法：201310173243. 0 ［P］. 2013 – 05 – 13.

［66］ 李彰明，杨文龙. 土工试验数字控制及数据采集系统研制与应用 ［J］. 建筑技术开发，2002，29（1）：21 – 23.

［67］ Romero E，Simms P H ［J］. 2008 J Geotech. Geoenviron. Eng. 26 705.

［68］ Cheng X H，Janssen H，Barends F B J，denHaan E J［J］. 2004 Appl. Clay Sci. 25 179.

［69］ Meng Q S，Yang C ［J］. 2008 Rock Soil Mech. 29 1759.

［70］ Bao S L，Du J，Gao S ［J］. 2013 Acta Phys. Sin. 62 088701.

［71］ Shen G P，Cai C B，Cai S H，Chen Z ［J］. 2011 Chin. Phys. B 20 103301.

［72］ Ren T T，Luo J，Sun X P，Zhan M S ［J］. 2009 Chin. Phys. B 18 4711.

[73]　Xu J W, Chen Q H [J]. 2012 Chin. Phys B 21 40302.

[74]　Jiang F Y, Wang N, Jin Y R, Deng H, Tian Y, Lang P L, Li J, Chen Y F, Zheng D N [J]. 2013 Chin. Phys. B 22 047401.

[75]　Ma L, Zhang J S, Wang D M, He J B, Xia T L, Chen G F, Yu W Q [J]. 2012 Chin. Phys. Lett. 29 067402.

[76]　李彰明，曾文秀，高美连，罗智斌. 典型荷载条件下淤泥孔径分布特征核磁共振试验研究 [J]. 物理学报（ACTA PHYSICA SINICA），2014. 03，V63（5）：057401-1~7（SCI收录，IDS号：AG4KJ）.

[77]　韩选江，朱进军，王黎明，等. 真空动力固结在高饱和吹填软土地基上的夯击能传播效应研究 [C]. 中国地质学会工程地质专业委员会2006年学术年会暨"城市地质环境与工程"学术研讨会论文集. 北京：工程地质学报，2006.

[78]　程祖锋，李萍，谌会芹，等. 某港口工程地基处理中的强夯振动效应研究 [J]. 岩土力学，2004，25（5）：740-744.

[79]　李润，简文彬，康荣涛. 强夯加固填土地基振动衰减规律研究 [J]. 岩土工程学报，2011，33（S1）：253-257.

[80]　李彰明，温子奇，潘继平，冯强，刘勇健. 高能冲击作用下淤泥水柱效应试验研究 [J]. 地下空间与工程学报，2017，13（1）：153-160.

[81]　白冰，章光，刘祖德. 冲击荷载作用下饱和软黏土的一些性状 [J]. 岩石力学与工程学报，2002，21（3）：423-428.

[82]　孟庆山，汪稔，刘观仕. 动力固结后饱和软土三轴剪切性状的试验研究 [J]. 岩石力学与工程学报，2005，24（22）：4025-4029.

[83]　HUSEYIN YILDIRIM, HAYREDDIN ERSAN. Settlements under consecutive series of cyclic loading[J]. Soil Dynamics and Earthquake Engineering, 2007, 27(6): 577-585.

[84]　张茹，涂扬举，费文平，等. 振动频率对饱和软黏土动力特性的影响 [J]. 岩土力学，2006，27（5）：699-704.

[85]　霍海峰. 循环荷载作用下饱和黏土的力学性质研究 [D]. 天津：天津大学，2012.

[86]　曹洋，周建，严佳佳. 考虑循环应力比和频率影响的动荷载下软土微观结构研究 [J]. 岩土力学，2014，35（3）：735-743.

[87]　刘锦伟，李彰明. 不同冲击频率与中主应力下细砂力学响应研究 [J]. 长江科学院院报，2012，29（8）：89-92.

[88]　胡华，郑晓栩. 动载作用频率对海相沉积软土动态流变特性影响试验研究 [J]. 岩土力学，2013，34（增刊1）：9-13.

[89]　许建聪，孙红月. 地脉动作用下的岩土动力响应研究 [J]. 振动工程学报，2004，17（2）：147-152.

［90］ Chow Y K，Yong D M，Yong K Y，etal. Dynamic compaction analysis［J］. Journal of Geotechnical Engineering，1992，118（8）：1141－1157.

［91］ Thilakasiri H S，Gunaratne M，Mullins G，etal. Investigation of impact stresses induced in laboratory dynamic compaction of soft soils［J］. International Journal For Numerical and Analytical Methods In Geomechanics，1996，20：753－767.

［92］ 李彰明，郭凌峰，李正东，等. 电磁激发式动力特性测试新技术及土体残余力测试应用［J］. 岩石力学与工程学报，2016，35（1）：3402－3407.

［93］ 李彰明，罗智斌，林伟弟，等. 高能量冲击下淤泥土体能量传递规律试验研究［J］. 岩土力学，2015，36（6）：1573－1580.

［94］ 刘智，王瑞刚，赵广生. 材料的塑性泊松比和弹塑性泊松比［J］. 塑性工程学报，1999，6（2）：26－29.

［95］ 王立忠，李玲玲. 结构性软土非线弹性模型中泊松比的取值［J］. 水利学报，2006，37（2）：149－159.

［96］ 文载奎. 强夯振动分析［J］. 工程勘察，1991，（3）：21－24.

［97］ 李福民，孙勇. 强夯加固地基震动影响的试验研究［J］. 东南大学学报，2002，32（5）：809－812.

［98］ Zhangming LI，Wenxiu Zeng. Vibration Propagation Rule and Control Test of Ultra Soft Soil Foundation under Impact Load. Applied Mechanics and Materials［J］. 2013. 2，V295－298：2030－2033.

［99］ 龚晓南. 地基处理手册［M］. 北京：中国建筑工业出版社，2008：87－90.

［100］ 刘吉福. 排水固结法砂垫层厚度需求［J］. 岩土工程学报，2008，3（30）：366－371.

［101］ Zhangming LI，Xiaomin Qian，Wenxiu Zeng，etc. Control on Reasonable Impact Loading in Static－dynamic Drainage Consolidation Method［J］. Applied Mechanics and Materials，2013，V353－356：961－964.

［102］ 钱晓敏，李彰明，曾文秀. 冲击荷载下淤泥地基上覆土层合理厚度试验研究［J］. 岩土力学，2014，35（3）：841－846.

［103］ Scott R A，Pearce R W. Soils compaction by impact［J］. Geotechnique，1975，25（1）：19－30.

［104］ Chow Y K［J］. J Geotech Engng ASCE. 1992：118（8）：1141.

［105］ 钱家欢. 动力固结的理论与实践［J］. 岩土工程学报，1986，8（6）：1－17.

［106］ 郭见扬. 强夯夯锤的冲击力问题［J］. 土工基础，1996，10（2）：35－39.

［107］ 孔令伟，袁建新. 强夯的边界接触应力与沉降特性研究［J］. 岩土工程学报，1998：20（2）：86－92.

[108] 中华人民共和国建设部. GB 50007—2011 建筑地基基础设计规范 [S]. 北京：中国建筑工业出版社，2012.

[109] 铁道第四勘察设计院. TB10018—2003/J 261—2003 铁路工程地质原位测试工程 [S]. 北京：中国铁道出版社，2003：72.

[110] Menard L，Broise Y. Theoretical and practical aspects of dynamic compaction [J]. Journal of Geotechnical Engineering，1975，25（1）：3–18.

[111] 左名麟. 震动波与强夯法机理 [J]. 岩土工程学报，1986，8（3）：55–62.

[112] 王成华. 强夯地基加固深度估算方法评述 [J]. 地基处理，1991，（3）.

[113] 张平仓，汪稔. 强夯法施工实践中加固深度问题浅析 [J]. 岩土力学，2000. 21（3）：76–80.

[114] 蒋鹏，等. 离散元用于块石强夯过程模拟 [J]. 岩土力学，1999，20（3）：29–34.

[115] 刘俊雄，李彰明，张大军. 基于能量原理的静动力排水固结法有效加固深度研究 [J]. 长江科学院院报，2014，31（10）：134–138.

[116] 张大军，李彰明，刘俊雄. 超软土地基静动力排水固结法处理的竖向排水体系影响因素探讨 [J]. 施工技术，2014，02，43（4）：97–100.

[117] 张大军，李彰明. 冲击荷载下塑料排水板间距对超软土地基固结效果的影响 [J]. 水利与建筑工程学报，2016，14（2）：113–117.

[118] 沈珠江. 软土的工程特性和软土地基设计 [J]. 岩土工程学报，1998，20（1）：100–101.

[119] MUTSUMI Tashiro，SON Hong Nguyen，MOTOHIRO Inagaki，et al. Simulation of large–scale deformation of ultra–soft peaty ground under test embankment loading and investigation of effective countermeasures against residual settlement and failure [J]. Soils and foundations，2015，55（2）：343–358.

[120] 孟庆山. 淤泥质黏土在冲击荷载下固结机理研究及应用 [D]. 武汉：中国科学院研究生院，2003.

[121] 李彰明，王茜，赖建坤，等. 静动力排水固结法最佳冲击能研究及应用 [J]. 施工技术，2016，45（17）：20–24.

[122] DBM 型动态变形模量测试仪说明书 [R]. 铁道建筑研究设计院，2001，12.

[123] 李彰明. 高等土力学讲义 [Z]. 广州：广东工业大学，2016.

[124] 罗嗣海，吴周明，桂勇. 冲击与静载作用下地基响应的对比分析 [J]. 江西理工大学学报，2015，36（5）：23–27.

[125] 工程地质手册 [M]. 北京：中国建筑工业出版社，2007.

[126] 李彰明. 一种电磁式动力平板载荷试验检测设备及方法：201310173232.2 [P]. 2015–06–03.

[127] Code for testing of building foundation（DBJ 15－60－2008）[M]. Beijing: China Architectural Press，2008.（Chinese）

[128] P. K. Robertson and K. L. Cabal（Robertson）. Guide to cone penetration testing [J]. California: Gregg Drilling & Testing，Inc. 2012.

[129] Yang Junhong，Xiong Lei. Analysis of correlation of situ－test results in the Yangtze Delta [J]. Soil Engineering and Foundation，2010，24（1）：79－80（Chinese）.

[130] Yan Shuwang，Feng Xiaowei，Hou Jinfang，Li Wei. Deduction and application of strength parameters of soft clay by use of vane strength [J]. Chinese Journal of Geotechnical Engineering，2009，31（12）：1805－1810（Chinese）.

[131] Robertson, P. K. & Campanella, R. G. Guidelines for geotechnical design using CPT and CPTU [M]. Vancouver: University of British Columbia，1988.

[132] 林宗元. 岩土工程试验监测手册 [M]. 沈阳：辽宁科学技术出版社，1994.

[133] 崔新壮,丁桦. 静力触探锥头阻力的近似理论与实验研究进展[J]. 力学进展,2004,34（2）：251－262.

[134] 龚晓南. 土塑性力学 [M]. 2 版. 杭州：浙江大学出版社，1999.

[135] Zhangming Li，Na Qi，Zhibin Luo，etc. Basic Mechanical Parameter Relations of Soft Clay in Pearl River Delta [J]. The Open Civil Engineering Journal，2014，V8：320－325.

[136] 曹飞. 真空堆载联合预压法在公路软基处理中的应用[J]. 中国新技术新产品,2018,NO.12（上）：101－102.

[137] 李锐，李龙华，李辉. 真空—堆载联合预压在印尼电厂地基处理中的应用 [J]. 特种结构，2016，8，V33（4）：85－89.